1900년 이후 혁명의 시대

근대 건축

지은이 이 호 정

머릿말

1900년 이후는 인류 역사상 중요한 전기를 마련한 시기이다. 인류는 수십억년 동안 몇몇 혁명적인 사건이 있어왔다. 그 첫번째가 기원전 7000년경의 신석기혁명으로 인류는 마침내 정착을 하게 되어 부족을 이루게 되었으며 기원전 3000년경에는 문자를 발명하여 도시국가의 형태를 취하게 되었으며 14세기경 르네상스시대에 인쇄, 활자술을 발명하여 괄목할 만한 성장을 이루게 된다. 이상과 같은 현상은 인류문명에 대 전환기를 맞이하게 했다.

그리고 약 5세기가 지난 19세기 말 산업혁명과 1,2차 세계대전 그로 인한 이데올로기의 등장과 아인슈타인을 중심으로한 과학기술 혁명등, 너무나도 엄청난 대 변혁이 짧은 기간내에 연이어 일어나게 된다. 이러한 일련의 사건들은 사회전반에 걸쳐 특히 건축을 포함한 예술분야에 많은 변화를 가져오게 했다.

건축은 건축 그 자체로는 이해할 수 없다. 이상에서 기술한 수 많은 사회현상과 문화 예술 전반을 이해하지 않고서는 불가능하다. 우리시대 현대건축 또한 근대건축의 흐름위에 아직 놓여있기 때문에 더더욱 근대건축 전반에 대한 사상을 이해해야하는 것은 불가피하다. 본 서는 그러한 생각을 바탕으로 만들려고 노력한 결과이다. 아무쪼록 건축을 공부하는 여러분들에게 미약하나마 건축적 기초를 다지는데 도움이 되었으면 합니다.

마지막으로 본서가 세상에 나오기 까지 물심양면으로 애써주신 태림문화사 전헌준사장님과 서경아님에게 깊은 감사를 드리며, 공주대학교 누마루 연구실의 찬주, 훈종, 세나, 혜진, 태진, 선욱, 민주, 승희, 수현, 세호, 다보미에게도 고마움을 느낍니다.

연구실 누마루에서 이 호 정

00

contents

서장 유럽의 초기 철골구조물, 시카고학파, 아트 앤 크라프트 그리고 유겐트스틸 운동
Steel Frame Structure, Chicago School of Architecture & Jugend Stijl

1900년 이전

산업혁명 이후 근대건축의 태동기
라파엘로 전파 Pre-Raphaelite Brotherhood, 상징파(symbolism)

1장 초기 합리주의 Early Rationalism 1900-1930

산업혁명이후 근대건축의 태동기 부터 1차 세계대전을 거쳐 2차세계대전 직전 까지의 시기
큐비즘(Cubism), 미래파(Futurism), 절대주의(Suprematism), 구성주의(Constructivism)
신조형주의(Neo-Plasticism, 데 스틸 De Stijl)

2장 표현주의 Expressionism 1910-1925

산업혁명이후 근대건축의 태동기 부터 1차 세계대전을 거쳐 2차세계대전 직전 까지의 시기
표현주의(다리파, 푸른기사파), <예술노동평의회>, <11월 그룹 Novembergruppe>, <유리의 사슬Glass Chain>

3장 유기주의 Organism 1889-1980

근대건축의 태동기부터 현재까지 진행되는 양식으로, 미대륙에서는 라이트(F.L.Wright)가,
유럽에서는 알토(Alvar Aalto)가 대표적인 건축가이다.
그룹 <環(link)>

4장 합리주의 Rationalism 1919-1970

1차 세계대전 직후부터 바우하우스를 중심으로 하는 양식(기능주의, 국제주의 양식)
미스 반 데르 로에, 르 꼴뷔데 그리고 그로피우스가 중심인물이다
바우하우스(Bauhaus), 순수파(퓨리즘; Purism), 신즉물주의(New Objectivity, Neue Sachlichkeit)
근대건축 국제회의(CIAM, Congrès International d'Architecture Moderne 1928)

5장 후기 합리주의 Post Rationalism 1945-1970

2차 세계대전 직후부터 소위 기능주의, 국제주의양식 후기까지의 시기
추상적 표현주의(Abstract Expressionism), 옵티컬아트(optical Art), 오프아트(off Art)

6장 후기 모던건축 After Modern Architecture 1960-1990

긴장과 대립의 시대, 제3세계의 부상 그리고 반 기능주의의 시대
액션페인팅(Action Painting), 컨셉츄얼 아트(Conceptual Art) 그리고 슈르레알리즘(Surrealism)

01

B.C. 7000 신석기혁명

B.C. 3000 문자혁명 - Historic Age

A.D. 1377 인쇄, 활자혁명 - Renaissance

an Epoch of Revolution

유구한 인류역사 속에서 인간은 방랑과 유랑의 시간을 지나 마침내 정착을 하게 된다. 즉 일정한 장소에 머물러 생활을 영위하려는 의지가 나타나게됨을 의미한다. 돌아다니며 사냥을 하던 행위는 식용동물을 기르는 방식으로 그리고 곡식을 재배하고 저장하는 기술과 더불어 그들이 머물러 살수 있는 주거를 짓기 시작한다.

생활방식의 변화는 모여사는 공동체(community)를 차츰 형성하게 되었으며 그들간에는 계급이 형성되고 규칙과 규율 나아가서 법체계가 형성되었으며 그것은 관습과 풍습이 나타나게 됨을 의미한다.

인류역사상 이러한 엄청난 변화는 부족국가 그리고 도시국가가 나타나는 바탕이 되었을 것이다. 기원전 3000년을 전후하여 인류는 기호와 상징체계를 발전시켜 문자를 발명하게 되어 그야말로 엄청난 두번째 혁명을 만들게 된다. 문자의 발명은 지금까지의 인류의 발전속도에 비해 그 가속도가 상상을 초월하게 되어 각 지역마다 국가가 나타나게 되었으며,

인쇄 혹은 활자의 발명은 인간사회에 과학과 기술 그리고 문화와 예술을 꽃피우게 한 르네상스를 맞이하게 했다.

1
AU BON MARCH

산업혁명(과학과 기술의 발달)

ndustrial Revolution

science & technology

산업혁명으로부터 파생되는 사회 현상 즉 인구증가·공업화·인구의 농촌으로부터 도시로의 유입, 시가지의 확대 등이 전개된다.

공학기술과 자연과학이 비약적인 진보를 하였으며 다수의 발견·연구가 일상생활과 산업에 혁명적 변화를 더욱 촉진하였던 시대이었다. 특히 철과 콘크리트 그리고 유리의 등장은 건물의 구조형식과 외피에 많은 변화를 주게 되었다

철도시대와 도시 기간구조의 거대한 시대에 들어서서, 지역의 변화 혹은 지역상호의 정보교환이 격화되던 시대이었다.

2

제1차 세계대전
World War 1 1914-18

제2차 세계대전
World War 2 1939-45

쟁준비와 전쟁후의 상흔으로 인한 가치관의 변화

계대전은 전쟁준비와 그 이데올로기로 인해 과학기술과 중공업이 발달하게 되며
러한 상황은 건축에도 직 간접적으로 영향을 미치게 된다.
성보다는 논리가 지배하는 상황에서 건축은 합리적 건축을 지양하게되며
택문제와 도시문제가 그 중심에서 화두가 되기도 한다.

3

이데올로기 혁명
deology Revolution

ioviet Communism
ierman Nazism
talia Fascism
apan Militarism

8세기의 이성혁명 19세기의 산업혁명으로 계속된 근대사회로의 전개는 1 ㅏ 세계대전을 겪으면서 급격히 가속화된다. 1920년대는 체제상의 변화, ㅣ술공업의 급속한 발달, 구 지배계급의 몰락과 사회주의 사상이 본격적으 ㄹ 대두되었고, 국제연맹에 의한 국제주의가 대두되기도 한 중요한 시기로 ㄱ분 지을 수 있다. 1917년 러시아에서는 결국 혁명이 발달했고, 그 이후 930년대 전반까지 계속되는 러시아의 전위예술은 건축뿐 아니라 연극, 영화, 문학 등 모든 영역에서 시도된 예술상의 신기원을 이루어 냈으며 이러 ㅏ 실험은 금세기 초두의 전위예술사상에서도 유례없는 규모를 가지고 전개 ㅣ 예술운동 이었다.

혁명이라는 정치개혁상의 교체가 부르조아조직을 해체하고 새로운 ㄹ격집단의 이상 위에, 실천해야 할 신천지를 전위 예술가 등 앞에 마련해 주었다. 혁명하의 전위 예술들은 급진적일 수밖에 없었으며 그러한 급진적 ㅏ방가르드는 1910~20년대의 다다이스트, 초현실주의자, 구성주의자, ㅣ래주의자 등으로 대표될 수 있다.

4

인슈타인의 상대성이론

heory of Relativity

차원 Space + 시간Time의 차원=4차원

세기 초에 들어서 우주와 공간을 이해하고 해석하는데 혁
적인 이론인 아인슈타인의 상대성이론이 나타나게 된다.
한 속도에 대한 인간의 열망 그리고 불가능에 대한 인간
도전은 라이트형제에 의해 하늘을 날게 된다. 그야말로
청난 진보가 아닐 수 없다. 이와 같은 테크놀로지의 발전
우주관에서 파생되어 발전하기 시작한 개념은 20세기에
어서면서 큐비즘, 미래주의, 구성주의, 키네틱 미술에서
요한 개념으로 부각되게 된다. 이 모두는 2차원 혹은 3
원의 고정된 시각에서 시간의 차원을 도입한 움직임으로
시작을 알리게 됨을 알 수 있다.

12

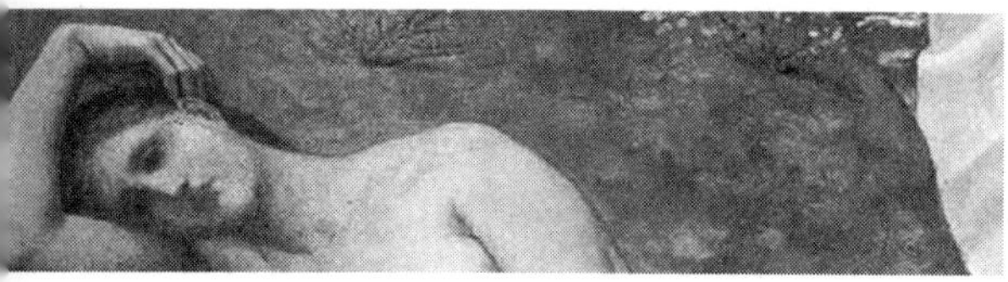

서장

유럽의 초기 철골구조물, 시카고학파, 아트 앤 크라프트 그리고 유겐트스틸 운동
Steel Frame Structure, Chicago School of Architecture & Jugend Stijl

1900년 이전

산업혁명 이후 근대건축의 태동기
라파엘로 전파 Pre-Raphaelite Brotherhood, 상징파(symbolism)

62.

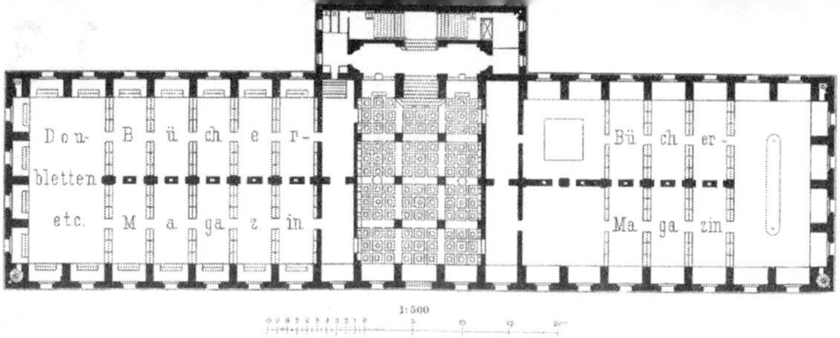

Erdgeschofs.

1:500

Bibliothek *Ste.-Geneviève* zu Paris 67).
Arch.: *Labrouste.*

Bon Marche Paris, France
Gustave Eiffel 1876

Front bibliotheque
Sainte-Genevieve Paris
1843-1850 Henri Labroust

1.프랑스의 건축가 앙리 라불스트는 형태주의적인 에꼴 드 보자르(École des Beaux-Arts)를 해체해서 개인의 건축 학교를 만들었으며, 구조적·기능적 요청에 따른 설계를 가르쳤다.
2.본 도서관은 철의 구조가 사용되고 있으며, 그와 같은 구조는, 내부 공간의 본질을 결정하고 있다.
3.국립도서관의 열람실은, 서로 아치보로 결합되고 있으며, 주철 기둥이 투명한 둥근 천장을 지지하고 있다.
4.어느 정도 절충주의적 장식이 이용되고 있는 것이다.

Bon Marche Paris, France
Gustave Eiffel 1876

철과 유리를 이용한 최초의 백화점 본 마르쉐가 파리에 탄생한다. 이 백화점 건축은 당시 일반적이었던 상당히 무거운 역사주의 건축에서는 볼 수 없는 금공세공물과 같은 경쾌한 아름다움을 나타내고 있다. 평면은 몇개의 중정으로 분할되며 중정은 유리천창을 투과하는 빛에 의해 채광이 이루어진다.

·i Labroust Front bibliotheque Sainte-Genevieve Paris 1843-1850

Eiffel Tower
Gustav Eiffel
Eiffel Tower for a French fair in 1889

그는 교량설계의 경험을 활용해서 파리의 상공에 치솟은 300m 높이의 대구조물을 만들어 냈다. 후에 각부에 주각을 서로 결합시키기 위해 붙인 아치는, 주각의 넓이가 커질 수 있기 때문에, 특히 시각적으로 안정감을 부여할 수 있는 작용을 하지만 구조적으로는 의미가 없다.
이 아치를 제거하면, 탑 전체가 하중의 흐름에 대한 결정체가 된다.

Crystal Palace

1851년에는, 조원가 조셉 팍스톤(Sir Joseph Paxton 1803-1865)이 런던 만국 박람회에서 크리스탈 팔레스(The Crystal Palace of the Great Exhibition)를 지어, 영국 및 프랑스의 온실 건축을 하나의 정점에 올려놓았다. 이것에 선행하는 예로는, 샤를루 루오 드 풀리에 의한 파리 식물원(1833~1834년), 디시머스 버튼과 리처드 터너에 의한 큐 가든의 온실, 그리고 데오도르 샤르판티에와 가브리엘 루이 이포리트 메나디에 에드 프라마란에 의한 쟈르단 디베르(1847년) 등이 있다. 팍스톤은 글라스와 철의 계획안을 제출해서 놀랍게도 그의 완전히 획기적인 안이 채용되었던 것이다. 그는 이 건물을 9개월 동안에 건설했다. 철, 글라스, 그리고 나무를 이용한 팍스톤의 우아한 구조물을 7만 평방미터 이상의 면적을 갖는다. 모든 건축 부재가 규격화되며 기계적으로 조립되고 있다. 계획은 당시제조 가능한 유리판의 최대크기를 기본 수치로 했다. 기본요소는 몇 번이나 계속 반복되고 있다. 더욱이 부재는 공장에서 생산되며, 현장으로 운송되어 조립되었다. 이것은 완전히 새로운 건축사상에 기본을 두고 있는 것이었다. 박람회 후, 크리스탈 팔레스는 해체되어, 약간 변경되어 시드남(Sydenham)에 재건되었지만 1936에 불타 없어졌다.

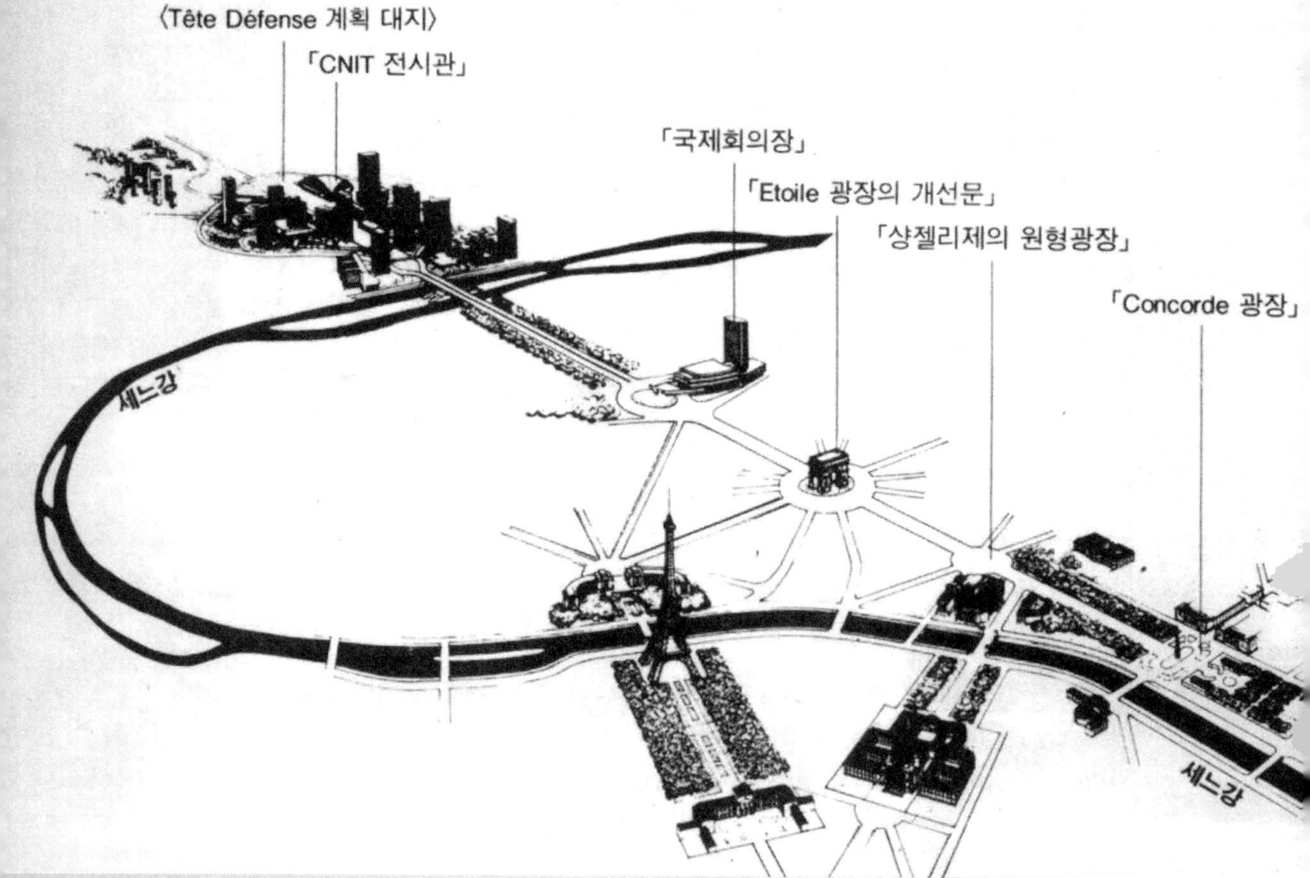
〈Tête Défense 계획 대지〉
「CNIT 전시관」
「국제회의장」
「Etoile 광장의 개선문」
「샹젤리제의 원형광장」
「Concorde 광장」
세느강
세느강

루불궁전에서 상젤리제를 지나 개선문 그리고 라데팡스를 잇는 프랑스 파리의 구도심과 신도심의 축의 형성을 관조하고 있는 에펠탑은 파리를 파리답게 하고 있다.

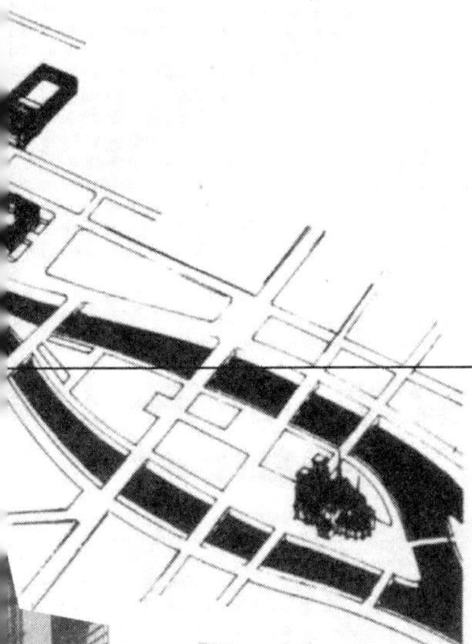

라데팡스의 그랜드아치 전망대에서 구도심으로 형성된 축을 봄

라데팡스 그랜드아치 전면광장에서 본 모습

20

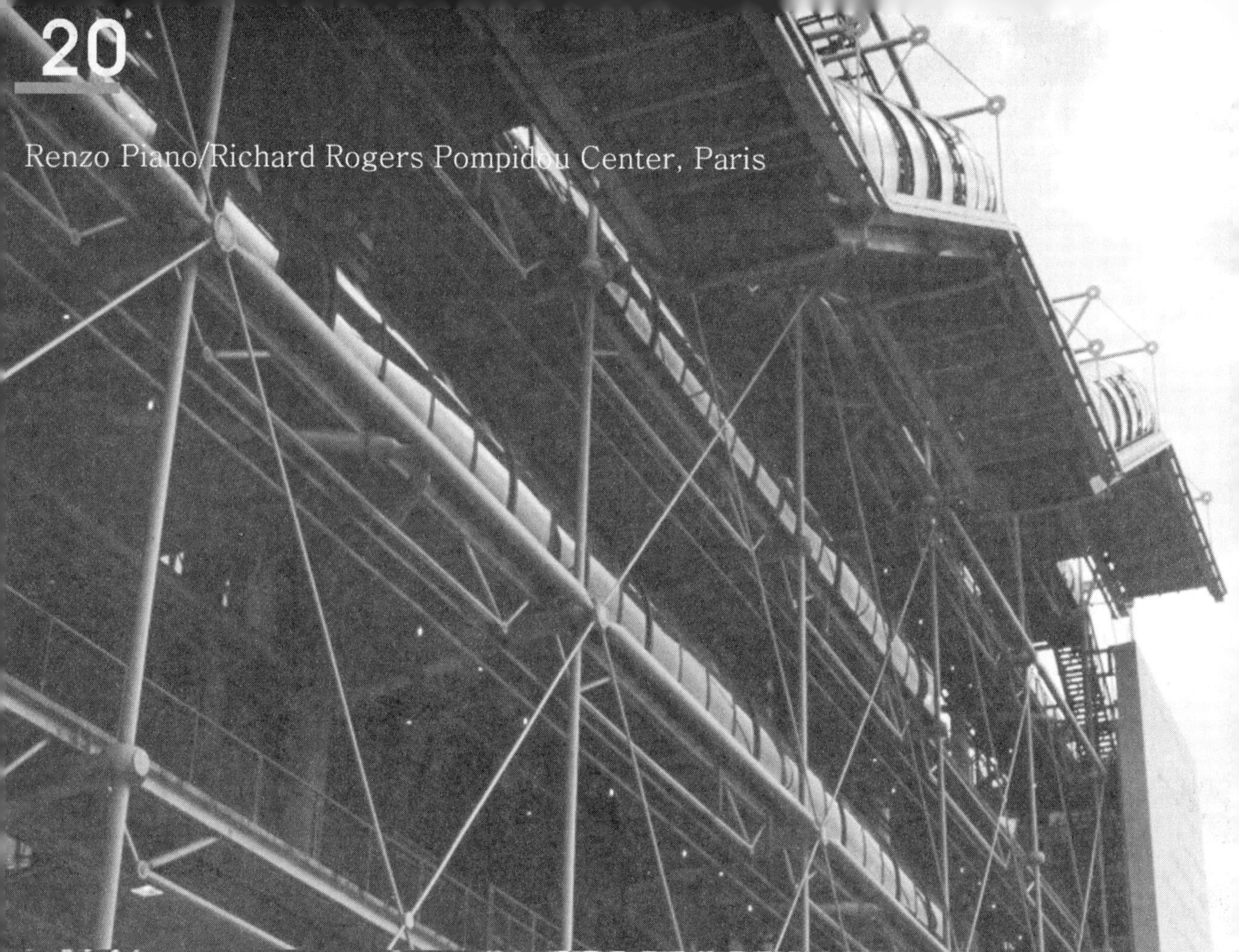

Renzo Piano/Richard Rogers Pompidou Center, Paris

elmut Jahn State of Illinois

한 세기를 뛰어 넘은 포스트-모던(post modern) 건축에서 다시 역사주의가 부활하는 것을 보면, 건축가들이 품은 건축적 메타포에 대한 믿음이 얼마나 뿌리 깊은 것인가를 가히 짐작할 수 있다.
디자인의 역사에 일단 데뷔한 컨셉은 사라지지 않고 소위 문제 은행 pool에 저장되었다가 알맞은 사회·문화적 분위기가 조성되면 기다렸다는 듯 이슈화될 수 있는 가능태라는 점을 상기해 볼 때, 유리 성(性)의 원형질이 모더니즘 시대에는 '인터내셔널 스타일(international style)'로, 포스트모던 시대에는 '하이테크 스타일(high tech style)'로 진화하여 수정궁의 신화가 지속적으로 업그레이드 되어 왔음을 볼 수 있다.

Crown Hall, Illinois Institute of Technology
in Chicago, Illinois., Mies van der Rohe 1950-56

Seagram Building Midtown Manhattan,
New York City, Ludwig Mies van der Rohe,
in collaboration with Philip Johnson 1958

Portland Municipal Services Building,
Michael Graves 1982

30 St Mary Axe, also known as the Gherkin and t
Swiss Re Building, Norman Foster 2003

1. Crown Hall, Illinois Institute of Technology in Chicago, Illinois., Mies van der Rohe 1950-56
철과 유리를 사용한 미스의 대표작으로 그의 사상이 집대성되어 있음을 알수 있다. 특히 대평지에 앉혀진 판형건물이지만 대지와 건축의 관계가 얼핏 답답함을 느낄수도 있는 건물이었지만 그것을 미스는 기둥과 유리커튼월디테일의 독특한 처리로 대지위에 살짝 떠있는듯이 처리한 것이 특히 인상적이었다.

2. Seagram Building Midtown Manhattan, New York City, Ludwig Mies van der Rohe, in collaboration with Philip Johnson 1958
기능주의건축과 모더니즘의 대표작

3. Portland Municipal Services Building, Michael Graves 1982
필립존슨의 AT&T빌딩과 더불어 포스트모더니즘 건물의 대표작으로 그레이브스를 세상에 알렸던 대표작이기도 하다.

4. 30 St Mary Axe, also known as the Gherkin and the Swiss Re Building, Norman Foster 2003

5. The Sony Tower, formerly the AT&T Building, Philip Johnson 1984
6,70년대 미스 반 데르 로에 혹은 헬무트얀과도 적극적인 활동을 하고 있었던 필립존슨은 AT&T 빌딩을 설계 하면서 기능주의시대 에서 포스트모던 건축의 시작을 알리게 된다. 아이러니하게도 그는 다시 90년대 초에 해체주의 건축의 시작을 알리는 계기를 후에 만들기도 한다.

The Sony Tower, formerly the AT&T Building,
Philip Johnson 1984

24

공업화의 진전과 함께 미국에서도 새로운 구조 방식이 유포되었다. 19세기 전반에 철이 건축에 도입되었다. 발명가 제임스 보가다스(신종의 연필, 우편 조판기,혹은 심해 측량 장치등을 개발했다.)는, 1848년 뉴욕에 6층 건물의 공장을 지을 당시, 조적식의 상당히 무거운 벽체 없이 철제 지주를 외장에 이용했다. 더욱이 미국의 농장 건축에서 나타나는 목구조를 참조해서, 부재의 표준화 프리패브화를 시도했다.
같은 양상의 구조방식을 이용한 건물이 계속되었으며,그 일례로 뉴욕의 하퍼 앤드 브라시즈 출판사의 건물(1854년)을 제시할 수 있을 것이다. 이 건물의 경우도 외벽은 유리이다. 그러나 역사주의적 장식도 잊지 않고 부가 되고 있으며, 원주·아치 외에도 장식이 첨가되며, 전체적으로 베네치아 르네상스 양식으로 완성되고 있다.
기술혁신과 역사적 형태에 동시에 집착하는 모순이 강하게 나타나는 건물이다. 미국의 건축에서 결정적인 변화는, 중서부 특히 시카고에서 19세기의 마지막 4반세기에 나타난다.

농촌경제의 수공업으로부터 기계생산에의 변화는 도시, 즉 농촌 생산물의 집산지가 되게 했으며, 1871년 대화재와 2년 후의 세계적 경제위기 의에 확대되었다. 건물이 거기서 비온 후에 죽순처럼 출현한다. 필연적으로 지가가 상승함에 따라 건물의 높이도 증가한다. 이렇게 해서 최초의 마천루 건축이 실현되었다.

고층 건축에 요구되는 내화성 몽타쥬(조립)방식이라는 새로운 건설방식을 개발한 것은, 윌리엄 르 바론 제니(William Le Baron Jenney 1832-1907)이다. 전술한 보가다스는 주철을 이용했지만 제니는 강철을 이용했다. 강철은 주철과 달리 압축력 뿐 만 아니라 인장력에 대해서도 강하지만 열에는 약했다.

존 행코크센터(John Hancock Center)에서 시어즈타워(Sears Tower)를 본다,
오른쪽으로 미스 반 데르 로에(Mies van der Rohe)와 헬무트 얀(Helmut Jahn)이 설계한 시카고 제일은행(First National Bank)이 보인다.

시어즈타워(Sears Tower)에서 존 행코크센터(John Hancock Center)를 본다.
바로 밑에 사분원 모양의 일리노이주청사(State of Illinois, Helmut Jahn)가 보인다.

2

1885 Henry Hobson Richardson,
marshall field company, Chicago, IL

형태언어에 대해서는, 또 한 삶의 미국 건축가 헨리 홉슨 리차드슨(Henry Hobson Richardson 1838-1886)이 미국 건축에 결정적인 영향을 미쳤다. 그는 파리에 에콜 드 보자르에서 수학했으며, 앙리 라불스트의 아트리에에서 설계 경력을 쌓았다. 미국에 돌아와서, 많은 질 높은 그리고 양식적으로 세련된 주택 점포 교회 공공 건축을 지었다.
1885~1887년 그는 시카고에서 마샬 필드 도매상회 빌딩을 실현시켰다. 솔직하고 힘찬 신 로마네스크(Neo Romanesque)양식의 조적조 건축이다. 그 효과는, 재료 그 자체의 표현력에 특히 의존하고 있다. 거대한 둥근 아치창의 이용에 의해 폐쇄성은 약화되고 있지만, 간소하고 기념비적인 성격이 분명하며, 리차드슨이 선호하는 것을 잘 나타내고 있다.

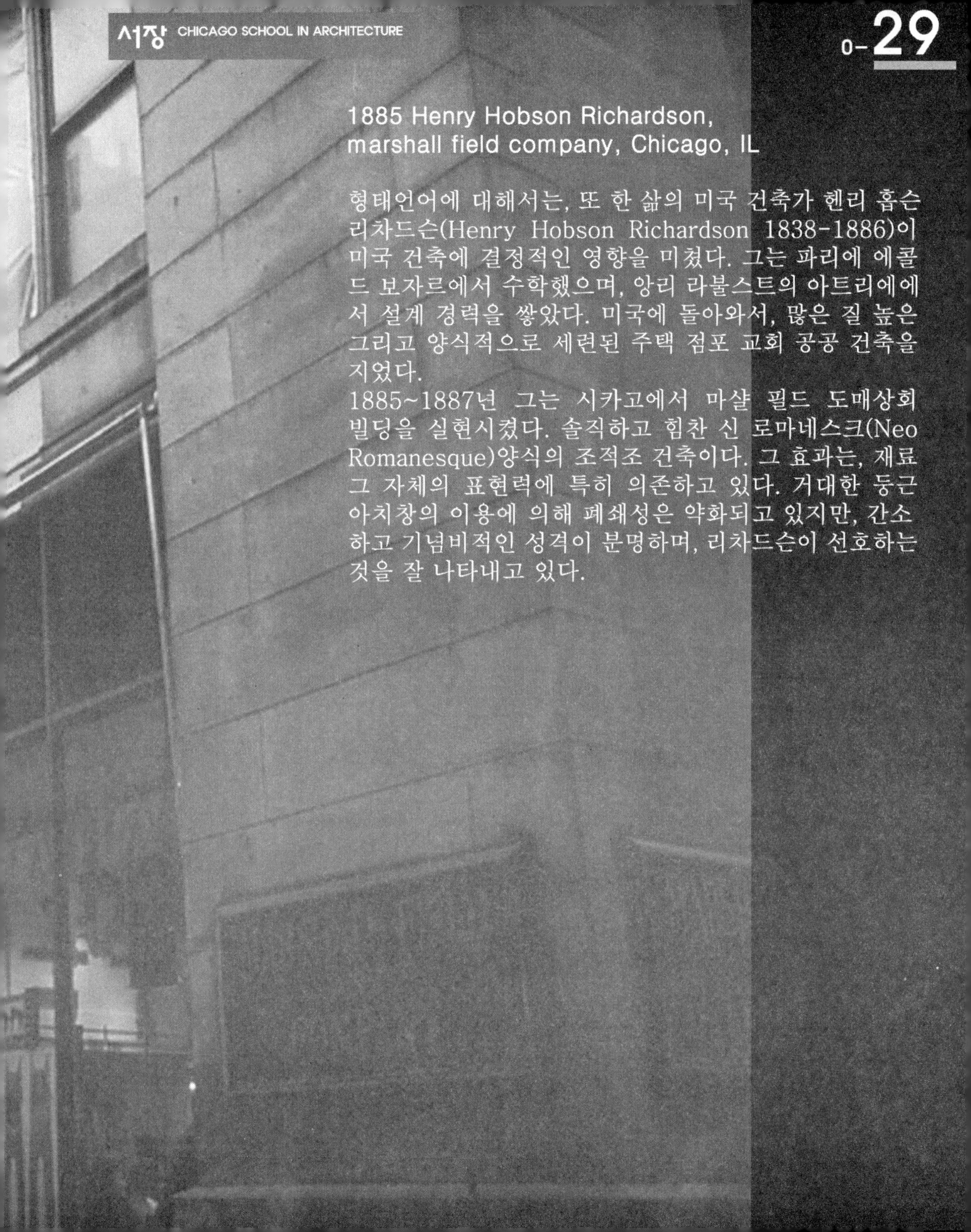

SEARS
SEARS

1879 William Le Baron Jenney
Leiter II Building, South State & East Congress Streets, Chicago, Cook County, IL

1879년 최초의 라이터 빌딩(First Leiter Building), 1883~1885년에 홈 인슈어런스 빌딩(The HomeInsurance Building in Chicago built in 1885) 그리고 1889~1890년에 제2의 라이터 빌딩(Leiter II Building, South State & East Congress Streets, Chicago, Cook County, IL) 이 시카고에 출현했다. 새로운 재료와 구조 방식을 이용해서, 제니는 종래의 조적조가 갖고 있던 고도상의 한계를 적지 않게 극복했던 것이다.

32

Daniel Hudson Burnham, John Wellborn Root
Rookery Building 1885~1887

리차드슨의 건축언어를 충실히 표현하였으며 모나드녹 빌딩에서 한층세련되어 나타난다.

Daniel Hudson Burnham, John Wellborn Root
Rookery Building 1885~1887

34

aniel Hudson Burnham, John Wellborn Root
onadnock Building 1889~1891

Daniel Hudson Burnham, John Wellborn Root
Monadnock Building 1889~1891

지극히 간소하고 비 장식적이며 조적식의 내력벽을 외벽으로 한다상당히 우아한 곡면을 이루는 보우윈도우(내어붙인 창의 일종)가 16층의 건물에서 세련된 파사드에 생기를 부여하고 있다. 미세한 곡면의 처마 부분과 건물 기초부 또한 건물에 통일되고 세련된 미를 부여하고 있다.

시간의 흔적이 묻어있는 장소

모나드녹 건물 옆에 서있는 미스 반 데르 로에(Mies van der Rohe)의 건물이 약 50년 후의 오피스 빌딩의 출현을 예견하듯이 서있다.
이 건물은 외벽(내력벽) 없이 가느다란 기둥만으로 지탱을 하여 사뿐이 내려앉아 있는 형상으로 구조기술과 재료의 엄청난 발전을 실감케하고 있으며, 시카고가 근대건축의 박물관이라는 것을 여실히 보여주고 있다.

36 Daniel Hudson Burnham, John Wellborn Root
Reliance Building 1890~1894

Daniel Hudson Burnham, John Wellborn Root
Reliance Building 1890~1894

1890~1894년 시카고에 건설된 릴라이언스 빌딩 (Reliance Building)에서 번햄과 루트는, 고층 건축의 강제 골조에 대한 외관의 표현에 하나의 궁극적 해답을 부여했다. 수직방향에 질서를 준 경쾌한 파사드는 20세기 중반의 「글라스와 철의 건축」을 선취하는 것이었다.

38 Louis Henry Sullivan
Carson, Pirie, Scott and Company Building, 1899

Louis Henry Sullivan
Carson, Pirie, Scott and Company Building, 1899

1899~1906년에 설리반은, 카슨 필드 앤드 스코트 백화점(Carson, Pirie, Scott and Company Building, 1899)을 완성시켰다. 시카고파의 특징이라고도 평가할 수 있는 이 작품도 내부는 단지 넓은 종래의 창고건축의 계보를 갖고 있다. 유일한 가치는 파사드가 있는 것이다. 내부의 골조구조를 표현수단으로 해서, 수평방향 수직방향의 긴장감 넘치는 격자상 구조는, 합리적이며 동시에 우아함을 표현하고 있다. 수평의 시카고 창은, 가는 금속제 테두리로 이루어지고 있지만 하층의 경우는 테라코타의 가는 띠 형 장식으로 서로 결합해서, 수평성이 강하게 표현되도록 고안되고 있다. 특히 억제된 디자인이 반전되는 곳은 쇼 윈도우가 있는 기초부이며, 여기서는 유겐트 스틸풍의 풍부한 주철 장식으로 시공되어 있다.

설리반은, 창작 활동과 더불어 집중적으로 계몽활동을 행하고 있었다. 그의 사상은 저술을 통해서도 알 수 있지만, 그 핵이 되는 「형태는 기능에 따른다(Form Follows Function)」라는 테마는, 여러 경우 잘못 인용되고 있다. 설리반 자신은, 단순히 건물이 그 용도를 외관에 표현할 수 있다고 생각하는 것이 아니라, 형태는 과제로부터 도출될 수 있다고 주장했던 것이다. 게다가 과제라는 개념은 기능적·기술적·경제적·심리적 그리고 미학적 요청을 내포하는 것이었다.
그는 20세기 건축의 중심명제 중 하나인 기능주의에 대한 중요한 논술을 행했었지만, 그의 기능주의는 대단히 풍부한 의미를 내포하고 있었다.

John Hancock Center, Chicago, SOM

John Hancock Center, Chicago, SOM 1968

빅존이라는 애칭을 가지고있는데 시카고에서 인기가 매우높은 빌딩이다. 안테나까지 합하면 457m라는 엄청난 높이를 자랑한다.

멀리 떨어져 있는 시카고 스카이 라인에서도 금새 보일 정도로 사다리꼴의 독특한 모양을 하고 있다. 1층에서 94층 전망대까지 단 39초만에 올라가는 엘리베이터가 있다.

fice Building, Chicago, KPF

333 West Wacker Drive, Chicago, KPF 1979-83

시카고강변에 솟은 이 건물은 녹색 커튼월의 반원형 건물로 회색톤의 시카고 도심에 신선함을 더해주는 KPF의 초기작품이라 할 수 있다.

Mies van der Rohe
Federal Center Chicago 1975

시그램빌딩과 더불어 미스의 전형적인 커튼월 디테일을 볼 수 있는 건물이다.

Mies van der Rohe
Federal Center Chicago

42

Marina City, Chicago 1964

Marina City, Chicago Bertrand Goldberg 1964

주상복합건물로 시카고강 북쪽에 위치하고 있다. 이 건물은 두개의 옥수수모양을 하고 있는 65층의 건물로 상부는 주거이고 중간부는 호텔이며 저층부에 말 안장 모양의 오디토리엄이 있다.

First Federal Bank, Helmut Jahn/ Murphy

시카고 중심부에 위치한 시카고 제일은행은 모더니즘 계열의 파사드디자인에서는 비교적 벗어난 형태로 헬무트 얀의 조형적 완결도를 보여준다. 특히 건물 앞에 위치한 마크 샤갈의 미술품이 눈에 띈다.

First Federal Bank, Helmut Jahn/ Murphy

1885년경에는 상징파(symbolism)의 운동이 일어났다.
이 운동은 프랑스에서의 인상주의 특히, 리얼리즘에 대항한 움직임으로 결국 유럽으로 확대되었으나 중요한 것은 조형 예술 이 이 새로운 시대의 움직임을 충분히 표현하지는 못했다.
조형 예술은 과거에의 회고로 부터 과거의 옛 이상을 현실과는 거리를 두고 사적으로 재생되었으며 이 퇴행적 자세의 대표는 <라파엘로 전파 Pre-Raphaelite Brotherhood>의 존재이었으며 이것과 관련하관련하여 1885년경에는 상징파(symbolism)의 운동이 일어났다. 이 운동은 프랑스에서의 인상주의 특히, 리얼리즘에 대항한 움직임으로 결국 유럽으로 확대되기에 이른다.

Pre-Raphaelite Brotherhood

1848년에 창설된 영국의 화가·조각가·시인의 공동체적 그룹이다.
그들의 규범은 라파엘로 이전에 나타났던 사람들의 정신이다. 라파엘로 이전의 시대는 자연·종교·장식 미학적 작용에 의한 정신의 변화와 예술의 예술다운 향상, 즉 예술의 내면적 변혁을 추구하는 노력이 존재한다고 생각했던 것이다.
기법적으로는 당시 자연신학적인 과학사조를 반영하고, 자연에의 침잠, 과학적인 정확함과 현미경적인 세밀함이 추구되고 있다. 또한 태양빛 아래에서의 밝고 맑은 색채를 재현하기 위해 혼합한 백색을 밑바탕에 칠하고 그 위에 조금씩 그림을 그려가는 수법을 개발하였다.
구상(構想)면에서는 J. 러스킨의 《근대화가론(2권,1846)》 등의 영향으로부터 예형론적(豫型論的)인 의미가 합쳐진 종교적 주제의 작품이 대량으로 제작되었다.

Beata Beatrix (1864-1870), Tate Britain, London
Dante Gabriel Rossetti

Dante Gabriel Rossetti
Beata Beatrix (1864-1870), Tate Britain, London

이 작품은 베아트리체에 대한 단테의 위대하고 순수한 열정을 주제로 하고 있지만 로세티 자신의 비극적 사랑 이야기를 승화시킨 것이기도 하다. 베아트리체는 단테의 영원한 이상형의 여인이다.
전반적으로 녹갈색조의 화면에 한 여인이 기도하듯이 조용히 눈을 감고 있고, 그녀 앞에 머리에 후광을 두르고 있는 붉은 새는 순결의 상징인 비둘기로 백합이 아닌 죽음의 상징인 양귀비꽃을 물고 있다.

배경에는 오른쪽에 단테, 왼쪽에는 베아트리체가 있고, 그 뒤로 그들의 사랑의 무대였던 피렌체의 풍경이 아련하다.

로세티는 일찍 세상을 떠난 아내와 문학 속의 베아트리체의 모습을 합성해 놓았다. 그리스도와의 신비한 교감을 암시하는 표정, 특히 입 주위와 우아하게 포개진 손등, 불가사의한 황홀경 상태를 연상시키는 섬세한 표현, 그리고 전체를 감싸고도는 빛의 색채 감각이 환상적이다.

William Holman Hunt
Isabella and the Pot of Basil

<이사벨라와 바실리코 화분>은 병든 부인의 초상화이다 화면을 가득 메운 실내장식은 15세기 플랑드르 화가의 그림을 연상시키며 부분에 대한 묘사가 지나치다 싶을 정도로 빈틈이 없다. 사진과 비교될 정도의 정교함과 이를 통해 보여지는 장식성이 이 화파의 특징을 말해준다.

Isabella and the Pot of Basil
William Holman Hunt

Christ in the House of His Parents, 1850 John Everett Millais

John Everett Millais
Christ in the House of His Parents, 1850

햄릿을 사랑했지만 결국 실성하여 물에 빠져 죽어야하는 참으로 안타까운 여인의 이야기를 화가는사실적으로 묘사하고 있다.
라파엘 전파의 작품 중 사람들의 시선을 가장 많이 끄는 것은 밀레이의 <오필리아>이다.

이 그림을 그리기 위해 화가 밀레이는 템스 강 유역 강가를 골라 배경을 그리는 데만 몇 개월을 보냈다. 모델 또한 며칠 동안 물이 가득한 욕조에 들어가게 하고 그림을 그렸으며, 결국 모델은 폐렴에 걸렸다고 한다. 화가의 집념을 알 수 있는 이야기 이다.
모델은 같은 라파엘전파의 로세티의 연인인 엘리자베스 시달이다.

50

Young Girls at the Seaside Puvis de Chavannes(1869-1872)

Symbolism 1885-1910

상징파의 작가·화가는, 현실적·시각적 세계의 객관성을 파악하는 것으로, 스스로를 기존의 틀에서 해방시키고 보다 자유스런 경지에서, 상상·공상·마술적 세계를 표현하려 하였다.

건축에 있어서 이것은 과거의 어법으로부터 자유로운 형태 언어를 이용하는 것에 의해 역사주의로부터 이탈하려는 움직임으로 나타난다.

이론적 배경은, 특히 철학자 데오도르 립스(Theodor Lipps 1851-1914)가 1903~1906년에 출판한 『미학, 미와 예술의 심리학』에서 감정이입이 그 전제가 되었다. 이 미학은 미적 감각의 기본적 채택법 으로서 형태·사상(事象)·생물에의 정신적 이입을 제시했다. 대상은 관찰자의 감정에 의해 충족되며, 그 결과, 수평선·수직선·사선·곡선 혹은 평면·색채가 각각에 의미를 부여한다. 이상의 모든 형태 혹은 상징이, 심리학적 연상의 도움을 받아 건축형태의 해석도 가능하게 된다. 19세기말에 심층심리학을 기초로 한, 지그문트 프로이트(Sigmund Freud 1856-1939)의 영향도 분명히 나타난다.

Young Girls at the Seaside
Puvis de Chavannes(1869-1872)

이 작품은 고전적이며 시간이 정지된 것 같은 신화적 세계를 보여준다. 차분한 배경 속 인물들의 몸짓은 고대 그리스 조각의 조화를 연상시키는 동시에 무대 위의 배우 같다는 느낌이 든다.

신화적이고 목가적인 분위기의 이 작품은 상징주의의 선구자란 평을 듣기에 부족함이 없다. 여기에서는 풍경보다는 그림의 전경에 위치한 인물들이 우선 시선을 끌고 파스텔 톤의 색조는 적요함, 심오함을 느끼게 하면서 동시에 몽상의 세계로 인도하는 듯 하다.

Flower Clouds, 1903, The Art Institute of Chicago Redon

Saint John, 1892. Redon

Redon
Flower Clouds, 1903, The Art Institute of Chicago.

1898년경부터 양식적 변화가 시작되었는데 흑백 대조가 밝은 색채로 대치되었으며 파스텔, 수채화 등을 사용하고 신화와 종교적인 주제, 꽃 등 낙천적이고 즐거운 환상의 세계를 표현하였다.

초현실주의의 시작을 르동으로 보는 이유는 "나의 독자성은 가능하다면 보이지 않은 것을 보이는 법칙에 적용시켜 있을 수 없는 존재를 인간과 같이 살아있게 만드는 것이다." 라는 그의 주장 때문이다.

르동의 환상적 세계는 뿌리 없는 황당무계가 아니며 그의 환상의 씨앗은 면밀히 관찰된 현실에 있었다.
그는 무의식을 중시하였으며 환상적 상징적 세계의 조형적 실현을 하였다.

Redon
Saint John, 1892.

〈요한 묵시록 The Apocalypse of St. John〉(1889)이라는 판화 연작을 제작할 무렵 르동은 회화와 색채소묘로 섬세한 꽃 그림 습작, 꿈을 꾸고 있거나 골똘히 생각에 잠겨 있는 얼굴 등을 그리는데 몰두하기 시작했다.

또한 자극적인 색조를 가진 독특한 가루 물감을 개발하기도 했다.

그의 작품은 분명히 인상파 화가들의 작품과 관계가 있지만 인상주의와 사실주의가 단순한 시각에만 의존한다는 이유로 거부했다.

The Scream Edward Munch

Edward Munch
The Scream

뭉크의 대표작으로 그가 직접 경험한 것을 그린 것이다. 어느 날 친구 둘과 다리를 건너고 있었는데 갑자기 현기증이 나면서 그는 아득한 불안감에 사로잡힌다. 그 때 마치 하늘이 붉은 피처럼 느껴지고 바다는 검푸른 바다가 되어 다가오는 것 같았던 당시의 느낌을 그림으로 옮긴 것이다
극도로 단순화된 구도와 약동하는 선의 흐름, 대담한 생략 등이 유화보다 판화 작품에서 훨씬 강렬하게 느껴진다.

뭉크는 "나는 자연을 뚫고 들려오는 절규를 느꼈다"라고 여백에 적어 넣었다.

"아름다움을 창조하는 것이 곧 쾌락이다."
클림트
존 말코비치 주연 라울 루이즈 감독

꽃 같은 열정과 신비한 관능의 화가 클림트는 세기말의 흥분과 긴장감이 감돌던 1900년, 화려하고 관능적인 아르누보 스타일을 상징하는 클림트의 그림은 고국인 오스트리아 빈에서는 퇴폐적이라는 이유로 혹독한 야유를 받지만 파리는 환호와 찬사를 보낸다. 파리에서 열린 만국박람회에서 "철학"이라는 작품으로 금메달을 수상한 클림트는 축하파티에서 프랑스 무희이자 여배우인 레아를 소개 받고 이때부터 그에게 터질듯한 영감과 고통을 동시에 안겨준 레아에 대한 열정이 시작된다. 에로스와 아름다움, 사랑과 열정으로 직조된 매혹의 태피스트리환상의 뮤즈이자 에로틱한 이상, 육체적 욕망의 현신으로서 그녀는 클림트의 작품 속에 거울처럼 투영되고, 그녀의 아름다움과 여성성은 클림트로 하여금 사랑에 대한 영원한 탐색을 가능케 한다. 하지만 레아와 똑같이 생긴 또 다른 레아가 등장하고 의문의 사나이가 자신을 그림자처럼 쫓자 클림트는 점차 환영에 시달리고 그의 정신적, 육체적 방황은 최고조에 이르게 되는데…

Gustav Klimt Kiss, Vienna

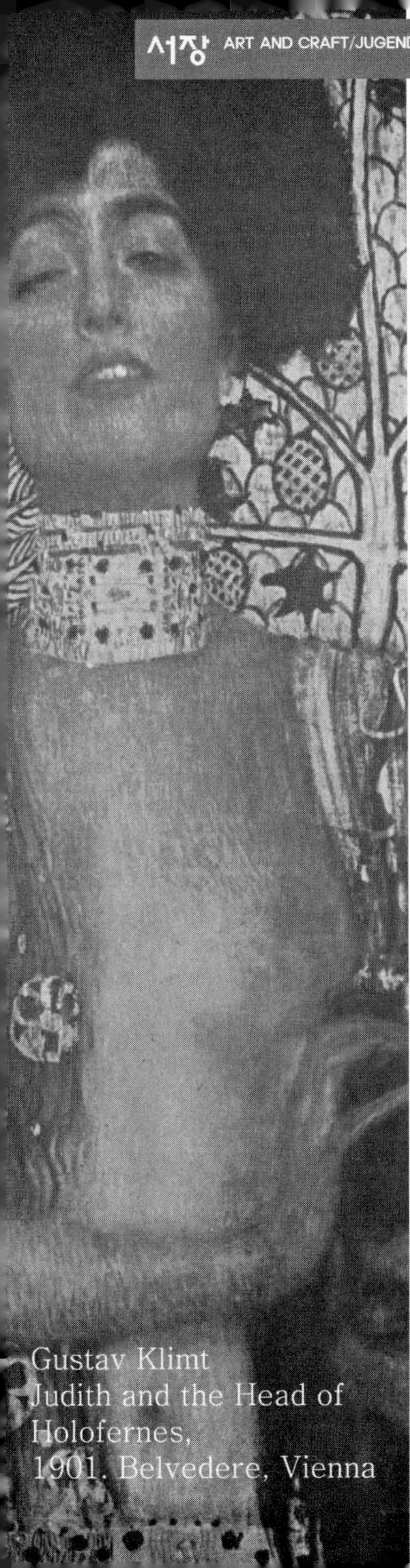

Gustav Klimt
Judith and the Head of Holofernes,
1901. Belvedere, Vienna

Gustav Klimt Kiss, Vienna

이 작품에서는 기존과 다른 양상이 전개되는데 남성을 지배하는 여성의 이미지가 순종적인 여성상으로 변화하고 있는 것을 엿볼 수 있다.

여성은 자신을 포기한 듯 남성에게 기대고 있고, 성적인 요소는 그녀가 입은 가운의 흐름을 통해 희미하게 드러날 뿐이다.

이 작품은 포옹과 키스라는 성욕을 암시하는 금기의 소재를 갖고 있음에도 불구하고 위와 같은 표면적인 이유 때문에 검열을 피해갈 수 있었다.
청교도적인 반 부르주아의 위선적 모습에 거울을 들이대었던 클림트는 이 작품으로 대중들의 열광적인 지지를 받게 되었다. 그림의 모델은 연인 에밀리에 플뢰게를 안고 있는 클림트 자신이었다.

Gustav Klimt
Judith and the Head of Holofernes,
1901. Belvedere, Vienna

19세기에 갇힌 여성, 유디트와 이브 크림트와 비슷한 시기를 살았던 몇몇 여인들의 삶을 살펴보는 것은 그의 그림과 직접적으로는 별 상관없어 보이기는 하지만 그가 화폭에 담은 젠더(gender)로서의 여성들을 이해하는 데는 도움이 될 것 같다.

알마 말러(Alma Mahler, 1879 - 1964)는 오스트리아 비엔나에서 태어났다.
그녀는 타고난 재능을 소유한 피아니스트이자 작곡가였지만 동시에 남성들의 꿈과 악몽을 동시에 구현하는 여인이었다.

그녀는 넘치는 재능이 있었으며 구스타프 말러의 아내, 발터 그로피우스의 아내, 작가 프란츠 베르펠의 아내로 일생을 보냈다.

Red House, London, Bexleyheath 1859

새로운 건축의 가장 중요한 개척자는, 영국의 미술사가·저술가·사회 개혁자인 **존 러스킨**(John Ruskin 1819-1900)일 것이다. 그도 또한 라파엘로 전파이었다.

그는 19세기의 철골건축을 경멸하고, 건축의 공업화를 건축가의 예술성 추구와는 결코 양립할 수 없는 것으로 반대했다.
외부에 표현된 미로 내면의 심화와의 대응을 구하는 것에 의해, 그는 건축에서 도덕적 진보를 요구했다.
1851~1853년에 출판된 『**베니스의 돌**』 중에서, 그는 유명한 장 「**고딕의 본질에 대해서**」를 쓰고, 중세 건축의 미를 직인이 하나의 작품을 완성했을 때에 느끼는 기쁨과 동일시했다.

이 미의 이해야말로, **아트 앤드 크라프트 운동** 을 진행시킨 **윌리엄 모리스**(William Morris 1834-1896)의 행동의 원점이 되었다.

영국인 **윌리엄 모리스**(William Morris 1834-1896)는 결혼 후 친구인 건축가 **필립 웨브**(Philip Webb 1831-1915)에게 자택의 설계를 의뢰했다. **모리스의 건축관을 요약하면**, 당시 일반적이었던 아카데믹한 설계 규범으로부터 자기해방, 철저한 기능주의 형태의 개방적 구성, 그리고 재료의 산지를 활용한 이용 등이다.

64

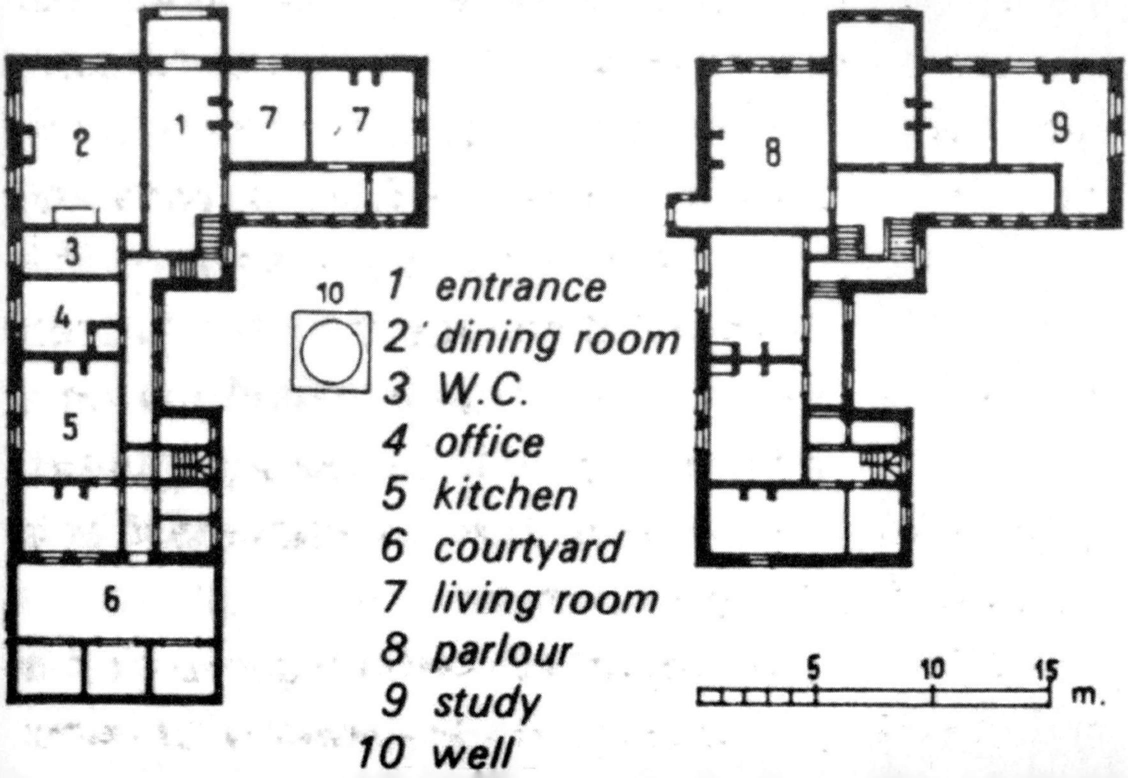

1 entrance
2 dining room
3 W.C.
4 office
5 kitchen
6 courtyard
7 living room
8 parlour
9 study
10 well
5 10 15 m.

웨브 설계의 붉은집(red house, London, Bexley-heath 1859)은 자유로운 비대칭의 평면 형태, 쾌적하게 서로 관계하고 있는 모든 실, 교묘한 방향성의 결정, 내외가 일체가 되는 표현, 「성실한」 재료의 사용, 그리고 과시하지 않는 파사드등 이 붉은 기와의 주택을 역시 고딕 리바이벌의 테두리 안에 있게 하며, **주택 혁신의 최초의 시도 중 하나인 것을** 여실히 보이고 있다.

1861년에 그는 **모리스 마샬 포크너 상회, 후의 모리스 상회**(Morris, Marshall, Faulkner & Co. 1861-1875 and its successor Morris & Co. 1875-1940)를 창설했고, 질 높은 벽지, 염색 직물, 스테인드글라스·융단·가구 등의 디자인 제조에 착수한다.

런던의 「뉴 갤러리」에서 그들의 작품 전시회가 개최된 것은 1888년의 일이다. 이와 같은 경위로부터 **아트 앤드 크라프트**(Arts and Crafts Movement 1880-1910)의 명칭이 사용되게 되었다.

그러나 예술과 수공업의 재통일을 그린 이 운동은, 사회적 여론에도 불구하고, 결국 수공업이 기계 생산보다 고가이며, 그 제품이 민중의 손안에 들어갈 수 없었다는 딜레마로부터 해방되지는 못했다. 퇴행적인 기계에의 반발이었음에도 불구하고, 그것이 이후의 근대 예술 운동에 미친 영향은 절대 적이었다.

이 운동은 많은 유겐트스틸의 건축가 특히 앙리 반 드 벨드(Henry van de velde 1863-1957)를 크게 자극했으며, <독일 공작 연맹 Deutscher Werkbund: 1907년 가을 뮌헨에서 결성된 독일 건축가·공예가·실업가 조직. 약칭 DWB >의 창설을 촉진하기도 했다.

파리 지하철역 캐노피,
영화 '프렌치키스' 중에서

Guimard subway canopy

1895년에는, 당시 일반적이었던 양식 모방과는 다른 신양식의 상품만을 취급한 **「아르누보」店**이 파리에서 개점했다.

1896년이 되어, 뮌헨에서 아우구스트 앤델(August Endell 1871-1925), 리차드 리마슈미트(Richard Riemerschmid 1868-1957), 헤르만 오브리스트(Hermann Obrist 1863-1927)에 의해 **「유겐트 Jugend」**가 발간되었다. 이 잡지명으로부터 독일에서의 신 양식의 호칭 **「유겐트스틸 Jugendstil** 1890-1914」이 탄생하였다.

신 양식운동의 정신적 중심지는 브뤼셀이었다. 여기서 **빅토르 호르타(Victor Horta 1861-1947)**가 1892~1893년에 **탓셀 저(1892-1893 : Hôtel Tassel, rue Paul-Emile Jansonstraat 6 in Brussels)**를 실현시켰다.

68

Tassel House, by Victor Horta, at Brussels, Belgium, 1892 to 1893

Tassel House, by Victor Horta, at Brussels, Belgium,
1892 to 1893

이 주택은 예술적으로나 기술적으로나 혁명적 내용을 갖고 있었다.

비교적 억제된 파사드가 내부의 자유로운 조형을 느끼게 하고 있다. 인접한 건물 파사드의 내민창이, 호르타의 건물에서는 파사드의 거대한 굴곡이 되고 있다. 철이 새로운 구조재로 도입되었다. 특히 계단실에서는 철이 구조적·장식적으로 중심적 요소가 되고 있다. 그 때까지 일반적이었던 경직된 평면 형태는 없어졌다. 공간은 다양한 레벨을 자유롭게 흘렀다.

이것은 1910년경에 나타난 **아돌프 로스(Adolf Loos 1870-1933)의 「라움 플랜(공간 계획)」**을 선취한 것이다.
그 신장과 곡선은, 바닥·벽·천장의 상부가 계단·발코니의 난간이 되며, 건물 전체를 유기적 장식이 되도록 한다.

Charles Rennie Mackintosh
Glasgow School of Art, Glasgow1898-99

Charles Rennie Mackintosh
Glasgow School of Art, Glasgow1898-99

영국에서는 스코틀랜드인 찰스 레니 맥킨토쉬(Charles Rennie Mackintosh 1868-1928)가 1898~1899년에 **글래스고 미술 학교의 신 교사**(Glasgow School of Art, Glasgow)를 지었다.

이동 가능한 칸막이벽의 아틀리에를 가진 합리적 평면 구성은, **미스 반 데르 로에** Mies van der Rohe의 융통성이 풍부한 공간 구성을 이미 사용했던 것이다.
그 합리적 평면 구성은, 중세적 형태와 큰 글라스면을 이용한 파사드의 자유로운 조형에 반영되고 있다. 각진 형태와 상당히 유연한 곡선이 교묘하게 융합된 파사드이다.

산뜻한 모양의 무 장식에 가까운 열람실에서는, 사방의 갤러리를 지지할 수 있는 수직·수평으로 조립된 목제 구조체가 이미 1917년 이후 **데 스틸** De Stijl 에 의해서 발전되었다. 기하학적 형태의 조합에서 볼륨을 해체해 버린 구성법을 보이고 있다.

Postal Office Savings Bank Building, Vienna 1894-1902 Otto Wagner

Postal Office Savings Bank Building, Vienna 1894-1902 Otto Wagner

오스트리아에서는, **오토 와그너**(Otto Wagner 1841-1918)는 그의 저서 『근대 건축』 중에서, 「**실용적이 아닌 것은 아름답다고 할 수 없다**」 라고 썼다. 그 문장은 수평선·평지붕·평활한 면으로 형성된 양식, 즉 「정화된 양식」을 요청한 것이었지만, 이 신 양식은 과제·재료·근대적 구조 방식에의 성실한 대응으로부터 도출될 수 있다고 생각했다. 이것은 합리주의적 건축의 시작을 알리는 계기가 되었다.

와그너는 1904~1906년에 건설된 **우편저금국**(Postal Office Savings Bank Building, Vienna 1894-1902)의 건물에서, 스스로의 합리적 요청에 충실히 부응하려고 노력했다.

사다리꼴 평면의 명쾌한 구성은 단순히 시각적인 것에 머무르지 않고, 중앙 로비 주위에 전개한 동선 계획의 명쾌함으로 대응한다. 거대한 이형 단면의 가냘픈 지주, 글라스와 철의 볼트 천장 그리고 섬세한 글라스 끝은 무장식의 가장 단순한 형태로 환원시키고 있다. 외벽은 대리석 판으로 마감되어 끝에는 알루미늄제의 볼트가 이용되고 있다. 건물 전체에 지성과 우아함이 나타나고 있다.

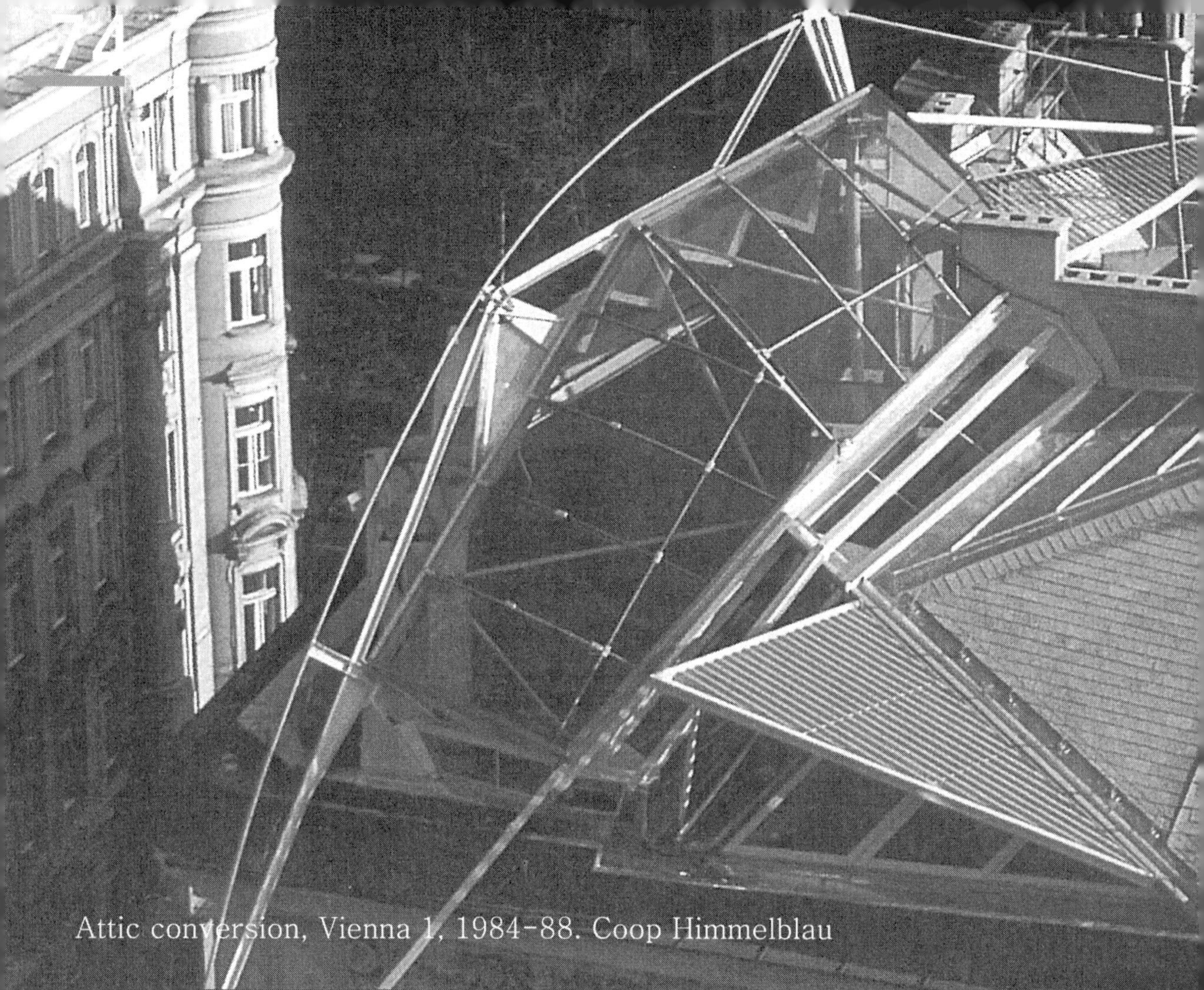

Attic conversion, Vienna 1, 1984-88. Coop Himmelblau

Attic conversion, Vienna 1, 1984-88. Coop Himmelblau

오스트리아는 동 서유럽의 중간지점에 있는 지역으로 요한 스트라우스를 비롯한 왈츠의 고장이며 모차르트를 비롯한 수많은 음악가들이 활동을 하였던 것으로 알고 있으며, 구스타프 크림트를 비롯한 당시의 급진적인 양식을 추구한 지역으로 문화예술면에서 분명 유럽의 중심에 있었던 것을 알 수 있다.

건축 또한 오토와그너(Otto Wagner)의 비인세제션을 중심으로 죠셉 마리아 울브리히(J. M. Olbrich), 라움플랜의 아돌프로스(Adolf Loose), 미국으로 이주한 아돌프 쉰들러(A. Schindler) 그리고 포스트모던 건축가인 한스 홀라인(Hans Hollain) 해체주의 건축가인 쿠프 힘멜브라우(Coop Himelblau)까지 실로 근 현대 건축을 이끈 중심지역이라는 것을 간과하지 않으면 안된다.

Coop Himmelblau, The Open House, 1983, Model

76

Wien Steinhof, Otto Wagner

metropolitan railway system (1894-1902), e.g.
Karlsplatz Stadtbahn Station , Otto Wagner

metropolitan railway system (1894-1902), e.g.
Karlsplatz Stadtbahn Station , Otto Wagner

Karlsplatz Stadtbahn Station is a former station of the Viennese Stadtbahn. The buildings above grou-nd on Karlsplatz are a well-known example of Jugendstil architecture. They were designed by Otto Wagner, adviser to the Transport Commission in V-ienna, and Joseph Maria Olbrich and are, unlike the other Stadtbahn stations, made of a steel framework with marble slabs mounted on the exterior.

Joseph Maria Olbrich secession building

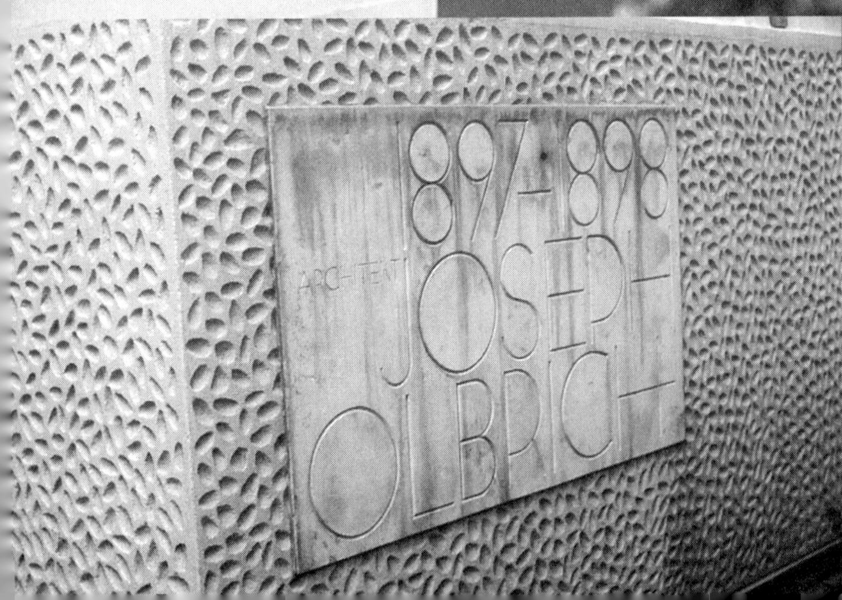

Joseph Maria Olbrich secession building

와그너의 제자는 **요젭 마리아 올브리히**(Joseph Maria Olbrich 1867-1908)**와 요젭 호프만**(Josef Hoffmann 1870-1956)이다.
이 두 명은 **구스타프 클림트**(Gustav Klimt 1862-1918)라는 진보적 예술가와 함께 **<비인 세제션(분리파) Vienna Secession 1897>**을 창설했다. 그들도 또 유겐트스틸과 마찬가지로 옛 것의 사용을 거부했다.

올브리히는 화가이며 건축가이었다. 그는 색채를 좋아해서 금색으로 도장한 모자이크의 사용도 적극적으로 이용했다. 그의 공간에는 마술의 세계로 통하는 곳이 있었다.

올브리히는, 1896~1897년에 비인에 **세제션 관**(secession building)을 지었다. 그 본체는 명쾌한 입체 기하학적 형태를 가지며, 투명한 금속 구체를 마치 돔과 같은 형태로 받들고 있다. 세기말 건축의 특유한 환상성이 그 명쾌한 구성 위에 중첩되고 있었다.

Sanatorium Purkersdorf Josef Hoffmann 190

요젭 호프만(Josef Hoffmann 1870-1956)은, 와그너의 합리적 건축론을 상당히 충실히 따랐다. 1903년 그는 **<비인 공방**(Wiener Werkstätte = Viennese Workshops)**>**을 창설했다.

이 공방은 30년 정도 존속했으며, 미술 공예의 발전에 공헌하고 세계적 명성을 떨쳤다. 1903~1904년 그는 비인 근교의 푸르카스드르프에 세너트리윰(Sanatorium Purkersdorf)을 건설했다.
그 결정질의 형태, 세부의 명쾌성은 초기 합리주의로 통합을 보이고 있다.

1905~1911년에는 브뤼셀에 호프만의 대표작 **스토크레저**(Palais Stoclet)가 출현한다. 이 주택은 유례없이 세련된 시적 작품이다.

Palais Stoclet Josef Hoffmann 1905-11

84

Amsterdam Commodities Exchange Hendrik Petrus Berlage 1889–1903

네덜란드에서는 **헨드릭 페트루스 베를라헤**(Hendrik Petrus Berlage, 1856-1934)가 세기말 절충주의를 비판하는 형태로, 건축이 단순성·명확성·재료의 순수한 사용을 추구하고 있었다.

그의 가장 중요한 작품은 **암스테르담의 주식거래소**(AmsterdamCommodities Exchange)이다.
이 거래소의 설계경기 당시, 그는 1885년 네덜란드적 르네상스양식으로 계획을 제안했지만, 1889~1903년 계획을 완전히 수정하여 건설했다. 글라스의 철골 가구가 조적식 벽체에 의해 지지되고 있다. 그 형태 요소도 결코 새롭지는 않았다. 그것은 이미 로마네스크 건축과 토목 구조물 중에서 나타났다.

이 건물의 혁신성은 다음과 같다. 19세기 중에 한 번 해체된 벽이, 여기서 다시 금욕적인 폐쇄성으로 나타난다. 그리고 건축 재료가 철저하고 확고하게 직선적으로 이용되고 있는 것이다.

내부 공간에 있어서는 아케이드의 지주, 벽면 그리고 주위의 갤러리 난간이 하나의 평면에서 나타나고 있다. 윤활한 평면의 시학은 이후 특히 합리주의적 건축 운동에 의해서 계속 받아들여지고 있다.

Sagrada Família Antoni Gaudi 1883

베를라헤의 안정된, 즉물적 자세와 좋은 대조를 이루는 것은, 안토니오 가우디 이 코르네(Antoni Gaudi i Cornet 1852-1926)이다. 그에 의한 스페인 카타르냐 지방의 모데르니스모(근대 운동)는, 유겐트스틸이 네오 고딕양식과 융합하여 변형된 것과 같다. 그 자신은 카타르냐의 동세공사이며 가마제조를 「중세의 위대한 작업을, 그 발달 도상에서 멈춘 것으로부터의 인계」라고 생각했으며, 그 자신의 손으로 더욱 발전시켜 보였다. 이 목적 때문에 그는 집중적으로 자연 형태를 연구했다. 그는 자연(형태)야말로 고딕의 구조체에 대한 생성전개를 촉진한 원동력이었다고 생각하며, 단순히 장식 때문만이 아니라, 개성 풍부한 수공업적 건축 그 자체의 모범으로서 자연에서 배우려 했던 것이다.

1883년에 가우디(Antoni Gaudi i Cornet 1852-1926)는 바르셀로나의 신 고딕 양식의 교회 **사그라다 파밀리아(Sagrada Família)**의 건설 공사를 인계받게 되었다.

실로 어마어마한 계획이며, 그의 전 노력이 점차적으로 주입되게 되었으며, 현재도 역시 미완성으로 남아있다. 1884~1891년에 그는 지하 성당을 작업했고, 1891년에는 교차 회랑의 파사드 공사에 착수했다. 이 파사드에서는 3개의 높은 뱃집지붕이 붙은 포티코가, 바위산처럼 혹은 자연적인 낙엽처럼 아주 작고 풍부한 장식으로 덮여 있다.

이 포티코의 양 날개에는 정방형 평면을 갖는 4개의 탑이 대각선 방향으로 경사져 놓여 있다. 이 탑은 위쪽에는 원형의 평면으로 변하며, 107m 높이에 달한다. 그리고 정상에는, 환상적인 모자이크 장식을 새긴 큐비즘풍의 소 첨탑이 있다.

Casa Milà Antoni Gaudi 1905-1907

카사 바트리요(Casa Batlló 1905-1907) 와 카사 밀라 (Casa Milà 1905-1907)의 유기적 형태는 이미 건물에 부가된 장식이 아니라 건물의 구조 그 자체이다.

예를 들면 거대한 뼈를 생각하게 하는 원주, 기복이 심한 파사드, 인간의 얼굴을 연상시키는 개구부, 동시에 비늘 모양의 지붕, 그 위에 서 있는 환상적인 돌기형태, 그리고 예리하고 공격적인 연철제의 발코니는 모두 그 구성의 본질을 이루는 것이며 이러한 것을 없애면 그의 건축은 존재할 수 없다. 내부 공간은 물결치는 벽체와 예각·둔각의 우부를 갖는다. 가구도 가우디의 설계이며, 환상적·야수적 형태의 공간이 나타나고 있다.

두 동의 호화스런 집합 주택이 그 신기성·다양성에도 불구하고 바르셀로나의 부유한 시민 층에 수용된 것은 놀라운 일이다.

00

1장

초기 합리주의 Early Rationalism 1900-1930

산업혁명이후 근대건축의 태동기 부터 1차 세계대전을 거쳐 2차세계대전 직전 까지의 시기
큐비즘(Cubism), 미래파(Futurism), 절대주의(Suprematism), 구성주의(Constructivism)
신조형주의(Neo-Plasticism, 데 스틸 De Stijl)

02 Juan Gris, Still Life with Fruit Dish and Mandolin, 1919, oil on canvas

초기 합리주의의 시대가 시작된 20세기 초는 「공업화」가 유럽과 미국에 침투하여 정착했던 시기이다. 산업혁명 이후 계속된 급격한 도시의 확대현상은 이미 진압되고 있었다. 자본주의는 주권을 장악한 시민계급의 경제시스템으로서 그 뿌리를 내렸다. 정치적 사회적 측면의 비중이 증대함에 따라 산업이 사회 문화 예술의 분야로 진출하기 시작했다.

문화-예술의 영역에서는, **유겐트스틸**(Jugendstil 1890-1914)운동이 급격하게 개화했지만 쇠퇴도 또한 빨랐다.

윤리적 심리적 기반을 충분히 이해하지 않은 상태에서 그 형태언어는 건물의 용도 구조와는 무관하게 무작위로 도입하는 유행으로서의 장식이 되어 버렸으며, 곧이어 유행현상으로서의 장식형태에 대한 미숙으로 급격한 저항이 일어나게 된다. 대표적인 것이 **큐비즘(Cubism) 운동이다.**

Cubism is "the art of painting new compositions by means of elements taken from atainable rather than visual reality." (G. Apollinaire) .

Les Demoiselles d'Avignon Pablo Picasso 1907

04 Pablo Picasso Portrait of Kahnweiler. 1910.

큐비즘운동은 폴 세잔느(Paul Cezanne 1839- 1906)가 대상을 기하학적 기본 형태로 환원시키기 위해 도입한 새로운 관찰법과 관계하고 있다. 죠르즈 브라크(George-s Braque 1882-1963) 혹은 파블로 피카소(Pablo Picasso 1881-1973)등을 중심으로 1905년부터 1910년 사이에 파리에서 이 운동이 성립했다.

특히 아프리카 예술에서 형태상의 감흥을 받았으며 르네상스의 투시화법적 개념의 틀을 깬 3차원 공간의 새로운 표현이었다.

큐비즘의 형태 언어가 가지는 특성은, 현상을 기하학적인 질서에 따라 구축하고, 대상을 평면적인 구성요소로 해체하여 그러한 것을 투명도 높은 표현으로 상호 관입시키면서 다시 3차원적으로 묘사하는 것 그리고 대상을 배경과 융합시키는 것 등이다.

Pablo Picasso Portrait of Ambroise Vollard

06

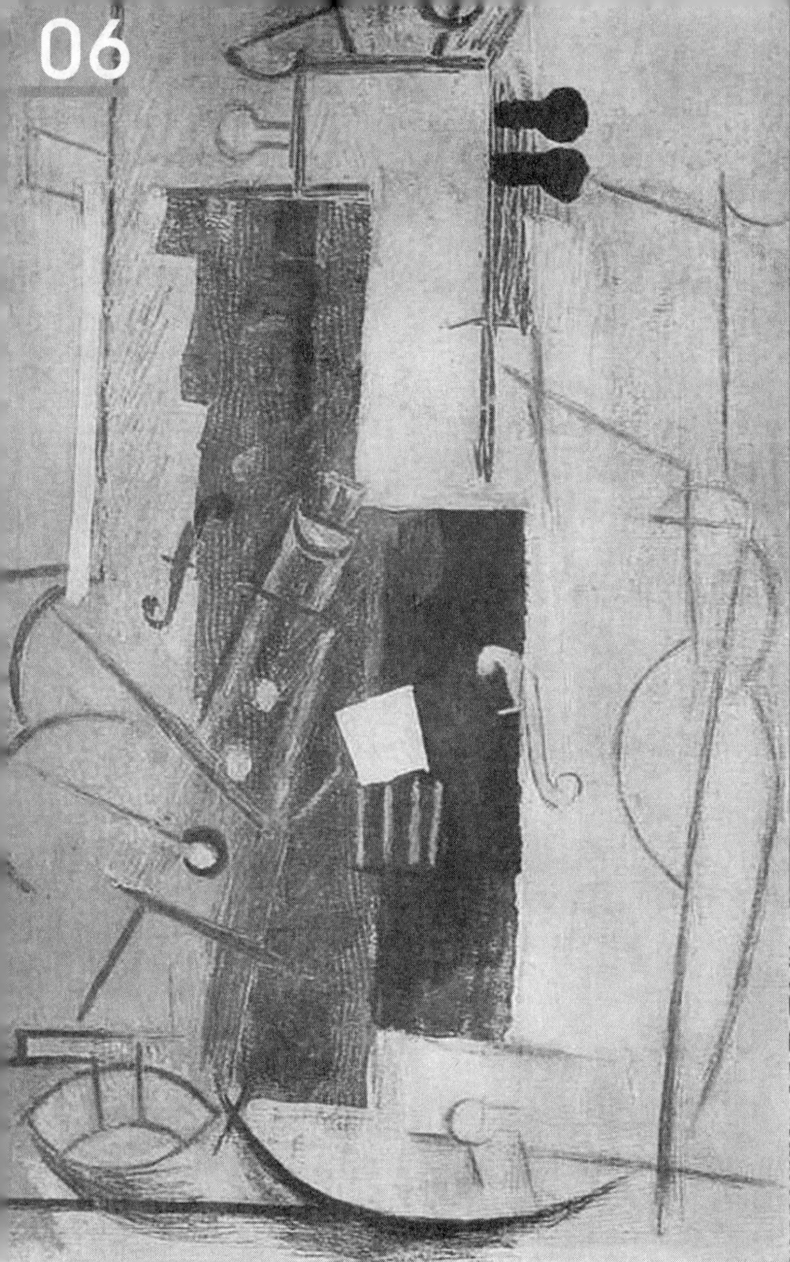

Pablo Picasso Clarinet and Violin

Pablo Picasso Guitar

08
Pablo Picasso Portrait of Josette Gris

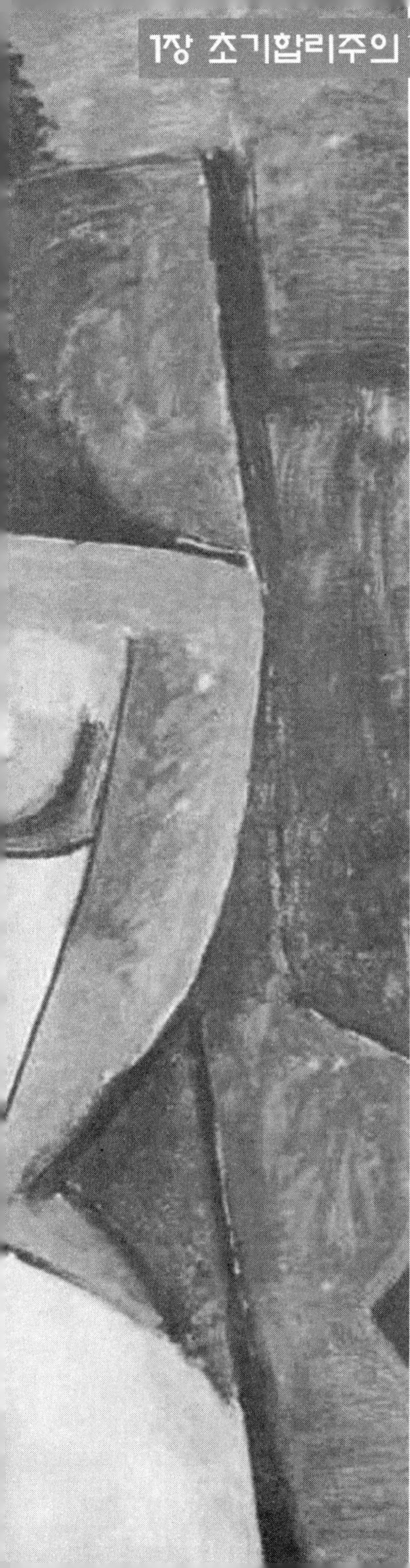

큐비즘과 대략 같은 시기에 **미래파(Futurism) 운동**이 출현한다. 1909년 이탈리아의 저술가 필립포 토마스 마리네티(Filippo Thomas Marinetti 1876-1944)가 파리의 피가로지에 「미래파 선언 Futurist Manifesto을 발표하였으며, 거기서 그는 「우리는 세계가, 속도의 미라는 새로운 미를 도입함에 따라 한층 아름다워질 수 있다」라고 저술했다.

분명 이 글은 미래파운동의 주제를 대변하고 있었다.
이 운동에는 문학 관계자 이외에 움베르토 보초니(Umberto Boccioni 1882-1916), 카를로 카라(Carlo -Carrà 1881—1966)와 같은 화가와 조각가 그리고 음악가, 무대 연출가, 건축가가 가담하고 있으며, 건축가 중에서도 가장 중요한 인물이 **안토니오 샹뗄리아(Anto-nio Sant'Elia 1888-1916)**이다.

Pablo Picasso Woman with a Fan. 1908

10

Unique Forms of Continuity in Space 1913 bronze by Umberto Boccioni

Furisme Carlos Carra Fun railles de lanarchiste Galli

미래파 운동에는 과거와의 의식적인 단절, 감정적인 기계 예찬 행동주의 그리고 투쟁벽과 같은 몇몇 경향이 지적될 수 있다. 미래파는 오로지 이탈리아에 한정된 운동이며, 파시즘과 영합해서 시작 되었다. 20세기 초기하학적-구성주의적 경향을 가장 명료하게 설명하는 예술론은 미술 비평가・미술사가 콘래드 피들러(Konrad Adolf Fiedler 1841~1895)가 논문 「예술 행위의 기원에 대해서」(1887년)중에서 서술한 가시성의 이론이다.

감정 즉 표현에 대한 순수 형태를 추구한 음악학의 에드와르트 한슬릭의 생각을 기초로 피들러는 예술에 인식론적으로 몰두했다. 그가 추구한 것은 자연 혹은 감정의 모방이 아니라 해석해서 질서화한 작용이다. 더욱이 그는 그 이론 중에서 예술표현의 심미적・쾌락주의적인 성격을 부정한다. 따라서 미・대칭성・장식과 같은 예술론의 전통적인 중심 개념이 소멸되었던 것이다.

Malevich, Kasimir (1878-1935)

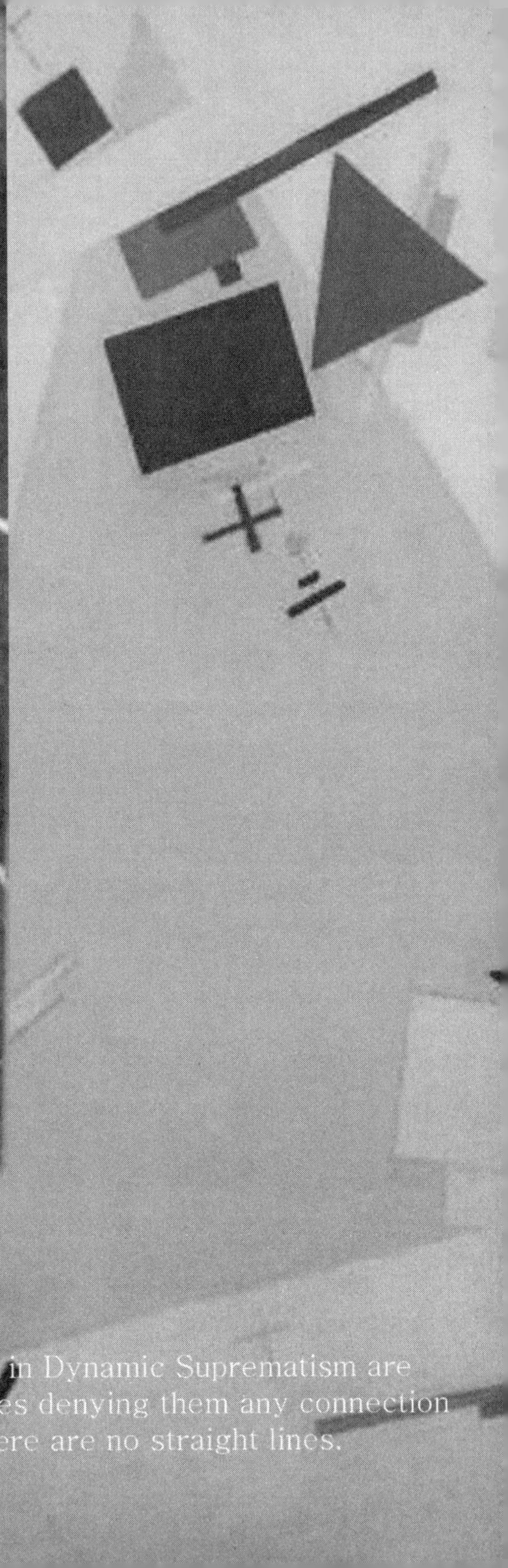

Dynamic Suprematism
1915 or 1916

Great solid diagonals of color in Dynamic Suprematism are floating free, their severe sides denying them any connection with the real world, where there are no straight lines.

큐비즘과 미래파를 시작으로, 러시아에서도 제1차 세계대전 중에 **슈프레마티즘**(Suprematism 1915)이 출현했다.

이 운동은, 화가 **카지미르 말레비치**(Kazimir Severinovich Malevich 1878-1935)로부터 시작된다.
조형 예술에서는 감각이 다른 지각을 통제하지 않으면 안 된다고 그는 생각한다. 또한 그가 묘사하는 회화에서는 자연주의적 대상이 완전히 배제되어, 상징적인 의미를 담은 약간의 추상적 기호 그리고 그들과의 관계가 중심이 된다.

Malevich, Kasimir (1878-1935).

Russian painter and designer, with Mondrian the most important pioneer of **geometric abstract art.** Born near Kiev; trained at Kiev School of Art and Moscow Academy of Fine Arts; 1913 began creating abstract geometric patterns in style he called **suprematism**; taught painting in Moscow and Leningrad 1919-21; published book, **The Nonobjective World (1926)** , on his theory; first to exhibit abstract geometric paintings; strove to produce pure, cerebral compositions; famous painting **White on White (1918)** carries suprematist theories to absolute conclusion

카지미르 말레비치는 몬드리안과 더불어 추상 기하예술에서 가장 중요한 개척자이다.
키에프 근처에서 태어났으며, 키에프와 모스크바 예술대학에서 수학하였으며, 1913년 절대주의라는 추상기하학적 패턴을 만들어내기 시작했다.
그는 또한 1919-21년 모스크바와 레닌그라드에서 회화를 가르쳤으며, 이론서 '비대상의 세계(1926)'라는 책을 출판했다.
처음으로 추상기하학적 회화를 전시했으며, 거기서 그는 순수하고 지적인 구성을 만들어내는데 노력했다.
유명한 회화 '흰 바탕위의 흰사각형(1918)은 절대주의자의 이론적 근거를 완벽하게 했다

They are difficult artists. Kasimir Malevich (1878-1935), who founded what he called Suprematism, believed in **an extreme of reduction**: "The object in itself is meaningless... the ideas of the conscious mind are worthless".
What he wanted was **a non-objective representation**, **"the supremacy of pure feeling."**

Malevich had initially been influenced by **Cubism and primitive art**, which were both based on nature, but his own movement of Suprematism enabled him to construct images that had **no reference at all to reality.**

절대주의자인 말레비치는 **축소의 극한**을 추구하고 있다 즉 대상 자체는 의미가 없으며…, 의식에 대한 관념은 가치가 없다고 한다. 그가 추구했던 것은 **비대상에 대한 표현, " 순수한 감성의 극치"** 이었다.
말레비치는 자연에 기본을 둔 **원시예술과 큐비즘**의 영향을 받았지만, 그의 절대주의적 운동에서는 **실재 세계에서는 어떠한 것도 참조하지않은** 이미지를 만들어 내었다.

16

Suprematist Painting: Aeroplane Flying c1915; Oil on canvas, 57.3 x 48.3 cm (22 5/8 x 19 in); The Museum of Modern

Malevich는 비 대상(non objectivity)적 회화를 통해서 절대주의(suprematism) 이론을 확립했다. 사물들은 존재하지 않지만, 그것들의 무한(無限), 즉 아무 것도 아닌 것인 동시에 그 무엇인 그런 무한만이 존재함이 밝혀진 것이다.
한편 이들의 작품에 나타나는 구조적 색채와 형태에 대한 탐색, 공간처리, 시각적 구조 등의 특징은 그것이 **구성주의**(Russian Constructivism) 양식과 유사성을 갖고 있음도 보여주고 있으며, **해체주의**(De Constructivism) 건축의 기본원리 이기도 하다.

절대주의는 세계에 대한 **우주적 감각(感覺)**, 우주에 대한 깊은 **통찰(洞察)**, 그에 대한 시각적 **표현(表現)**등으로 모두 이 절대주의 추종자들의 작품에 나타나는 특징들이다.

절대주의라고 했을 때 그것은 일차적으로 **비 대상**(non objectivity)적인 세계를 지향하며 그것은 다시 말해서 감각적 대상으로부터의 완전한 해방을 의미한다. 어떤 의미에서 그것은 바로 **무(無)**의 세계라고 할 수 있을 것이며, 절대주의는 그 無의 세계를 감성화 함으로서 추상회화의 하나의 **절대치**를 구현하고 있는 것이다

Suprematisin (Supremus No. 58) Museum of Art, Kasimir Malevich

White on White, 1918. Museum of Modern Art, New York.

무한시간(無限時間)속의 **무한공간(無限空間)**의 모습을 표상하고자 하였던 <흰바탕 위의 검은 사각형 Black Square 1913>, 마치 **부유(浮游)**하고 있는 것 같은 4각형들을 표현한 <8개의 장방형>, 그가 그린 회화 중에서 가장 널리 알려진 **<백색 위의 백색 White on White :1917-18>**이라는 일련의 그림들은 절대주의 이론의 논리적인 결론에 도달한 작품이다.

1개의 백색형태가 백색의 바탕 위에 놓여 있었다. 색채는 **무한한 우주공간**과도 같으며 연필로 희미하게 그려놓은 윤곽선만이 순수한 표면 위에 **<인간적 요소人間的要素>**가 배제된 형태를 드러냄으로써 절대주의의 궁극적 귀결점을 보여주고 있다. 이러한 회화들은 비-대상성(non-objectivity)의 정수를 나타내고 있다.

절대주의의 절정, 즉 **시공(時空 time/space)**을 초월한 무한성의 영역으로 진입한 순수추상에 이르게 되며, 말레비치의 절대주의 작품에 특징적인 **무한(無限)**의 공간은 본질적으로 무한한 **시간(時間)**의 과정을 내포한다.

20

1920년대 초에 작성한 소위 **<플랜티스(Plantis)> 나 <아키텍토닉스(Architektonics)>**는 입체적인절대주의를 실험한 것이었으며, 이러한 대상들은 특별한 목적을 위해서 의도된 것이 아니라, 단순하게 공간적인 연구로서 이해할 수 있다.

비록 말레비치(K.Malevich)의 건축적 모델들은 백색의 조형물이지만 그 의의는 그 모체가 된 절대주의 회화가 표현하고자 하였던 화면의 **공간성(空間性)과 구조성(構造性)**을 그대로 공간조형으로 실현화하였다는 것에 있다. 그러므로 건축적 모델은 화면 공간의 모호한 특성을 함축하고 있다. 이와 같은 **모호한 공간 diaphanous sp-ace**은 백색의 자유로운 깊이의 영원함으로 표현된 비대상(Non Objectivity)의 세계를 함축하고 있다.

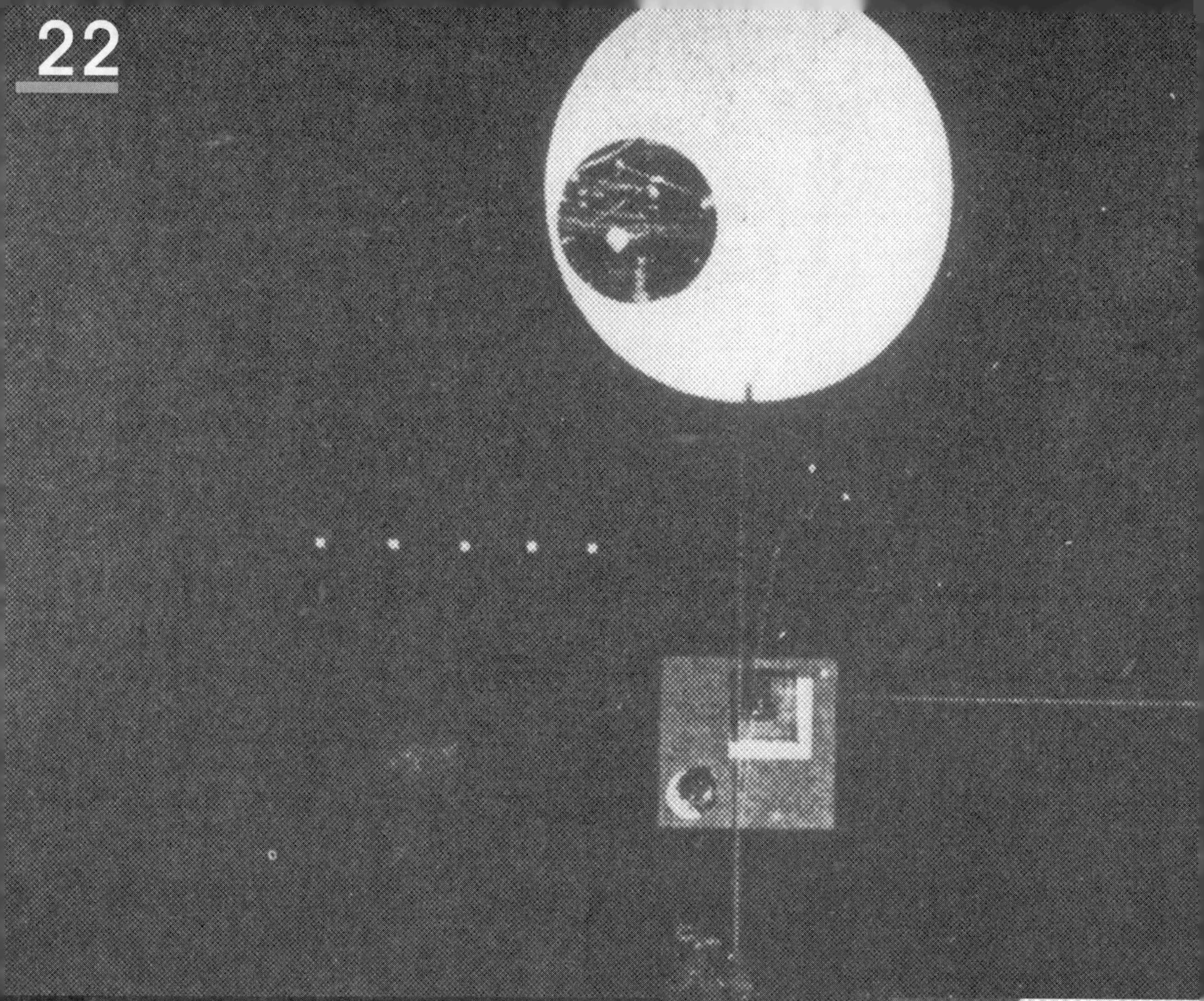

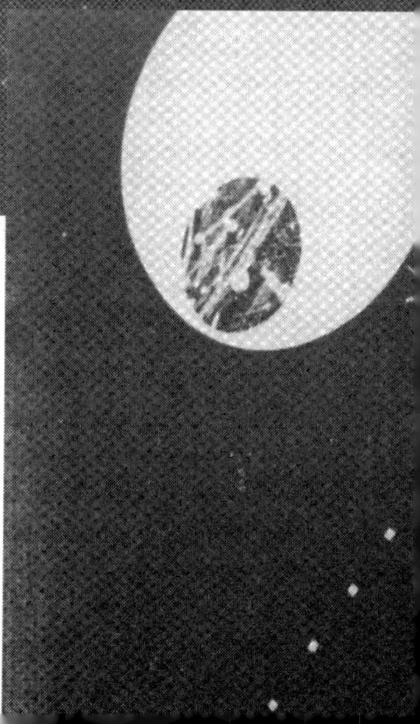

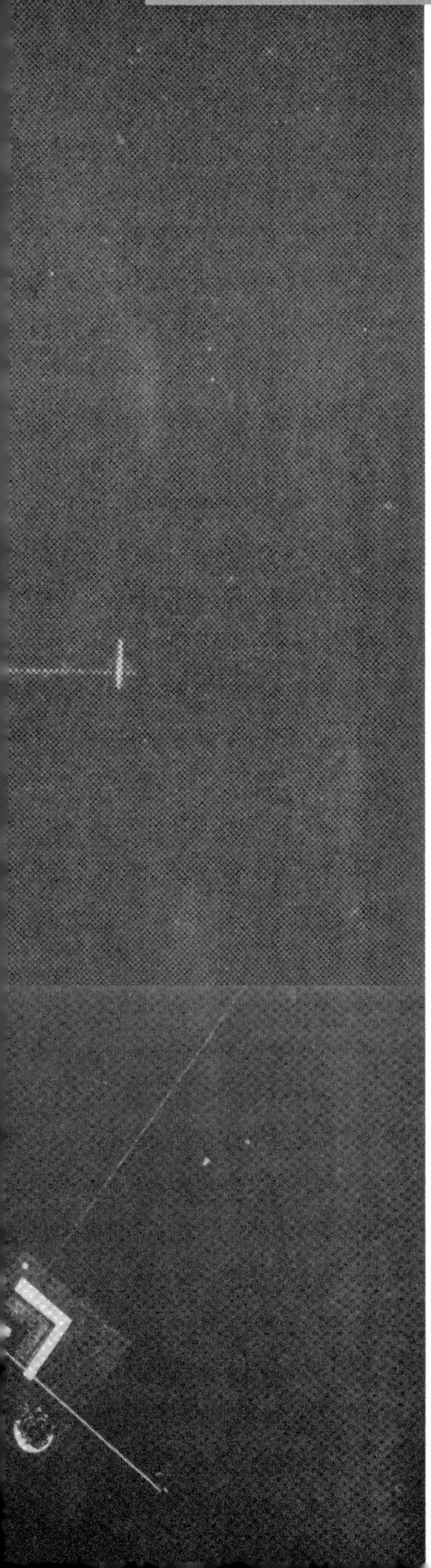

약간 늦게 출현한 **구성주의(Constructivism 1919)**는, 슈프레마티즘 으로부터 분리된 운동이며, 중요한 성립 계기를 1917년 사회주의 10월 혁명에 기반을 둔 운동이다. 이운동의 목표는, 1920년 조각가 나움 가보(N-aum Gabo 1890-1977)와 안트워누 페브스너(Antoine Pevsner 1886-1962)가 「현실주의적 선언」 중에서 분명히 하고 있다.

새로운 재료를 이용한, 그리고 새로운 기술에 의한 구성을 지향하는, 새로운 시대에 알맞은 예술이 추구되었다. 탄생 당시 소비에트 연방 내부의 정치적 상황 하에서, 이 운동은 정치적인 그룹과 심미적인 그룹으로 분열된다. 이 분열은, 1920년 생산기술그룹의 강령 작성에 의해 결정 되었다.
우라디미르 에프그라포비치 타트린(Vladimir Yevgra-fovich Tatlin 1885-1953) 을 포함한 이그룹은 정치와 기술적 국면이 중요시 되었다. 그리고 1922년 베를린에서 국제 구성주의가 탄생한다.

Artwork by El Lissitzky 1919

Photomontage by Tatlin showing his clothing designs, 1924

이 그룹에는 러시아인 **엘리자르(에르)말코비치리시츠키(Lazar Markovich Lissitzky 1890-1941)** 와 네덜란드인 **데오 반 도스브르그(Theo van Doesburg 1883-1931)** 가 포함된다. 「데 스틸(De Stijl 1917)」지에 선언된 창설선언에는 자연과 대립하는 기계 미학을 건축의 근본으로 할 것이 주장되고 있었다. 다양한 국제 조류에도 불구하고 구성주의는 소베에트 연방에 한정된 운동이었다. 스탈린 시대에 그것은 정치적으로는 「사회주의 리얼 리즘」으로, 건축적으로는 고전주의로 변화한다.

El Lissitzky Proun serise

proun
the 'station' of transfer

"The Proun is the station where one changes from painting to architecture"
El Lissitzky

"Prounen are suprematist planes that acquire depth, architectonic dimensions and a value in cosmic space....at the last station on the suprematist journey we have torn up the old painting and turned it into a world which floats in cosmic space....the prounen have no fixed top or bottom; their inner balance depends on the very strong force of attraction between the different geometrical bodies....they are equally valid seen from different angles and at different levels. Prounen are, a method of creative thinking".

Glasgow Contemporary Architecture aims to be a station of transfer, not a portal, nor a vortal. No other city in the UK - other than Edinburgh of course - has this type of architecture resource. In World terms, the site is ranked highly on numerous top search engines. We strive to not only be well-placed, but on the ball in terms of news: please get involved by sending in news of new projects and events, and we will do our best to publicise them.

A Prounen by El Lissitzky 1925

A Prounen by El Lissitzky 1925

Less prosaically, the station of transfer is the website and the destination: here it's Glasgow. Some visitors will be voyeuristic daytrippers, looking but not touching. Some may leave their mark or cause a small ripple. Other travellers, mostly locals, should find a route that effects change in their port of call, the home destination: both physical & pyschological inspiration and improvement is required. Now. Letters, comments, bulletin board statements...let's stop tinkering.

A Prounen by El Lissitzky 1925

30

PARC DE LA VILLETTE, 1984, ZOE ZENGHELIS. OMA

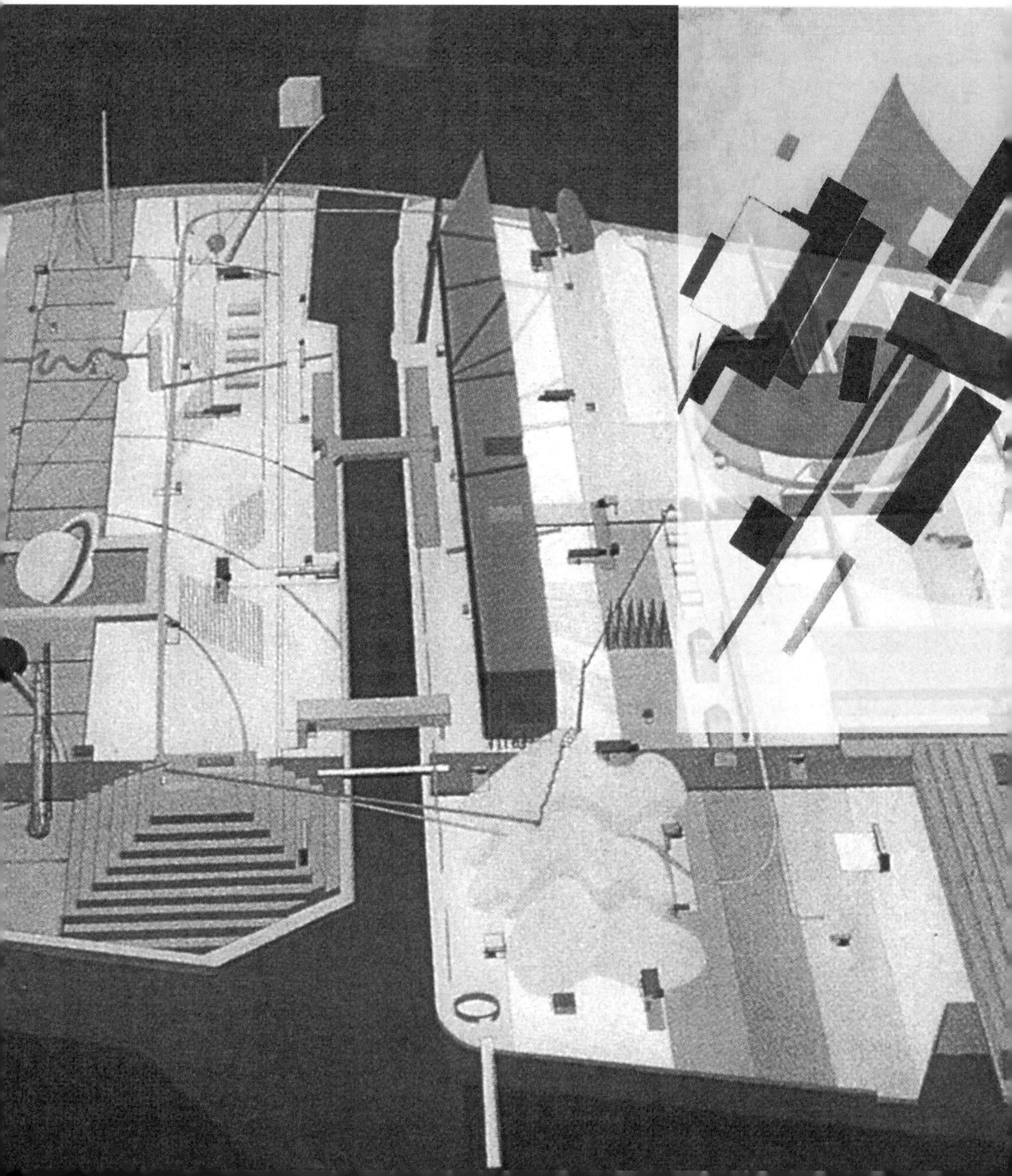

LITHOGRAPH: TSCHUMI, PARC DE LA VILLETTE,
LANDSCAPE SUPERIMPOSITION, 1984

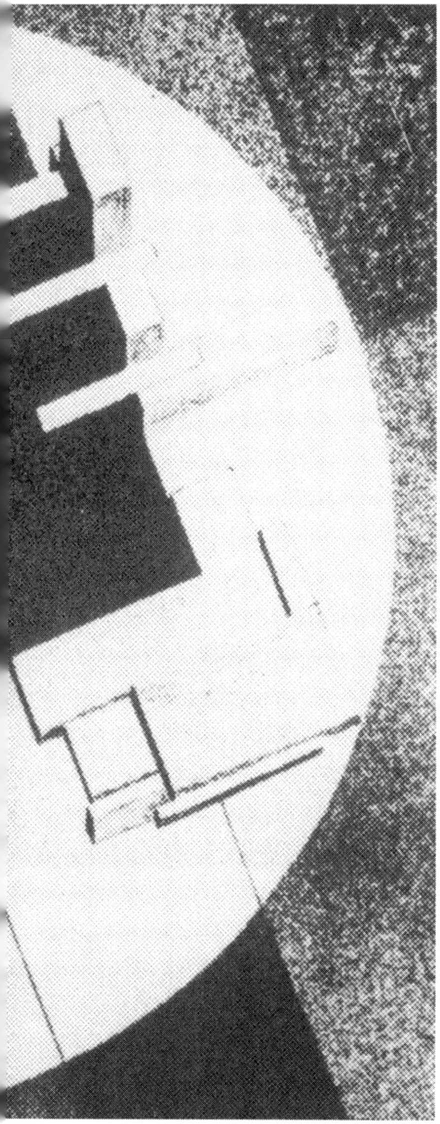

EL LISSITZKY, PROUN IE "THE CITY", 1921

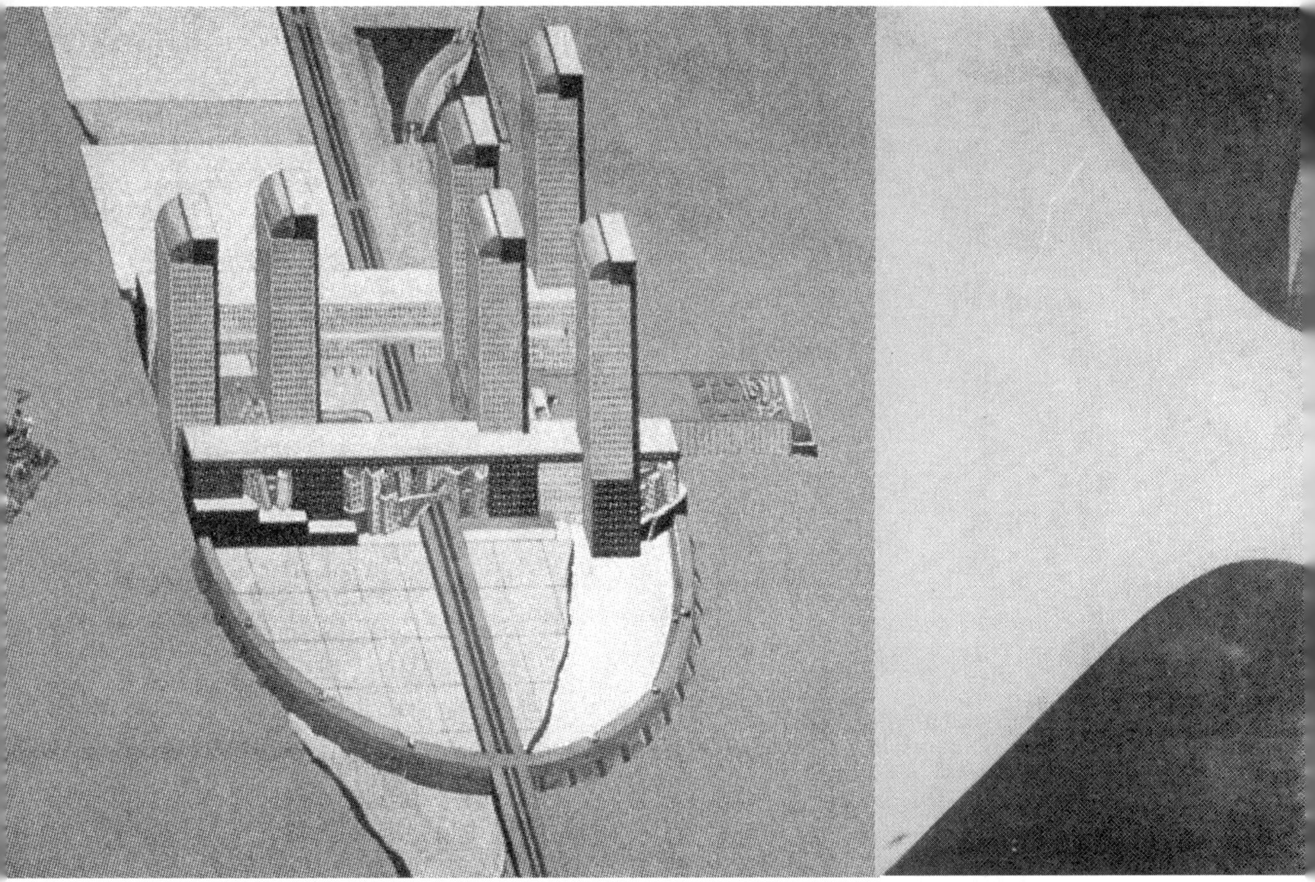

OMA, WELFARE PALACE HOTEL, 1976-7

EL LISSITZKY, PROUN 23, NO6. 1919

36

HADID, TRAFALGAR SQUARE GRAND BUILDINGS
PROJECT, 1985, LOBIES OF TOWERS

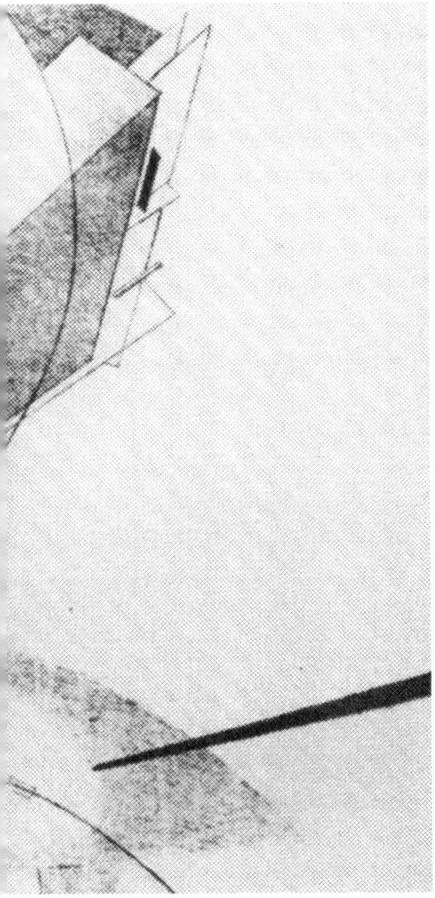

EL LISSITZKY, PROUN 54, LITHOGRAPH FORM THE PROUN FOLIO, 1921

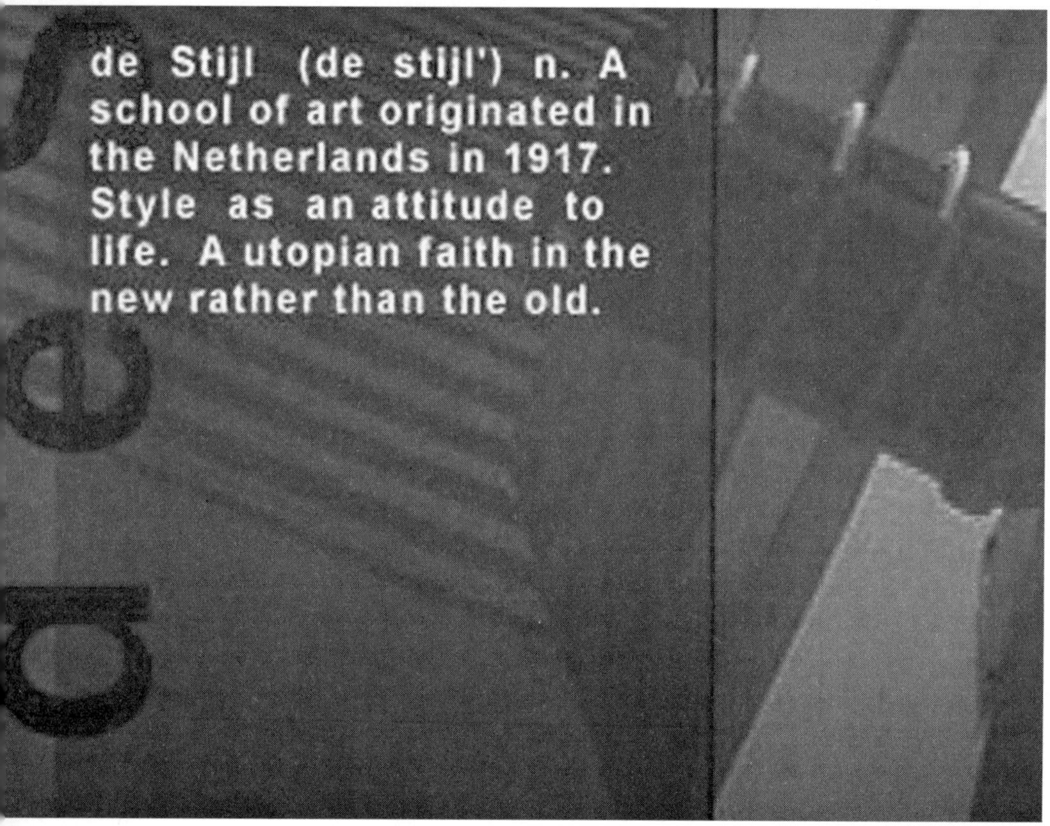
de Stijl (de stijl') n. A school of art originated in the Netherlands in 1917. Style as an attitude to life. A utopian faith in the new rather than the old.

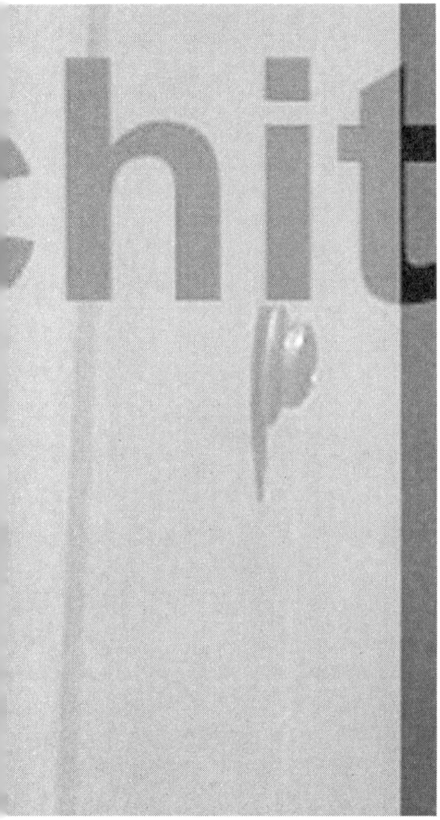

신조형주의 운동(Neoplasticism)이 창시된다. 화가 피에트 몬드리안(Pieter Cornelis (Piet) Mondrian 1872-1944)에 의한 신조형주의는 3차원적인 볼륨을 조형의 제1요소인 평면으로 환원한다는 창작상의 의도에 그 기본을 두고 있다.

이 그룹에 속한 사람은 몬드리안 이외에 화가 필못슈프사르와 데오 반 도 스브르그(그는 건축가이기도 했다), 시인 안토니 콕(Anthony Kok 1882-1969, poet) 그리고 건축가 야콥스 요하네스 피터 아우트(J.J.P. Oud 1890-1963, architect) 이다.

후에는 건축가 로베르트 반 톰프(Robert van 't Hoff 1887-1979, architect)와 게리트 토마스 리에트펠트(G-errit Rietveld 1888-1964, architect and designer), 화가 발트 반 델 렉크(Bart van der Leck 1876-1958, painter) 그리고 벨기에인 조각가 화가 죠르류 반톤겔로(Georges Vantongerloo 1886-1965, sculptor)가 추가된다.

40

Piet Mondrian: The 20th century is distinguished in art history for one invention above all: abstraction. The Dutch artist Piet Mondrian (1872-1944) was a pioneer in this development. His reputation rests on about 250 abstract paintings dating from 1917 to 1944, a modest number for over 25 years of work. Each painting was worked and reworked, built layer by layer toward an equilibrium of form, color, and surface.

Mondrian named his style "neoplasticism." That is how he translated his own Dutch phrase nieuwe beelding, which also means "new form" or "new image."

The style was based, he explained, on an absolute harmony of straight lines and pure colors underlying the visible world.

42 Mondrian Composition II in Red, Blue and Yellow

이 예술가 그룹은 큐비즘으로부터 결정적인 영향을 받았다. 그들은 진리 · 객관성 · 질서 · 명확성 · 단순성을 윤리적 규범으로 해서, 그 시대의 사회 경제적 문제에도 적극적으로 개입했다. 목표는, 개체주의로 부터의 이탈과 전체에 대한 객관적이고 보편적인 파악과 표현이다.
직교하는 직선 혹은 평면 그리고 적 · 청 · 황의 3원색이 백 · 흑 · 회색과의 콘트라스트를 활용해서 배치된다. 순수한 입방체가 정적으로 배치되는 것이 아니라, 동적으로 경계를 초월해서 무한 공간으로의 확장을 꾀하게 된다.
데 스틸 운동은 큐비즘, 미래파, 슈프레마티즘 그리고 구성주의보다 직접적으로 건축의 문제에 깊숙이 개입하게 된다.

데 스틸 운동은 모든 문화 영역에서 주목할 만한 영향력을 발휘하였으며 네덜란드의 국경을 넘어 전 세계로 확대 수용되었다.

Composition with red, yellow and blue
Piet Mondriaan 1921

Composition No. 15, 1925. Oil on canvas. 1499 x 1251 mm.

Theo van Doesburg Counter Composition V

46

Rue Franklin Apartments, Paris, France, 1902-1904
Auguste Perret

오귀스트 페레(Auguste Perret 1874-1954)

1902년부터 이듬해에 걸쳐 그는 파리의 프랭클린가에 공동 주택(Rue Franklin Apartments, Paris, France, 1902-1904)을 지었다.
기둥, 보가 정연하게 골조를 형성하고 있는 이 건물은 즉물적인 표현으로 이미 당시 화제가 되었으며, 그 매력은 오늘날에도 완전히 잃지 않고 있다.
세련된 콘크리트 골조 사이에 큰 유리면과 벽난로가 놓여 있다. 이 경쾌한 골조는 공간의 유동성을 나타내고 있으며 곧바르게 서 있는 7층의 입면에서 약간 후퇴한 상층을 마치 들어 올린 것처럼 보이게 한다. 1층은 전면 유리이며 옥상층에는 미흡 하지만 **옥상정원**도 보이고 있다. 내부에서는 구조적 요소를 벽에 의지하지 않고 얇은 기둥으로 집약시킴으로 해서 **자유로운 평면 계획**이 가능하도록 했으며, 결과적으로 각 층마다 평면 구성이 다르게 되어있다. 후에 **미스 반 데르 로에**와 **르 꼬르뷔제**가 발전시킨 수법 중 일부가 이미 여기서 사용되고 있었다.

파리 근교의 르 란시에 **노틀담 교회**(Notre Dame du Raincy, Raincy, France, 1922)가 건설된다. 고딕 교회의 빛의 공간이 새로운 재료, 새로운 구성, 그리고 새로운 미학의 조화 속에서 재생되었으며, 구석구석까지 신경이 도달한철근 콘크리트조 교회이다. 보드가 가지고 있던 역사주의적 잔재가 페레의 교회에서는 완전히 모습을 잃었다. 신랑(nave)에서는 장축방향으로 측랑(aisle)에서는 그것과 직교하는 방향으로 배치된 보울트(vault)가 가늘고 긴원기둥에 의해 지지되고 있다. 벽체는 스테인드글라스가 끼워진 콘크리트 블록의 조합으로 이루어진다. 장식은 억제되며 구조와 일체가 되고 있다. 내관 · 외관과 더불어 콘크리트의 재질이 건물을 지배한다.

48 AEG Turbine Factory, 1910 Peter Behrens

Peter Behrens
AEG Turbine Factory, 1910

공작 연맹의 원리를 구체화시킨 최초의 건축가는 피터 베렌스(Peter Behrense)이다. 화가로 출발했으며 1898년 이후는 공업 제품의 디자인에 몰두했다.
1908년부터 다음 해에 이르기까지 베렌스는 AEG를 위해 베를린에 터빈 공장(AEG Turbine Factory, 1910)을 건설했다. 이것은 합리적 공장 건축에 대한 최초의 예이다. 이 공장은 하나의 중심동과 그 중심동에 대해서 비대칭으로 배치되며 시각적으로도 명료하게 구분된 부속동으로 구성된다. 물론, 베렌스는 디자인의 결정에 구조를 중시한 것이 아니라, 독자적 건축 언어를 이용해서 거기에 개인적인 표현을 첨가하고 있다.
그리고 기념비적이고 신고전주의적 요소를 이용한 공장에 노동의 장으로서의 정당한 평가를 받았다.

1907년부터 11년간 그 밑에서 배운 건축가로는, 월터 그로피우스(Walter Gropius), 미스 반 데르 로에(Ludw-ig Mies van der Rohe), 그리고 르 꼴뷔제(Le Corbu-sier)가 있다.
철골 구조의 초기에도 나타났었지만 철근 콘크리트 구조의 경우에도 초기에는 예술지향의 건축가보다도 오히려 산업 지향의 기사가 구조적 미학적인 신천지를 개척했다. 그렇지만 20세기 초 설계하는 예술가와 구체화하는 기사 사이에 가로놓인 장벽을 없애려는 노력이 시작되었다. 예를 들면 뮌헨에 **<독일 공작 연맹 Deutscher Werkbu-nd>**이 창설 되었던 것은 1907년의 일이다.
독일 공작 연맹의 전사는, 아트 앤트 크라프트의 개혁 운동에까지 소급될 수 있다. 건축가 헤르만 무테지우스(Heman Muthesius 1861-1927)는 세기말의 수년간을 런던에서 보냈다. 그리고 귀국 후 모리스의 사상을 국내에 확대하는 노력을 계속했다. 독일 공작 연맹의 창설 멤버는 무테지우스 이외에 피터 베렌스(Peter Behrens 1868-1940), 요젭 호프만(Josef Hoffmann 1870-1956), 요젭 마리아 올브리히(Josef Maria Olbrich 1867-1908),그리고 프리츠 슈마하(Fritz Schumacher 1869-1947) 등이다.

SteinerHouse, Vienna, Austria, 1910 Adolf Loose

아돌프 로스(Adolf Loose 1870-1933)

학업을 끝낸 후, 그는 3년간을 미국에서 보냈다. 여기서 알았던 시카고파의 건축, 특히 루이스 헨리 설리반(Louis Henry Sullivan)의 그것은 그의 건축 활동에 결정적인 영향을 미쳤다.

귀국해서 비인으로 거처를 정한 로스는, 1897년부터 다음 해까지 창설된 **<비인세제션 Vienna Secession>**의 심미적 경향을 비판하는 격렬한 논문을 썼다. 그리고 계몽주의의 이상에 기본을 두고 설리반의 기능주의적 사상 혹은, 오토 와그너(Otto Wagner 1841-1918)의 정화주의에 영향을 받아 1908년에 **「장식과 죄 Ornament and Crime」**의 논문을 발표했다.
장식의 비판은 로스의 경우, 결코 무미건조한 건축을 의미하지 않았다. 예를 들면, 그의 자유로운 **라움플랜(공간계획)의 사상**은,「공간에 있어서 자유로운 사고, 다양한 레벨에서 결코 층고가 제한되지 않는 모든 공간의 계획, 서로 관계가 있는 모든 공간을 하나의 조화된 이해하기 힘든 전체에, 보람 없는 조직체로 조립되는 것, 공간은 그 목적과 의미에 따라서 각기 어울리는 넓이뿐 만 아니라, 어울리는 높이를 갖는다.」

1910년 그의 양식을 가장 잘 표현한 비인의 **슈타이너 저(SteinerHouse, Vienna, Austria, 1910)**가 건설된다.
철근 콘크리트의 평활하고 좌우 대칭의 파사드, 지붕은 통로 측에서는 건물 전체에 큰 보울트가 걸쳐 있는 것처럼 표현되어 있지만 이것은 2층 건물밖에 인정되지 않는 건축 법규에 대한 배려의 결과이었다.
입체 기하학으로 생각할 수 있는 이 건물의 외관에는 전혀 장식이 사용되지 않았다.

52

라움 플랜이 보다 예리하게 외부에도 표현된 건축은 비인의 **루퍼 저**(Rufer House, Vienna, Austria, 1922)와, 파리의 다다이스트인 **트리스턴 챠라**(1925 house and studio for Tristan Tzara, the founder of Dada-ism, in Montmartre, Paris)**저** 이다.
근대 건축에서 내부공간의 요구로부터 나타나는 다양하고 큰 개구부는 외관에도 그 미묘한 상호관계를 보이고 있다.

그의 사상 · 작품이 미치는 영향은 컸다. 전통에 대한 비판과 일견 모순된다고 보는 철저한 질서의 추구 그리고 **허무주의와 「반-양식」**의 주장은 합리주의의 계보로 확대 수용되었다.

Looshaus Adolf Loose

1910 Goldman &
Salatsch Building, a mixed-use building overlooking
Michaelerplatz, Vienna, known colloquially as the
"Looshaus",

Haas Haus, Hans Hollein, Vienna Austria
오스트리아의 현대건축가 한스 홀라인의 하스하우스는 비엔나의 역사중심지구의 중요한 위치에 존재한다.
그 건물은 과거 비엔나의 역사적 건축을 참조하여 현재 비엔나 건축의 테크놀로지와 상업주의를 그 도시에 역사적 연속성으로 나타내었다.

비인의 미하엘 광장에 주거 점포 건축(1910 Goldman & Salatsch Building, a mixed-use building overlooking Michaelerplatz, Vienna, known colloquially as the "Looshaus", 소위 로스 하우스)을 건설했지만, 왕궁에 면해서 위치했었기 때문에 이 건축의 근대성이 시민 사이에서 격렬한 논쟁이 되고 있었다. 그러나 파사드에는 토스카나식의 거대 원주가 이용 되었고 주위와의 조화는 충분히 고려되고 있으며 그의 라움 플랜은 배후에 감춰져 있다.

Kunsthaus Graz, Peter Cook and Colin Fournier, Spacelab
international competition of the new museum of modern art
in the city of graz, austria.

Kunsthaus Graz,
Peter Cook and Colin Fournier, Spacelab
international competition of the new museum of modern art in the city of graz, austria.

1. **혁신적** 형태와 **역사적** 경관
2. **전통**과 **전위**사이의 대화
3. **과거**와 **미래**가 만나는 다리로서의 역할

58 La Citta Nuova,1914 Antonio Sant'Elia

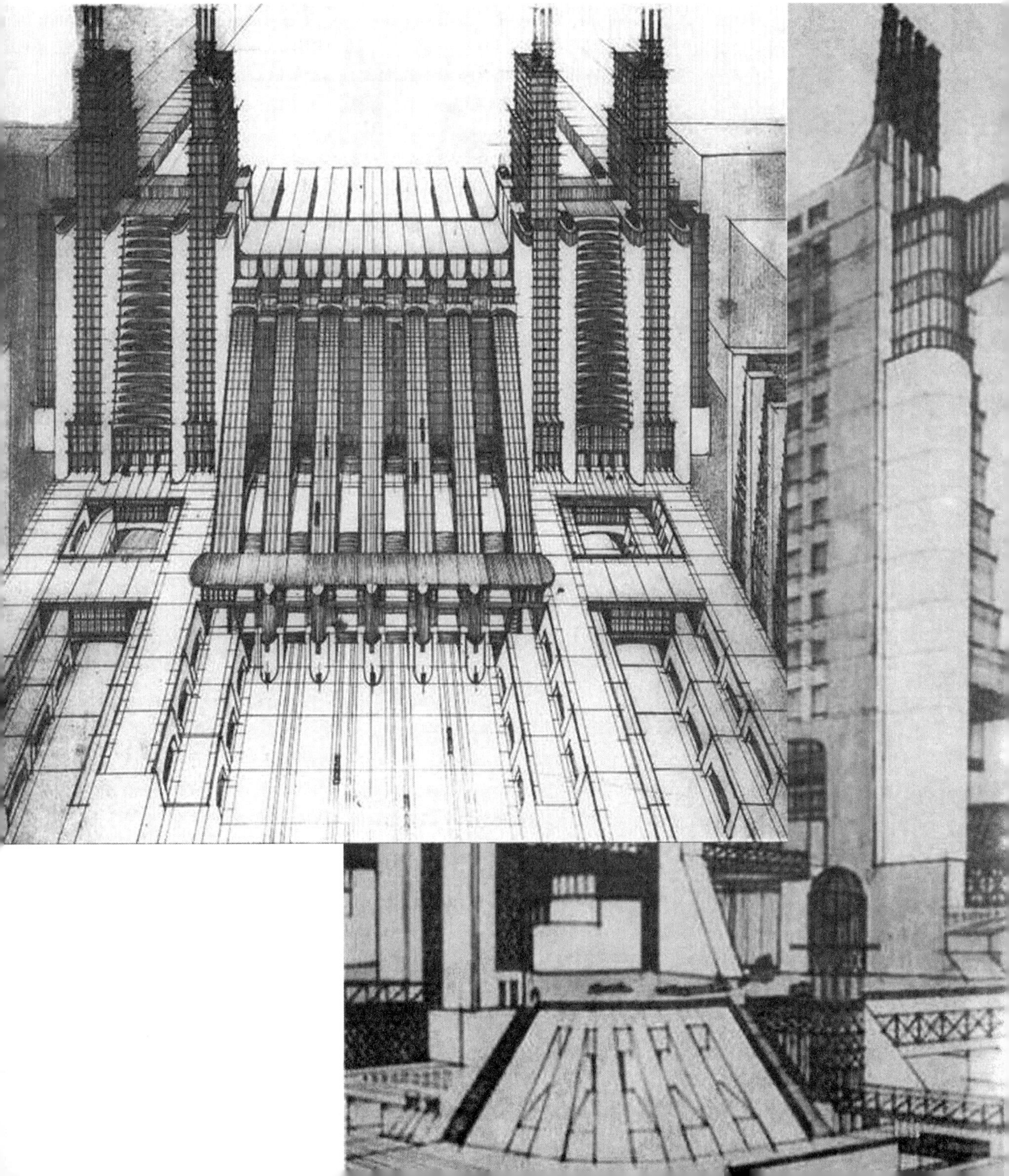

로스가 북미의 문화가 가지는 현실주의적 이성주의적인 경향에 포함된다고 하면 이탈리아의 젊은 건축가 **안토니오 샹델리아(Antonio Sant'Elia)**는 로만주의적 측면을 갖는다.
제1차 세계대전 전 이탈리아의 무기력한 문화상황 속에서, 그는 미국의 성장하는 산업도시를 모범으로 한 건축도시의 혁신을 생각했다.

1913년에 그는 장대한 계획 「치타 누오바 La Citta Nuova,1914(신도시)」의 구상에 착수했다. 그리고 미래의 거대 도시를 예언하는 비전이 성립되었다.

구조 동선부를 외부에서도 볼 수 있는 계단식의 초고층 주택, 입체적으로 교차하는 교통망, 강과 콘크리트의 구조가 보여주는 경쾌한 표현이 그것이다. 그러나 이 구상도에는 대담하게 조형화된 구축물 중에 기능 불명의 것이 적지 않게 있다.

과거의 규범에 대한 거절과 더불어 새로운 재료의 사용 그리고 예술적인 건축이 요구되고 있다. 예를 들면 사선과 타원형이 즐겨 사용되었으며 장식을 거절하고 기계시대로부터의 감흥을 중시한다.

선입견으로서의 설계 규범은 모두 배제된다.
그리고 「새로운 인간」과 조화해서 가볍고, 변화가 용이하고, 그리고 다아나믹한 건축이 추구되었다. 그것은 시대의 요구 이었다.

The Monument to the Third International Vladimir Yevgrafovich Tatlin

과거를 단절하고 근본적으로 새로운 건축을 향했던 것은 **소비에트 구성주의(Soviet Constructivism)** 이다. 1920년 화가 · 조각가 · 건축가 브라디미르 에프그라포비치 타트린(Vladimir Yevgrafovich Tatlin 1885-1953)은 이미 1913~1915년경부터 발전시켰던 구성주의적 구상을 제3인터내셔널 기념탑(The Monument to the Third International)의 모델에서 결실을 맺고 있다. 미래파(Futurism)에서 보이고 있던 건축에 대한 역동성의 도입이 다시 여기서도 행해졌다.

300m 높이를 가진 거대한 나선상의 철골 구조물 속에서 각지의 축을 중심으로 다른 속도로 회전하는 3개의 결정체가 조립되었다. 밑의 결정체는 입방체이며 1년 주기의 자전운동을 한다. 이곳에는 정부청사와 회의장이 들어가 있다. 그 위의 중앙부에는 코민테른의 관리 집행부가 들어간 피라밋이 있으며, 이것은 한 달에 180도 회전한다. 그리고 최상부에는 기자실, 사상 보급국이 들어간 글라스 실린더가 있으며, 이것은 하루에 한 번의 자전을 한다.

이 계획은 모형만이 만들어졌을 뿐이지만 분명 철과 글라스를 이용한 조각 작품이었다.

62

Vladimir Yevgrafovich Tatlin 1885-1953

Konstantin Melnikov
Soviet pavilion at the "Exposition internationale des Arts Decoratifs et industriels Modernes" in paris, 1925

64 Photomontage of the Wolkenbugel by El_Lissitzky 1925

Photomontage of the Wolkenbugel by El_Lissitzky 1925

리시츠키는 유럽의 어번길드 건축가들 특히 데 스틸(De Stijl) 그룹 혹은 미스 반 데르 로에(Mies van der -Rohe)와의 교류가 있었으며, 1924년에는 마르트 스텀(Mart Stam 1899-1986)과 협력해서 「구름의 기둥(볼켄 뷰겔)」 계획을 발표했다. 힘에 찬 높은 각주의 지지체 위에 가로로 튀어나온 사무동이 있다. 그러나 두 계획안은 모두 실현되지 않았다.

비현실성은 소비에트 구성주의 대부분의 계획안에 대해서 지적할 수 있다. 나움가보(Naum Gabo 1890-1977)의 표현주의적인 방송국 계획(1919~1920년)으로부터, 니콜라이 라도프스키(Nikolai Alexandrovich Ladovsky 1881-1941)의 岩場으로부터 크게 돌출된 레스토랑 계획(1923년)을 거쳐서, 1924년에 레오니 드 알렉산드로비치(Leonid Aleksandrovic Vesnin 1880-1933), 빅터르 알렉산드로비치(Viktor Aleksandrovich Vesnin 1882-1950), 그리고 알렉산도르 알렉산드로비치(Alex-ander Aleksandrovic Vesnin 1883-1959), 의 베스닌 3형제가 계획한 레닌그라드 프라우다사의 기술주의적인 모스크바 자국 안에 이르기까지 모두가 원래 구체화되었던 것이다.

혁명 후 정치적으로나 경제적으로나 불안정한 소비에트 관을 지었다. 기하학 형태가 대담하게 변형되어 대각선 방향의 동세가 강조되고 있다.

1928년에는 똑같이 메르니코프(Konstantin Stepanovi-ch Melnikov 1890-1974)가, 모스코바에 르자코프 노동자클럽(Rusakov Workers' Club, 6 Stromynka Street, Moscow)을 건설했다.
5층에 있는 3개의 홀이 몸체로부터 기울어서 상방으로 예리하게 돌출되어 있다.

Jacobus Johannes Pieter Oud was born in Purmerend, Holland in 1890.
Educated at the Arts and Crafts School in Amsterdam and at the Technical University in Delft, he worked for Theodor Fischer in Munich before settling in Leiden.

An original members of De Stijl , Oud eventually left the group due to philosophical disagreements. In 1918 he became Municipal Housing Architect for Rotterdam. In 1933 he established his own practice.

68

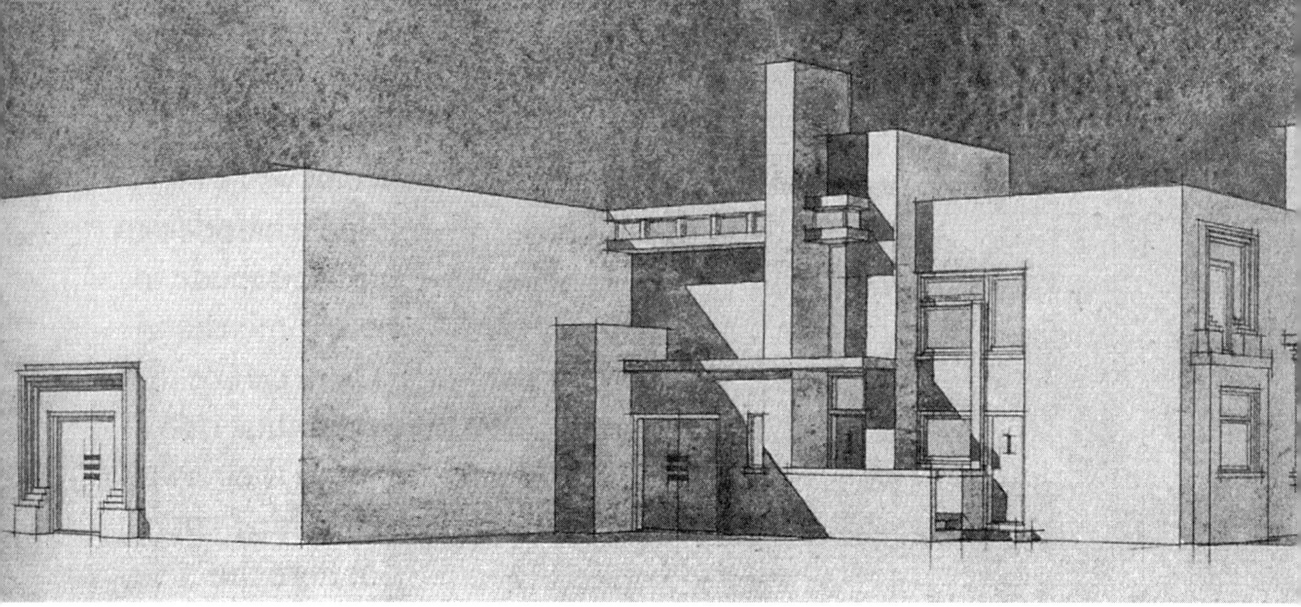

J.J.P. Oud, project for a factory, 1919

William marinus dudok Dr. bavinck school of hilversum, 1921

그 당시 네덜란드에서는 예술가들이 모여 **<데 스틸>**이 결성되었다. 그들의 건축관은 헨드릭 페트루스 베를라헤(Hendrik Petrus Berlage 1856-1934)로부터 계승된 요소가 많았지만 베를라헤의 즉물주의는 약화되고 있었다. 동시에 그들은 미하엘 디 클레르크(Michael de Klerk) 등 표현주의적 경향이 강한 로만주의자들과 도 싸웠다.
데 스틸의 사람들은 베를라헤로부터 억제된 표현방법 뿐만 아니라, 프랭크 로이드 라이트(Frank Lloyd Wright 1867-1959)와 맥을 같이하는 건축사상을 계승하고 있었다. 로베르트 반 톱프(Robert van 't Hoff 1887-1979)는 똑 같이 데 스틸의 일원이었지만, 프랭크 로이드 라이트로부터 보다 직접적으로 영향을 받았다.

그가 1914년부터 1916년까지 유트레히트 근교의 하우스텔 하이디(Villa Henny, Huis ter Heide, Utrecht)에 건설했던 주택군은 파사드의 조소적 조형 특히 수평성의 강조, 강하게 돌출된 평지붕, 긴밀히 나란한 창이 나타내는 리듬에 그 영향의 근원이 나타나고 있다.

야콥스 요하네스 피터 아우트(Jacobus Johanner Pieter Oud 1886-1968)가 암스테르담 근교 프로메렌트에 계획한 알콜 식료 제조 공장안은 신조형주의를 일보 진전시켰다. 수평요소의 강조, 연속창이 나타내는 리듬감 등에는 역시 라이트의 영향이 나타나고 있다.
그러나 예를 들면, 넓은 자동차 진입로가 중앙으로 배치된 가장 가까운 건축 매스는, 입체 기하학 그 자체이며, 반대로 현관 부분(도면 중앙부)에는 종횡의 선이 복잡하게 얽혀, 화가 피에트 몬드리안(Piet Mondrian 1872-1944)의 회화와 유사한 수직선과 수평선에 대한 구도가 펼쳐져 있다.

CAFE RESTAURANT
CAFE RESTAURANT
CAFE DE U
CAFE RESTAURANT
CAFE D

Café "De Unie" in Rotterdam,
1924-1925 façade design

2년 후 아우트와 데오 반 도스브르그 사이에 대립이 생긴다. **반도스브르그** (Theo van Doesburg 1883-1931)는 화가이며 데 스틸의 이론적 지도자이었지만 특히 추상 회화가 새로운 건축에 대해서 중요한 의미를 가지게 된다고 생각했다.

아우트는 관심이 도시계획으로 옮겨졌으며 점점 더 합리주의로 깊게 빠지고 있었다. 네덜란드 국내의 집합 주택에 있어서도 또 1927년 슈트트가르트 근교의 바이센호프 지들릉크에 건설한 연속 주택에서도 아우트가 결코 과거의 경험을 거부했다는 뜻은 아니다. 1935년경 그는 엄격한 양식을 없애고 보다 여유 있는 형태를 시도한다(1938~1942년에 하그에 건설된 쉘 빌딩). 그러나 만년에는 다시 그의 초기 작품이 가진 즉물적 표현으로 돌아온다.

데 스틸의 건축 언어 확립의 노력은 반 도스브르그에 의해 계속된다. 그는 1923년경 건축가 코르네리스(콜) 반 에스틸렌(Cornelis van Eesteren 1897-1981)과 공동으로 주택 건축의 연구를 계속했다. 이때 습작으로 그는 다음과 같이 쓰고 있다. 「이 주택은 조형 요소로 해체된다.(略) 주택은 우리들의 모든 면으로부터 어프로치 될 수 있는 하나의 대상(오브제)이 되었다.(略) 대지로 부터도 해방되며 그리고 지붕은 옥상 테라스로서 소위 개방적인 덮개 없는 층이 되었다.」

거의 같은 시기에 **르 꼴뷔제**(Le Corbusier)가 도스브르그와는 어떠한 관련도 없이 동일한 개념에 도달했다.

Gerrit Thomas Rietveld was born in Utrecht in the Netherlands in 1888.
After working in his father's joinery business, he apprenticed at a jewellery studio.

In 1911 he started his own cabinet-making firm, which he maintained for eight years. In this same period, he studied architecture. Through his studies he became acquainted with several founders of **De Stijl.**

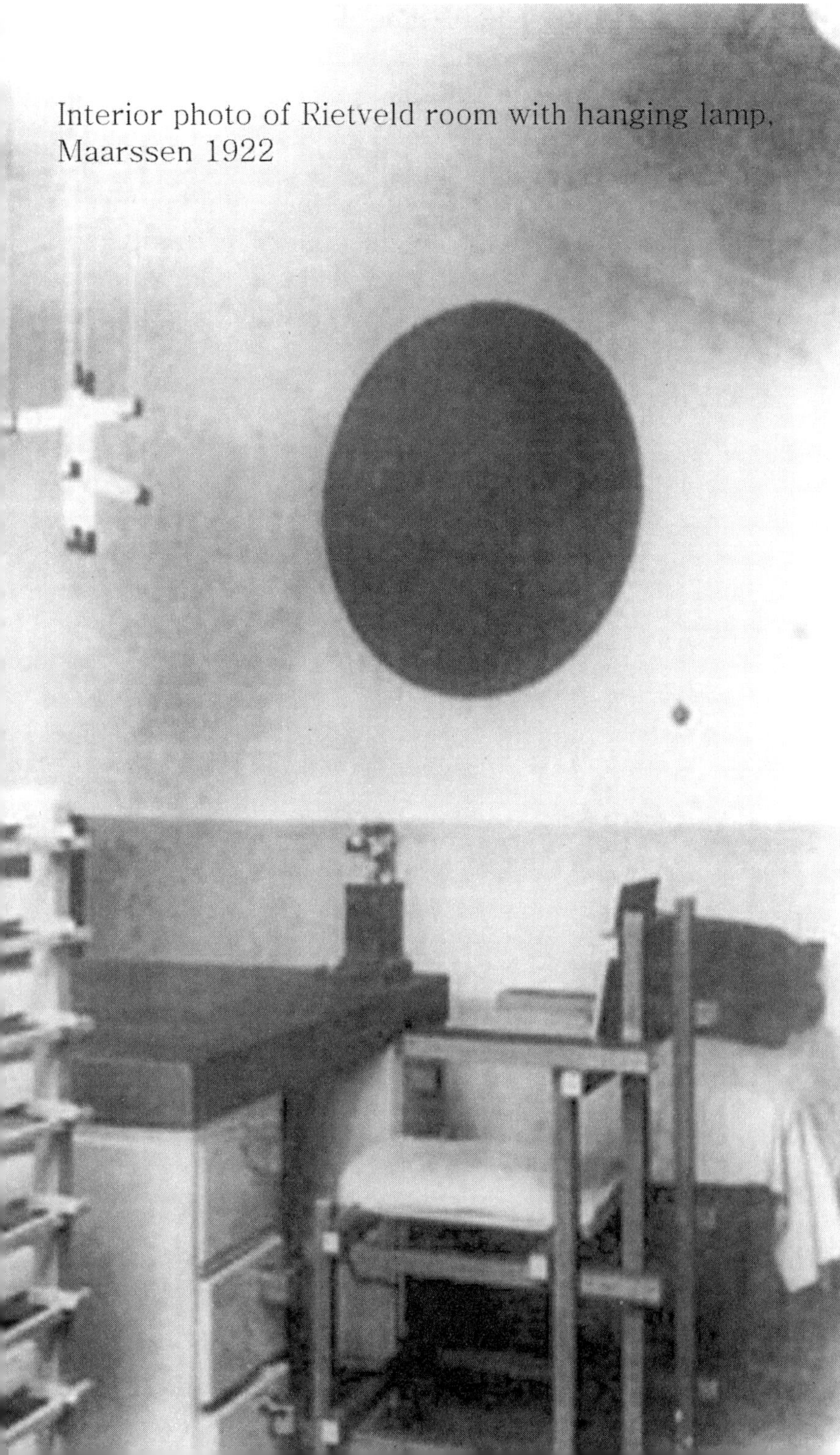
Interior photo of Rietveld room with hanging lamp, Maarssen 1922

President's room in Bauh

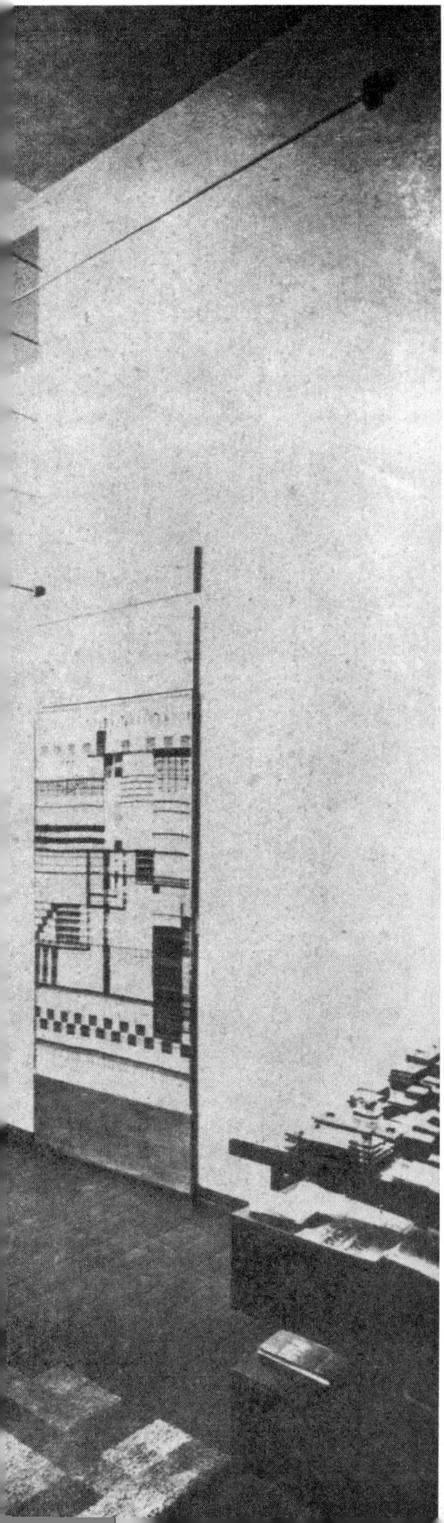

데 스틸의 형태 언어를 더욱 발전시킨 것은 **게리트 토마스 리에트펠트**이다. 1924년 그는 유트레이트에 **슈레이더 저(Rietveld Schrader House)**를 건설했다. 이것에 의해 그는 신조형주의 운동의 사상을 하나의 주택에 결정화시켰다.

Rietveld Schröder House

그는 1917년 팔걸이의자를 요소로 해체해서 다시 조립하려는 시도를 했으며, 같은 원리에 따라서 건축매스를 해체해서 그리고 다시 조립했다.

평면구성은 완전히 자유이다. 이동할 수 있는 벽체에 의해 공간은 유동한다. 외관에서는 모서리 부분이 글라스가 된다. 지붕의 일부는 자유롭게 공중으로 부유한다. 정면의 벽체 중앙부가 잘려서 파사드의 면 보다 앞에 서 있으며, 건물 본체의 상한을 초월해서 더욱이 상부로 연장된다. 이렇게 해서 평면의 자립화가 달성된다. 수평요소와 수직요소가 교차해서 교정되고 균형을 이룬다. 白 혹은 데 스틸 특유의 색채를 도장한 평면이 보통 직교해서 동세를 포함하는 긴장 중에서 미묘한 균형이 나타나고 있다.

1931년 반 도스브르그의 죽음과 더불어 그룹 <데 스틸>은 해체되지만 그 영향은 실로 거대했다.

78 Rietveld Schröder House

Composition ♂XXII
Theo van Doesburg 1920-1922

Theo van Doesburg tried from 1915 to 1917 to bring in new members for an alliance of Dutch artists. The purpose of the alliance was to stand up as a group instead of standing up as individual artists.♂♂In 1917 the first number of the magazine 'The Style' was launched. The idea for this magazine came from Theo van Doesburg. It was meant for explaining his own work as well as the work of the other members of the alliance. For them the magazine was an instrument to discuss new modernart and to spread their own ideas

84

Theo van Doesburg,
Spatial Diagram for a House, 19

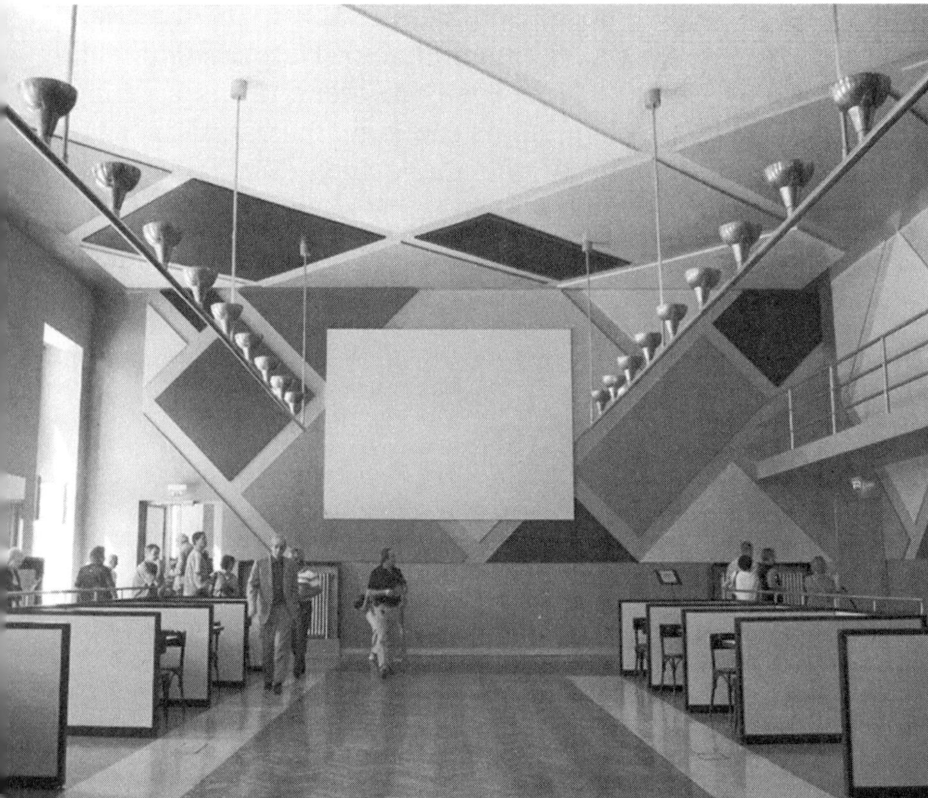

반 도스브르그는 스트라스부르의 댄스 홀 「오베트(A reconstruction of the dance hall/cinema designed by Theo van Doesburg: "Cinébal" at the Aubette in Strasbourg.」의 개축 때에 공간과 색채에 대한 그의 이념을 구체화시켰다.

조각가 한스 아루프(Hans Arp 1886-1966)와 협력해서 그는 수평 수직의 요소 위에 대각선 방향의 요소를 조합해서 추상회화와 같은 벽면의 조형을 만들어 냈다.

00

2장

표현주의 Expressionism 1910-1925

산업혁명이후 근대건축의 태동기 부터 1차 세계대전을 거쳐 2차세계대전 직전 까지의 시기
표현주의(다리파, 푸른기사파), <예술노동평의회>, <11월 그룹 Novembergruppe>, <유리의 사슬Glass Chain>

02

Self-Portrait as a Soldier (1915)

1905년 드레스덴에서 화가 에든스트 루드비히 키르히너(Ernst Ludwig Kirchner 1880-1938), 에리히 헤켈(Erich Heckel 1883-1970), 그리고 카를로 슈미트로톨프(Karl Schumidt-Rottluff 1884-1976)가 표현주의적인 그룹<다리>를 결성했다. 그들은 원색의 이용과 형태의 디포그마시온을 대담하게 행했다. 이 운동은 사회에서의 강한 관심에 의해 특징지어진다. 그것은 혁명지향이며 예술의 전위성과 동시에 정치적 혁명도 기대한 것이었다.

표현주의(Expressionism)의 2중의 반동은 첫째는 보다 일반적인 심리적 반동이다. 즉 혼란·전쟁·위기에 찬 시대와의 대치 중에서 예술가는 개인주의로 퇴화했으며, 개인의 내면에 대한 폐쇄적 세계 속에서 자기구제를 추구했다.
또 하나는 보다 문화적 반동이다. 즉 그것은 감각적 인상의 재현을 추구하는 예술 속에서 설명적인 부분을 배제하고 예술가 개인의 정신세계를 가능한 한 직접적으로 표현하려 했다.

그 결과 객관적 세계를 완전히 개인의 주관적 감정의 배후로 밀어버리는 경향이 생겼다. 이 경향을 보였던 사람들로는, 네덜란드의 반 고호(van Gogh 1853-1890), 벨기에의 제임스 안솔(James Ensor 1860-1949), 노르웨이의 에드와르트 뭉크(Edvard Munch 1863-1944)가 있다.

「제2세대」의 표현주의자로는 스페인의 파블로 피카소(Pablo Picaso 1881-1973, 큐비즘을 진행시키기전의 일이다), 프랑스의 죠르죠 루(Georges Rouault 1871-1958, 그는 포비즘으로부터 왔다), 오스트리아의 오스카 코코슈카(Oskar Kokochka 1886-1980), 그리고 러시아의 마르크 샤갈(Marc Chagal 1887-1985)이 있었다.

이상과 같은 경향은 국제적이었지만 특히 독일에서 현저하게 나타났다.

04

'Portrait of a Man', hand colored woodcut by Erich Heckel, 1919.

독일 표현주의의 제2기는 예술가그룹 **<푸른기사 Der Blaue Reiter>**의 뮌헨에서의 결성(제1회 전람회는 1911년)으로 시작했다. 멤버는, 웃시리 칸딘스키(Wassily Kandinsky1866-1944), 아우구스트 마케(August Macke 1887-1914), 그리고 폴 클레(Paul Klee 1879-1940)이다. <다리> 그룹과 같이 독자적 양식을 의식적으로 전개하는 것이 아니라, 그들의 정신적 상태를 표현하는 순수한 리듬과 색채의 조합에 의해 예술의 혁신을 표현하려 했다.

이와 같은 형태에서 주관성과 객관성의 표현주의에 대한 변증법적 지양이 점점 시도되었다. 그리고 표현주의는 더욱이 추상 예술에의 전개도 보이기 시작했다.

독일제국의 해체 후 와이마르 임시정부의 감독기관으로서 존재했던 노동군사평의회의 예에 의거해서 1918년 베를린에 **예술노동평의회**가 결성 되었다. 부르노 타우트(Bruno Julius Florian Taut 1880-1938, 건축부문의 위원장이었다), 월터 그로피우스(Walter Gropius 1883-1969) 그리고 아돌프 베네(Adolf Behne 1885-1948)의 이름도 나타나는 동 평의회는 에리히 멘델존(Erich Mendelsohn)을 포함 하며, 1918년에 창설된 또 하나의 베를린 예술가 그룹 **<11월 그룹 Novembergruppe>**과 많은 공통점을 갖는다.

예를 들면 사회 개량의 수단으로서 건축을 이해하는 사고방식은 양자에 공통되는 것이었다. 그런데 일 년 반 후에는 작품전·강연회 개최, 다수의 대소 출판물의 간행의 활발한 활동 후, 이 예술 노동평가회의가 내부 대립 때문에 해산된다.

06

August Macke, View into a lane, 1914, watercolor

거기서 **<11월 그룹 1918>**이 그 이념을 계승 발전시키게 되었으며, 정부에 의한 스파르타크스의 탄압과 관련하여, 이 <11월 그룹>도 또한 활동정지를 당하게 된다.

예술 노동 평의회와 동시기에 부르노 타우트(Bruno taut 1880-1938)는 전혀 별개의 **<유리의 사슬 Glass Chain 1919-1920>**이라는 조직을 만들었다. 시인 알프레드 부르스트(Alfled Brust)에 의해 명명된 이 시적인 명칭이 이 집단의 신비적인 성향을 암시하고 있다.

물론 이 집단은 대부분 익명의 몽상적 내용을 기술한 서간의 교환에 의해 활동이 이루어졌다. 멤버로는, 타우트와 부루스트 이외에 12인의 예술가·건축가가 포함되며, 그 중에는 헤르만 핀스터린(Hermann Finsterlin 1987-1973), 파울 게슈(Paul Goesch), 월터 그로피우스(Walter Gropius), 벤첼 아루구스트 하브릭(Wenzel August Hablic), 한스 바지리루 크하르트(Hansl&Wassili Luckhardt) 그리고 한스 샤로운(Hans Scharoun) 등이 있었다.

그들을 결합했던 것은 제 예술을 통합하는 거대한 프로젝트에 기대, 예술 행위의 성립 근거에 대한 철저한 탐구이었다. 후자에 대해서 그들은 시대의 의사 혹은 신비주의를 생각하게 하는「원집단(Urmass)」중에서 나타내려고 했다.

08

Composition VII Kandinsky 1913

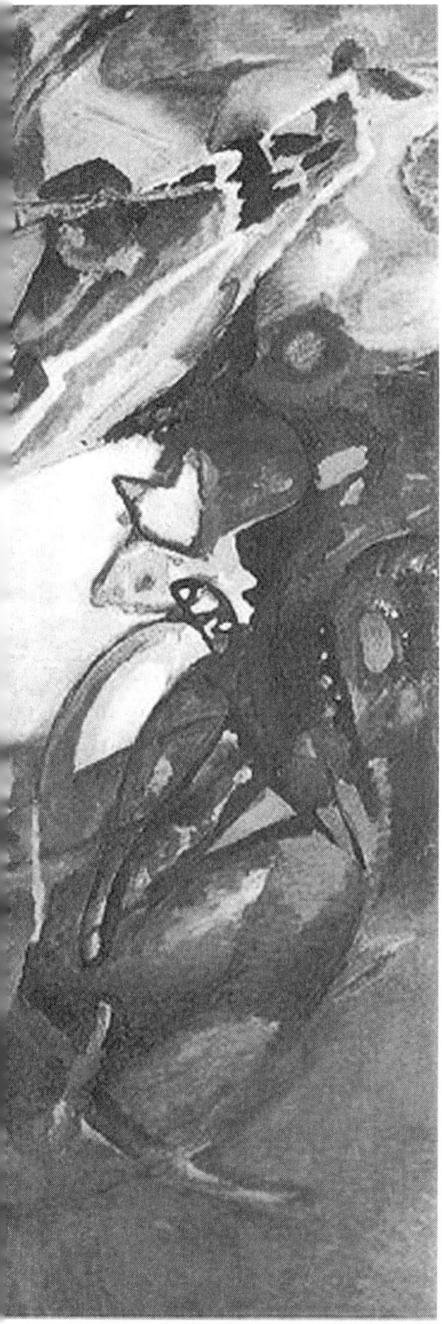

건축에서 표현주의에 가장 가까운 예술론은 미술사가 빌헬름 볼링거(Wilhelm Worringer 1881-1965)의 『추상과 감정 이입 abstraction and empathy』(1908년) 중에서 나타내고 있다. 그는 유겐트스틸에 영향을 미친 테오도르 립스(Theodor Lipps 1851-1914)의 미학으로부터 감정 이입의 개념을 계승해서 인간의 감정 이입과 유기성을 대응시키고 추상과 무기성을 대응시켰다. 그리고 그는 예술의 목표를 사상적으로는 대립하지만 표현 속에서 통합하는 것으로 보았다.

표현주의 건축에서 감흥의 원천이 되는 것은 많은 예술 사조 중에서도 특히 다양하다.

1. 역사주의 안에서 네오고딕 양식의 흐름이 보이는 것처럼 중세의 대성당에서 사회적인 것의 결정과 협력해서 건설하는 민중의 표현을 본다. 표현주의가 내포하고 있는 사회혁명적인 사고방식은 여기서 그 역사적 규범을 나타낸다. 더욱이 사람들은 중세적 전통 속에서 로만주의적인 직인상을 묘사했다. 이 중세적 직인상은 특히 전후의 표현주의자의 마음을 기계에 대한 적개심과 일체가 되도록 촉진했다.

2. 유겐트스틸의 경우와 똑같이 이국정서를 북돋우는 건축이 사람들을 매혹했다. 유물주의・실증주의에 대한 반동으로서, 19세기말 이후 다양한 형태로 신비주의적 경향이 전개되었다. 초월사상으로 점철된 건축관이 시대의 추상적인 종교 개념을 수용했다.

3. 기념비성 중시의 초기 표현주의에서 사람들은 오로지 고대 이집트 건축의 명쾌하고 중량감 있는 형태를 선호했지만 후기에는, 아시아 건축 특히 고대인도 건축에 주목했다. 그러나 그 경우, 형태 요소 그 자체가 문제가 되는 것이 아니라, 오히려 형태가 갖는 표현성 혹은 감각에 호소하는 힘이 요구되고 있었다.

4. 표현주의 건축에 대한 감흥 중 가장 중요한 원천이 되었던 것은 유겐트 스틸이다. 표현주의를 신봉하는 많은 건축가들, 예를 들면 다름슈타트의 마틸다 구릉에서 조각가로 활동한 베른하르트 헤트거(Bernhard Hoetger 1874-1949)는 유겐트스틸로부터 출발했지만, 안토니오 가우디(Antonio Gaudi 1852-1926)와 같이 특히 과격한 유겐트스틸의 건축가는 역으로 처음부터 표현주의자로도 분류될 있었다.

10 Centennial Hall in Wrocław Max Berg 1912~1913

Glass Pavilion exterior Bruno Taut 19

Centennial Hall in Wrocław Max Berg 1912~1913

막스 베르그(Max Berg 1870-1947)의 브레스라우의 세기 홀(Centennial Hall in Wrocław 1912~1913년). 스팬 67m의 큰 돔을 지지하는 노출된 구조체는 마치 조각 작품과 같이 일체적이고 기념비적인 형태를 갖는다. 페루찌히와는 달리 그는 표현효과를 장식 형태의 부가에 의존하지 않고, 오히려 고딕의 정신에 가깝게 구조요소 그 자체에 정신적 · 심미적인 질을 부여하려 하고 있다.
이 노출 콘크리트는 르 꼴뷔제의 「베톤 브튜(beton brut)」의 출현을 예견하고 있었다.

Taut Glass Pavilion exterior 1914

부르노 타우트는 켈른의 공작연맹전에서 「글라스의 집 Glass Pavilion 1914」을 건설했다. 콘크리트제단 위에 14각형의 면을 가진 건축 본체 그리고 그 위에 아나나스形의 돔이 놓인다. 이 아나나스形 돔을 형상화한 철근콘크리트제의 리브는 그대로 내부공간의 형태를 결정한다. 벽체는 두꺼운 글라스 블록으로 이루어지며, 내부공간은 크게 두 부분으로 나누어지고 있다. 하나는 돔안의 홀, 그리고 또 하나는 그 하부의 공간이다.
타우트는 이 독창적인 건축을, 동년에 저서「글라스 건축」을 출판한 시인 파울 세아바르트(Paul Karl Wilhelm Scheerbart 1863-1915) 에게 헌정했다. 『글라스 건축』의111의 패러그라프에는, 건축에 있어서 글라스의 이용 을 장려하는 시적 표현이 아로새겨져 있다. 고딕의 대성당이 새로운 건축의 선구적 예로서 나타나고 있다. 다이아몬드의 성, 공중 레스토랑 그리고 결정(結晶)과 같은 다양한 비전이 존재한다.

그렇지만 제1차 세계대전의 수년 후에 이 감각적인 낙관주의자가 합리주의를 변모시켰다. 예를 들면 1927년에 그가 슈트트가르트의 바이젠호프 지들른크(The Weissenhof Estate in Stuttgart, Germany 1927)에 건설한 주택은 실로 소박했으며 베를린에서 그는 즉물적이고 「모범적인」 주택 단지를 다수 건설했다.

12

Second Goetheanum Rdolf Steiner

First Goetheanum Dornach near Basel Switzerland)

First Goetheanum Rdolf Steiner

인지학 人智學(Anthroposophy=정신과학)이란 말은 그리스어로 사람을 뜻하는 anthropos와 지혜를 뜻하는 sophia의 합성어이다.
人智學(Anthroposophy)의 창시자인 루돌프 슈타이너(Rdolf Steiner)가, 1913~1920년에 도르나하(스위스)에 최초의 괴테아눔(First Goetheanum Dornach near Basel Switzerland)을 건설했다. 그는 카리스마적이며 다재다능한 인간이었다. 그는 철학자 · 언어학자 · 자연과학자 · 수학자 · 저술가 · 예술가로서 작업을 하고 있었다. 즉 그는 확실한 표현주의의 본질을 규정하는 새로운 세계, 새로운 종교에 대한 기대를 가지고 적극적인 작업을 했다.
이 건물은 도르나하(Dornach)의 인지학 신봉자의 거주지 및 제사장의 정신적 · 조직적 · 형태적인 중심을 형성하고 있다. 이 건물은 세 방향으로 테라스를 갖고 있으며, 환상으로 부속 건축물이 배치되고 있다. 그러나 주변의 주동 및 설비동도 똑같이 극적장식을 하고 있다. 요철의 격한 곡면 그것이 전체적으로 나타내는 파동효과 혹은 스카이라인으로 펼쳐지는 상징적 형태가 안토니오 가우디(Antonio Gaudi)를 연상시킨다. 그것은 단순히 형태상의 문제가 아니라, 직선 · 원 · 구의 직접적인 이용과 예각 · 둔각의 접합에 대한 인지학 으로부터 오는 거부의 표현인 것이다.
1922년의 섣달 그믐날에 이 최초의 괴테아눔은 불에 타서 무너졌다. 1924~1928년에 제2괴테아눔(Second Goetheanum Dornach near Basel Switzerland)이 약 두 배의 규모로 이번에는 소실되지 않도록 철근 콘크리트조로 건설되었다. 볼륨이 있는 콘크리트매스 중에서, 1천명 수용의 오디토리움, 부속실이 포함된 무대, 몇개의 강의실, 편집실 그리고 도서실이 배치된다. 내부의 기능은 외부에서는 전혀 표현되지 않고 있다. 구조 시스템은 내부에서 복잡하게 조합되고 있다. 건축에 있어서의 표현주의적인 형태 언어가, 여기서 하나의 정점을 형성한다고 평해도 좋을 것이다. 볼륨의 생생한 박력이 이 건물의 기념비성을 높이고 있다. 연속적으로 연계되고 있는 부정형한 면은, 전체적으로 어떤 생명력을 느끼게 한다.

Great Theater, in Berlin Hans Polzig 1919

Monument to the March dead Walter Gropius

Monument to the March dead Walter Gropius

분명 합리주의적 체질을 갖고 있으면서도 표현주의의 어지러운 움직임에 일시 몸을 맡긴 건축가도 존재한다. 예를 들면 월터 그로피우스(Walter Gropius)는 1920~1921년에 와이마르의 3월 봉기의 희생자를 위해 번개처럼 날카롭게 굴절하는 콘크리트 기념탑을 건립했다.

베를린 대극장, 한스 페루찌히

제1차 세계대전에 의해 중단 된 후, 페루찌히는 베를린의 대극장(1919 Grosses Schauspielhaus-Great Theater, in Berlin)에서 표현주의적 성향을 충분히 발휘했다.

흥업주이며 극장 감독이었던 막스 라인하르트(Max Reinhardt)의 의뢰를 받아서, 페루찌히는 단기간에 서커스관에도 사용되고 있던 5랑 형식의 시장 건축을 종유석과 같은 장식의 환상적인 효과를 생생하게 극장 공간에 도입했다. 이렇게 해서 초기 와이마르공화국 최초의 표현성 풍부한 5000명 수용의 대극장이 성립했다.
페루찌히는 이후의 모든 계획에서도 전례 없는 독창성을 발휘했다. 짤스부르그 축제극장의 계획안(1920~1921년)은 그 중에서도 특별한 것이지만 다른 계획과 마찬가지로 실현되지는 않았다. 후의 작품에서 그는 억제되지 않은 기념비성 강한 표현을 추구하기 시작했다
예를 들면, 프랑크푸르트 암 마인의 IG 염색 공업 주식회사의 건물(1928~1931년)이 그 예로 제시될 수 있다.

16 Friedrich strasse Mies van der Rohe

Friedrich strasse Mies van der Rohe

결정체에 매력을 느낀 루드비히 미스 반 데르 로에(Ludwig Mies van der Rohe)는, 1919년에 베를린의 프리히슈트라세 연안에 글라스의 예리한 스카이라인을 갖는 사무소 건축을 계획했다.

계속해서 1920~1921년에도 그에 의해서 동일한 글라스를 이용한 고층 건축이 구상되었지만, 그 평면은 자유로운 곡선을 묘사하며 불규칙한 형태를 하고 있다.

18

암스테르담파는 1918년에 창간된 정기 간행물 **「웬딘헨(Wendingen(Dutch:Inversions) was an art magazine that appeared from 1918-1932.」**을 중심으로 모인 예술가집단이다.

분기점을 의미하는 웬딘헨이라는 이 기관지명이 그룹의 활동목표도 이미 표현하고 있다.

건축의 새로운 제 조류를 위해 의견 교환의 장을 제공하려 했던 것이다. 이미 1년 전에는 <데 스틸> 그룹이 결성되었으며, 웬딘헨은 그 기관지「데 스틸」의 합리주의적 경향을 충분히 이해하며 그 위에서 거절된 것이었다. 그리고 암스테르담 파는 표현주의가 그 예술 사상으로서 개성을 중요시하는 것처럼 현실의 인적 조직 에 있어서도 개성 풍부한 건축가의 집단이었다.
건축에 있어서 표현주의가 묘사하기 복잡한 사람 중에서도 대표적인 존재는, 암스테르담 파와 에리히 멘델존(Erich Mendelsohn)일 것이다.
이 양자는 새로운 표현 형태와 건축 고유의 제 조건과 조화로부터 성공했다는 점에서 특이한 존재이다.

20

요한 메르히올 반 데르 메이(Johan(or Jan) Melchior van der Mey 1878-1949)는 이미 1911~1916년에 해운 빌딩(Scheepvaarthuis (Shipping House) building in Amsterdam)에서 암스테르담에 표현주의의 최초의 자취를 기술했다.

철근 콘크리트조에서, 대각선 방향으로 홀을 배치한 거의 3각형의 평면을 갖는 건물이다. 철근 콘크리트조의 건물이지만, 마감으로 연와·테라코타·콘크리트를 재료로 하는 파사드가 덧붙여진다. 환상적인 형태 언어가 확실히 무진장한 창조력을 가지고 나타나며, 항해와 멀리 떨어진 세계를 암시하는 양식화된 상징 형태가 다양하게 사용되고 있다

암스테르담파의 중심적 인물은 **미하엘 디 크레르크(Michael de Klerk 1884-1923)**이다. 그는 예술가 기질이 강한 건축가이며 평면 계획과 디테일의 처리보다도 형태 그 자체에 흥미를 보였다.

1913~1919년에 암스테르담의 서부 스파트담멜 녹지에 건설된 집합 주택에서, 그는 매력적이고 기발한 파사드를 만들었다. 그것은 구조·기능에의 대응을 거의 나타내지 않은 영화 세트 같은 건축이었다. 연와의 용도가 다양하게 연구된, 부분적으로는 지붕 기와가 장식적으로 취해지고, 거기에 창을 내어 파사드의 구도가 결정되고 있다.

Einstein Tower in Potsdam, Germany 1917~1921 Erich Mendelsohn

표현주의 전체를 볼 때 제2의 극을 형성하는 것은 **에리히 멘델존(Erich Mendelsohn)**이다. 그는 뮌헨에서 공부했던 시기에 <푸른 기사 (Blaue Reiter)>그룹과 교제했다.

제1차 세계대전 사이에 그의 유명한 건축 스케치, 혹은 역동적인 수직성보다, 오히려 수평성이 강한 조각적 작품을 묘사한 다수의 스케치 전람회가 베를린에서 개최되었으며 큰 반향을 불러 일으켰다. 이미 그의 최초 건축 작품 포츠담의 아인슈타인 탑(The Einsteinturm or Einstein Tower in Potsdam, Germany 1917~1921년)에서, 멘델존은 우수하고 온화한 그의 독특한 형태론을 구체화시켰다.

당초 약간은 호리하게 계획된 탑 위에 천체 망원경용의 시로스타트를 넣는 돔이 놓였다. 시로스타트를 통해서 천체로부터 빛이 들어오는 연구실은 수평성이 강한 기초부에 있다.
이 기초부의 남측부분에는 연구실·수면실 그리고 북측에는 입구·홀·계단이 배치된다. 이러한 모든 요소가 융합되어 그 세부까지 건물 전체를 하나의 흐름이 지배하고 있다.

모서리부분은 둥그스름하며 벽은 대단히 경쾌하게 조소성이 강조된 한편 창 테두리의 예리한 외곽선 혹은 훨씬 돌출한 가고일이 긴장을 주고 있다. 건물의 목적은 형태 속에서 상징적으로 표현되고 있다. 즉 과학적-기술적인 구조물로서가 아니라 근본적인 힘을 상징하는 기념비이다.

00

3장

유기주의 Organism 1889-1980

근대건축의 태동기부터 현재까지 진행되는 양식으로, 미대륙에서는 라이트(F.L.Wright)가, 유럽에서는 알토(Alvar Aalto)가 대표적인 건축가이다.

그룹 <環(link)>

02

특정한 사회적 · 문화적인 사건으로 **유기적 건축(Organic Architecture)**의 현상을 종속시키는 것은 이 현상이 오랜 역사를 가지는 것만으로는 문제가 많다. 구체적으로 열거해 보면 프랭크 로이드 라이트(Frank Lloyd Wright 1867-1959)가 일리노이 주 오크 파크에 최초의 자저(Frank Lloyd Wright Home and Studio, Oak Park, Illinois, 1889-1909)를 건설한 1889년부터 현재까지이다.

조화된 전체 중에서 개인에게 부여된 자유로운 표현의 장으로서의 민주주의에 대해, 그 허구성을 폭발시키려는 이러한 일련의 사건들은 진보주의자도 그 호감을 감추지 않았다. 유기적 건축은 그럼에도 불구하고 시대와 함께 꿈을 그렸다. 더욱이 그것은 환상으로 손재주만의 무대 배경을 부여하는 것이 아니라, 현실화에의 수단을 제공하는 것이었다.

기술 영역에 있어서도 똑 같이 많은 일이 일어났다. 철이 구조 재료로서 건축에 이용되게 되었다.
수십 년 후에는 철근 콘크리트가 건축에 하나의 혁명을 야기 시켰다. 환경 시스템에도 혁신적인 기술이 점차로 도입되었다. 공장생산과 조립구조가 건축의 양산에 새로운 가능성을 부여했다.
유기적 건축은 기술 혁신을 의식하면서도 그것과는 항상 거리를 갖는 것도 잃지 않았다. 유기적 건축은 예를 들면 초기 합리주의가 행했던 것처럼, 새로운 재료 · 기술을 위해 새로운 형태를 개발하려는 것이 아니라, 관념적으로 도출된 독자적 형태를 실현하기 위해, 새로운 재료 · 기술을 이용했다.

04

Cloud Shepherd Hans Arp (1953)

유기적 건축에 큰 영향을 미쳤던 것은 예술적·문화적인 사건이다. 유겐트스틸의 로맨틱하고 개인주의적이고 반역사주의적인 운동이 좋은 영향을 미쳤다. 반사회적이고 신비주의적인 요소를 포함한 표현주의는 형태가 가지는 힘, 혹은 연출된 질서의 예찬, 예술가를 초인으로 하는 신화를 유기적 건축으로 가르쳤다. 합리주의는 모든 건물에 있어서 유기성과 병존하고 있다. 전람회와 직접적 교류가 그 상호 작용으로 이용되었다. 페르난 레제(Fernand Leger 1881-1955), 호안 미로(Joan Miro 1893-1983), 한스 아루프(Hans Arp 1886-1966) 혹은, 헨리 무어(Henry Moore 1898-1986)는 소위 조형 예술 뿐만 아니라 건축에도 새로운 충격을 주었다.

관계·일치가 다양하게 존재했다는 것은, 반드시 유기적 건축이 개인적 예술가의 완전하 개인적인 현상인 것을 방해하지 않았다. 외부로부터의 영향을 거절하며, 단지 어리석게 자기의 세계를 보호하며 의식적으로 자기의 양식적 연속성을 추구했다. 그리고 이 연속성의 내부에서 형태의 다양성이 전개된 것은 자연이라는 유일하고 위대한 모범에 따르려는 그들의 의도로부터 설명이 가능하다. 즉, 자연은 모든 과제에 대해서 고유하고 적절하기 때문에 다른 어떤 경우와도 다른 형태를 연상시키는 모범으로서 이해할 수 있다. 그러나 그 절차는 대부분 의식적으로 진행되고 있었으며, 단지, 정치적·기술적·문화적인 폭풍으로부터 수호된 「자연적인」 상태에 있어서만 가능했다. 그러나 유기적 건축은 사회적 현실로부터 개인의 퇴행에 대한 건축적 표현이 된다는 의미이다.

King and Queen, Washington D.C. (1952)

06

유기적 건축이 결코 통일된 이론적 기반을 갖고 있다는 뜻은 아니다.
프랭크 로이드 라이트(Frank Lioyd Wright 1867-1959)의 포괄적이지만 산만한 주장, 휴고 헬링크(Hugo Haring 1882-1958)의 약간 엄밀한 어떤 사상, 한스 샤로운(Hans Scharoun 1893-1972) 혹은 알바 알토(Alvar Aalto 1898-1976)의 부분적인 설명이 있지만 반드시 유기적 건축의 본질을 해명하는 수단은 아닌 것 같다.

그러나 다음 세 가지 기본 원리가, 일반적인 방향을 결정하는 것은 확실한 것 같다.
1.모범으로서의 자연, 그것은 대도시와 기술 문명으로부터 로만주의적 색채가 강하며, 법칙성을 내포한 자연이 추구하려는 대상이 되고 있다.
2.개인주의, 계몽주의를 회의적으로 보는 세계관 중에서 개인의 정신적 자립 및 개인의 인격이 심리주의적으로 탐구된다.
3.내셔널리즘, 자국, 그 문화적・종교적 전통에의 집착은, 합리주의 운동이 갖는 인터내셔널리즘과는 대립하는 것이었다.

자연 법칙을 체험하는 것으로서의 건축, 이것은 건물이, 예를 들면 르 꼬르뷔제의 경우처럼 거만하게 푸른 잔디위에 부상하는 것이 아니라 수줍게, 그러나 확고하게 풍토에 뿌리를 둔 형태로 배치된다. 그것은 대지로부터 자라난 것처럼 보인다.
그리고 합리주의적이고 중성적인, 단지 볼륨에 관한 실험만을 허락하는 백색 혹은 **<데 스틸>**이 사용한 기본 원색이 아니라, 따뜻한 주변 환경과 조화하는 색조의 이용이 유기적 건축의 특징이다. 또, 철강과 글라스와 같은 「인공적인」 재료가 아니라, 자연석・나무・연와(그 조적벽)・콘크리트가 이용되고 있지만, 그때 재료가 가지는 시정(詩情)을 활용하기 위해 재료는 생산지의 상태 그대로 이용되었다. 그리고 또 기하학 형태의 이용에 한정되지 않고, 훨씬 넓은 범위에서 포착되고 있는 자유로운 형태 어휘가 이용된다.

08

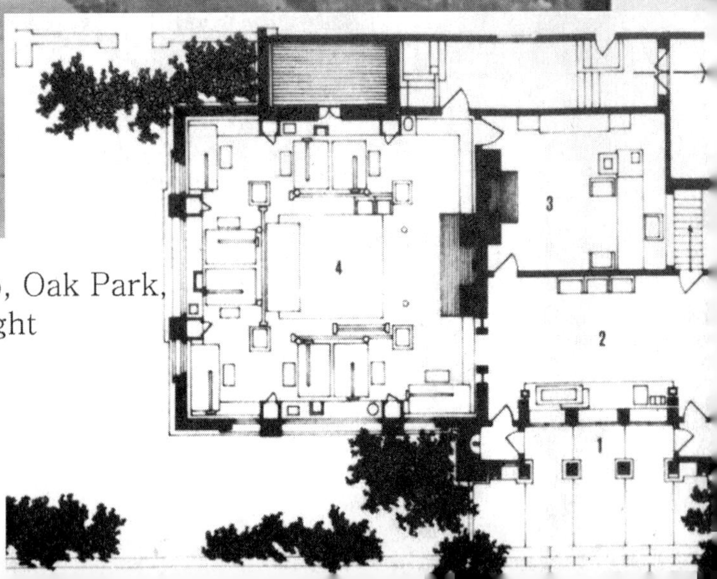

Frank Lloyd Wright Home and Studio, Oak Park, Illinois, 1889-1909 Frank Lloyd Wright

4.**인간성의 표현으로서의 건축**. 모든 건축 과제는 프로그램·경제적 제약·입지 조건·건축주의 희망 등의 점에서 여러 가지 다르다. 건축은 이러한 다양성을 활용하지 않으면 안 된다. 모든 인간은 기본적으로, 동일한 「필요조건」을 내포하고 있다는 합리주의적 가설은 무시된다. 역으로 유기적 건축에 대해서 언제나 중요한 것은, 개개의 주체에 따라 다른 정서적 요소의 존중이다. 공업화와 강하게 결합된 표준화의 거부도 어느 정도 비슷한 이유에 의한 것이며, 중요한 것은 기계를 이용할 경우의 인간애이다. 인간적이라고 하는 것은 다양하게 존재하며 개별적이라는 것과 같은 뜻이다.
합리주의자들의 기술 예찬은 유기적 건축가에게는 동의할 수 없는 것이다.
이 태도로부터 형태의 다양한 취급이 발생된다. 그 조형을 지지하는 여러 가지 기본형태 즉 90도·60도·45도·30도 등의 기본각도, 곡선 혹은 유동적인 형태, 황금비에도 전혀 의존하지 않는 자유로운 비례분할 등이 가능하다. 그 디자인은 답답함을 느끼지 않는 어떤 소박함을 기본으로하는 것이며, 장식을 무조건 거부하는 것은 아니다. 주지적인 추상성이 형태를 지배하는 것은 아니며, 인간의 구체적·개별적인 존재가 존중되며, 철저히 인간이라는 그 자체의 전체적인 이해 위에서 예술표현이 추구된다.
건물을 외부로부터 내부로 향해서 전개하는 것이 아니라, 언제나(내부의) 공간으로부터 출발한다. 거기에는 1900년경에 건축의 공간적 차원을 강조한 아우구스트 샤마소오(August Schmarsow 1853-1936)의 공간 구성 이론과 그 맥을 같이하고 있다. 결국 건물은 종합 예술 작품으로 파악되며, 가구류도 디자인의 대상이 된다.

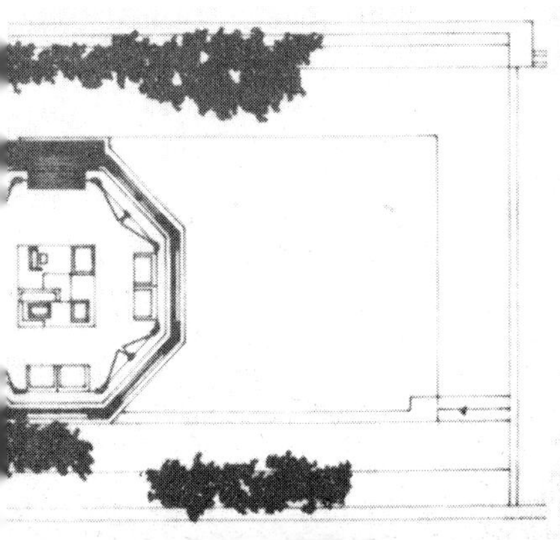

5. **전통 위에서 생성하는 것으로서의 건축**, 주택은 용도 기능, 주변의 건물, 건축주의 인격으로부터 그 성격을 결정하는 부분도 있지만, 동시에 그것이 지어진 토지, 그리고 그것이 깊게 뿌리를 내린 전통이라는 것에도 지배되고 있다. 그러나 건축가는 재료·구조·형태 언어 중에서, 이 결정인자를 명백하게 표현하지 않으면 안 된다.

10

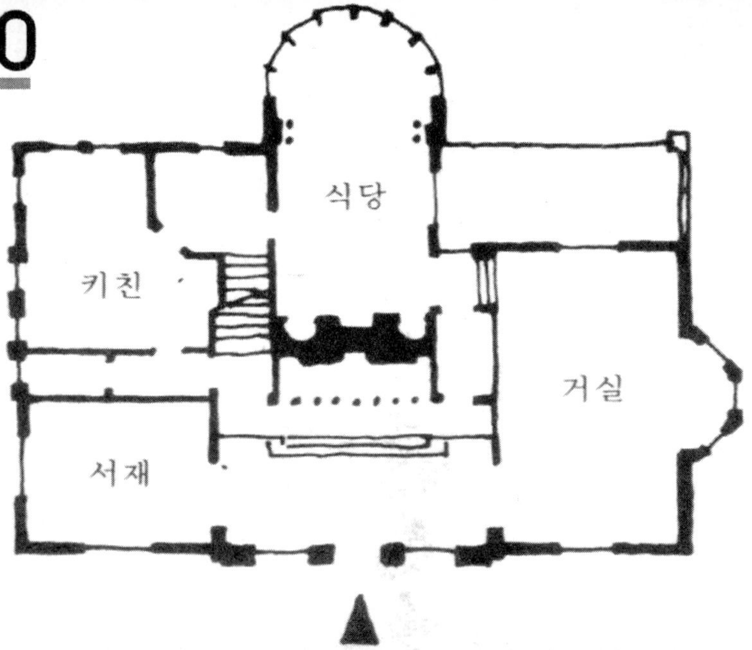

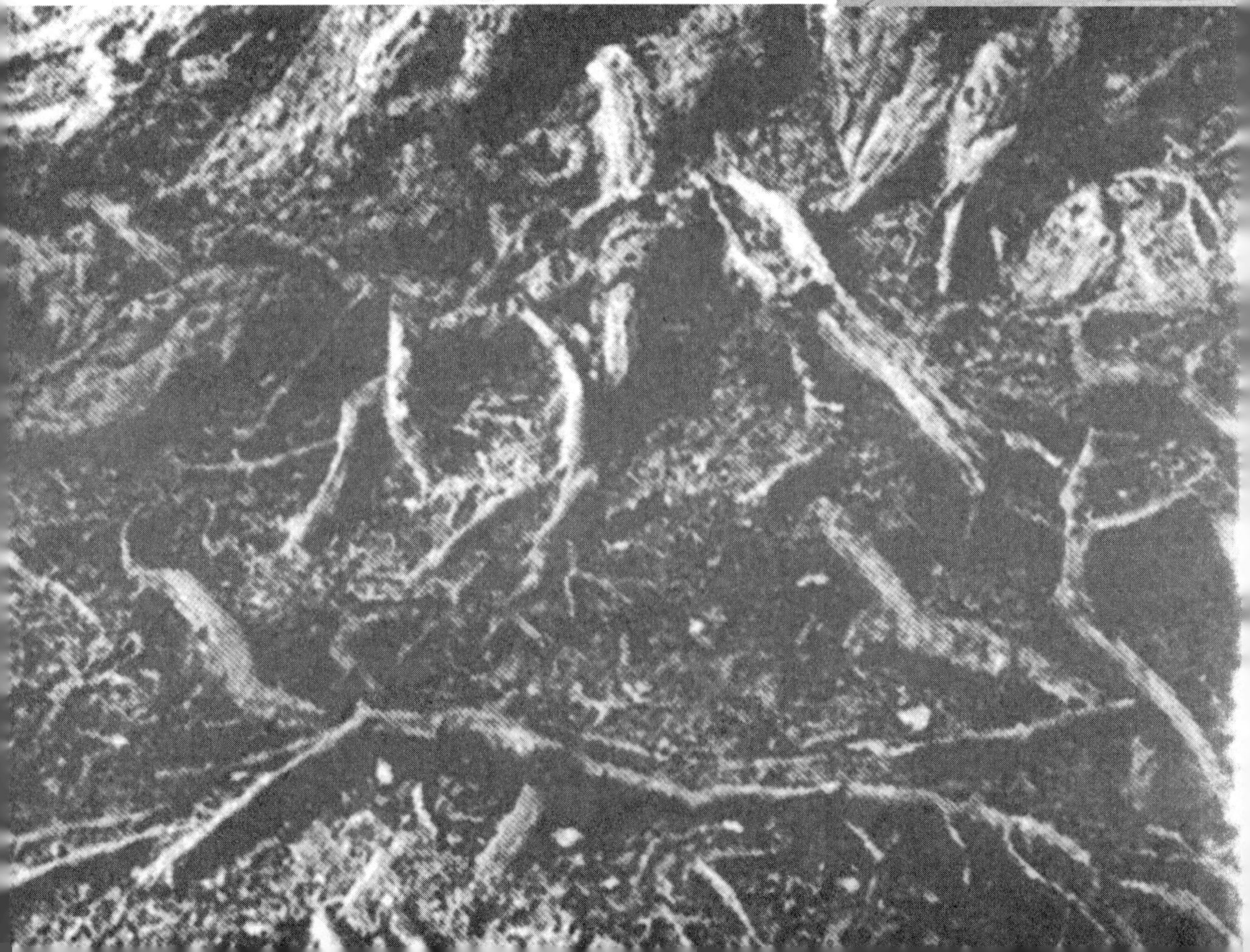

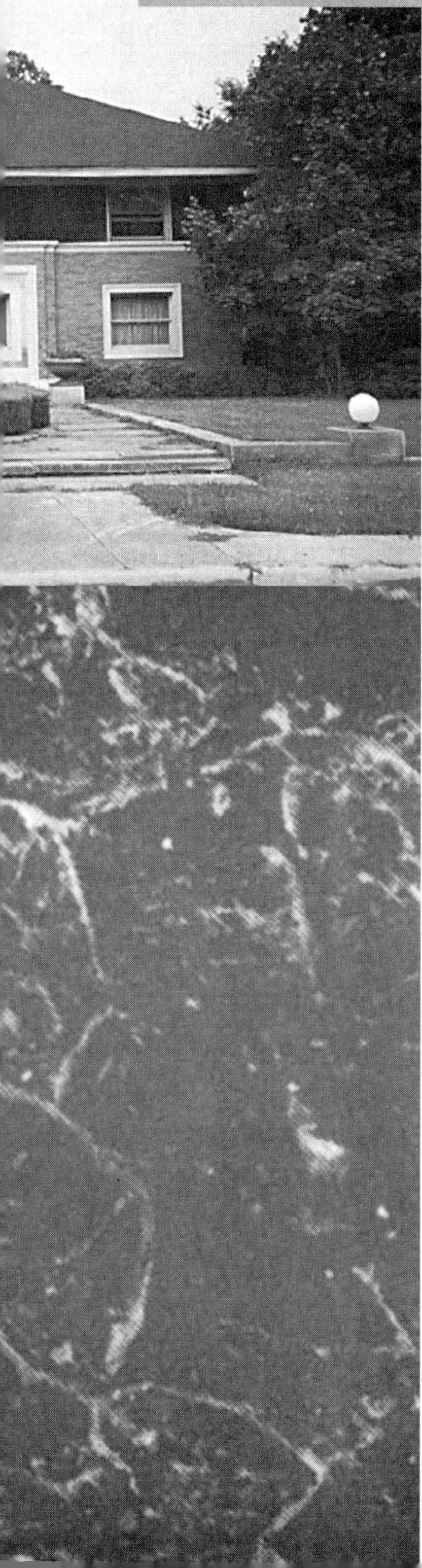

프랭크 로이드 라이트(Frank Lloyd Wright 1867-1959)

영국계의 피를 계승한 미국인 프랭크 로이드 라이트(Frank Lloyd Wright)는 위스콘신대학에서 2년간 토목과에서 수학했으며, 시카고에서는 단기간이지만 죠셉 라이만 실스비(Joseph Lyman Silsbee 1848-1913)의 사무소에서 활동했다. 이때 라이트는 싱글 스타일(shingle style)의 기본을 배웠다. 위스콘신주의 스프링그린 근교 백부의 농장에서 받은 다양한 인상이 이미 이른 시기에 펼쳐진 그의 토지(대지)에 대한 선호를 형상화하고 있었다.

1888년에 그는 **루이스 헨리 설리반(Louis Henry Sullivan 1856-1924)과 단쿰 아들러(Dankmar Adler 1844-1900)**의 사무소에 들어갔으며, 1893년까지 그 사무소에서 작업을 했다. 사무소에서의 설계 활동을 통해서 그는 「친애하는 은사」설리반의 기본 사상과 특히 미국의 19세기를 건설한 석학자인 철학가 헨리 데이비드 소로(Henry David Thoreau 1817-1862)의 개인주의와 토마스 제퍼슨(Thomas Jefferson 1743-1826)의 자연주의를 흡수했다.

그가 건축에서 모범으로 한 것은 헨리 홉슨 리차드슨(Henry Hobson Richardson 1838-1886), 부르스 프라이스(Bruce Price 1845-1903) 이외에 그에게 중요한 영향을 미친 세 요인이 있다. 유년기에 접한 푸르벨식 유희, 싱글 스타일에서의 요소, 구성적이고 개방적인 평면 구성법 그리고 1893년 시카고 박람회에서 접했던 일본의 전통건축이 갖는 이국정취와 그 세련된 수학(기하학)이 그것이다.

William Herman Winslow Residence, River Forest, Illinois, 1894

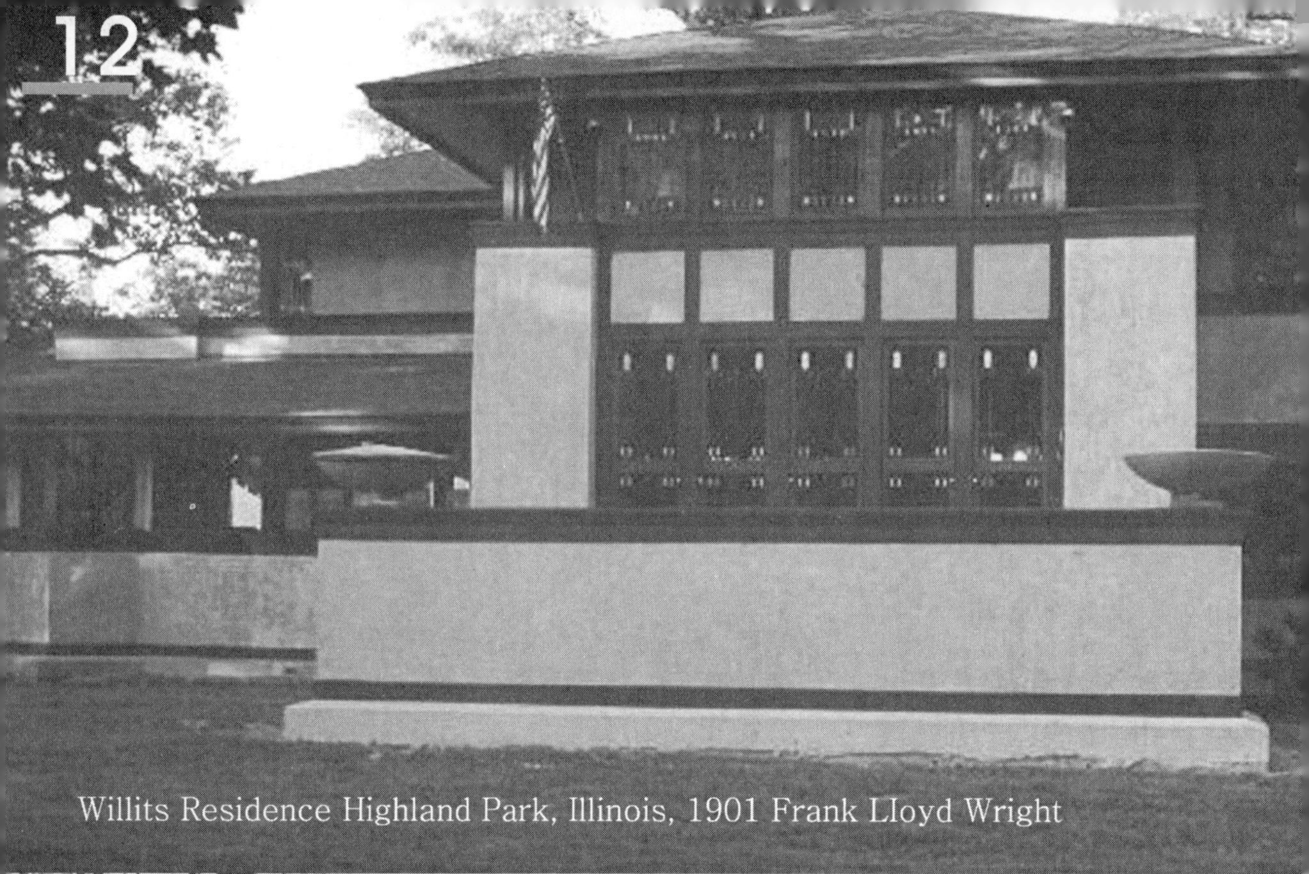

Willits Residence Highland Park, Illinois, 1901 Frank Lloyd Wright

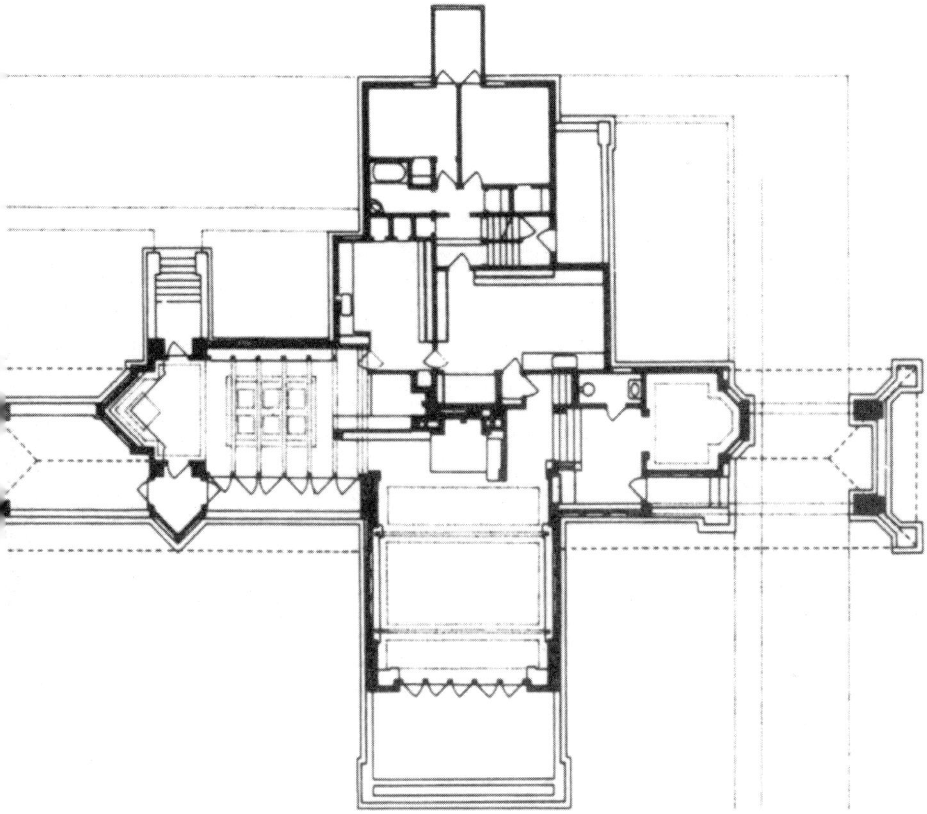

1893년에 일리노이 주 리버 포리스트에 **윈슬러 저**(William Herman Winslow Residence, River Forest, Illinois, 1894)가 건설되었으며, 이미 라이트의 특징인 코니스, 수평성의 강조, 비대칭의 배치구성이 나타나고 있었다.

이 건물을 시작으로, 이 젊은 건축가는 일련의 **프레리하우스(대초원 주택)**를 지었다. 즉 소박함, 격식 표현을 위해서 불필요한 실의 배제, 그리고 자유로운 구성 가운데 미국 농촌주택의 좋은 전통을 계승한 녹지 독립주택이다.

프레리 하우스의 진정한 출발점이 되는 **윌리츠 저**(Ward Winfield Willits Residence, and Gardener's Cottage and Stables, Highland Park, Illinois, 1901)가, 일리노이 주 하이랜드파크에 출현하는 것이 1902년의 일이다. 평면은 벽난로를 중심으로 한 십자형이다.

14 Darwin D. Martin House, Buffalo, New York, 1903-1905 Frank Lloyd Wright

각 실은 개성적으로 계획되어 있지만, 자유롭고 공간적인 상호 관입도 보이며, 전체적으로 생기에 찬 연속체를 형성하고 있다. 주위의 잔디가 외벽의 지반까지 연속하고 있기 때문에, 이 건물과 광대한 자연이 일체가 되는 것처럼 보인다. 이 일체감은 낮게 펼쳐진 부속지붕의 형태, 파사드의 수평요소에 대한 강조, 그리고 주변 환경에 조화하는 자연재의 이용에 의해서 한층 강화된다.

1904년 라이트는, 뉴욕 주 버팔로에 **마틴 저**(Darwin D. Martin House, Buffalo, New York, 1903-1905)를 건설한다. 이 주택에는, 그 특유의 수평 연속창의 선구적 형태가 나타나고 있다. 이것을 보다 완전한 형태로 이용한 것은 일리노이주 리버 사이드의 토메크 저 (1907)이다.

1 어프로우치
2 倉庫一層
3 使用人住居
4 花壇
5 居室部分
6 寢室部分
7 뜰
8 家政婦室部分

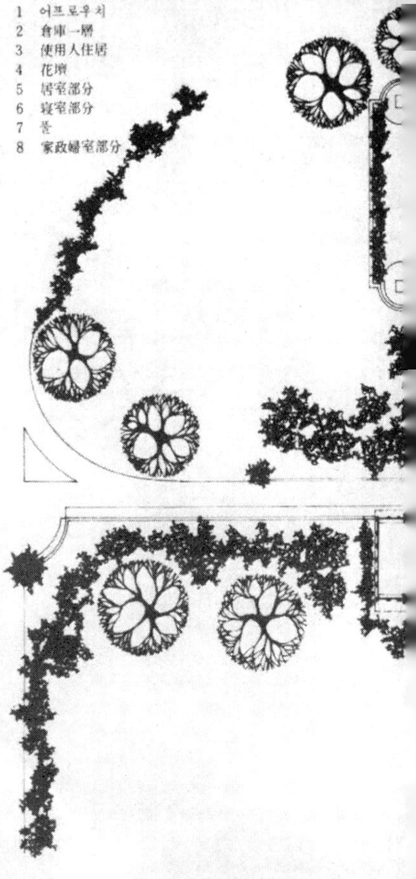

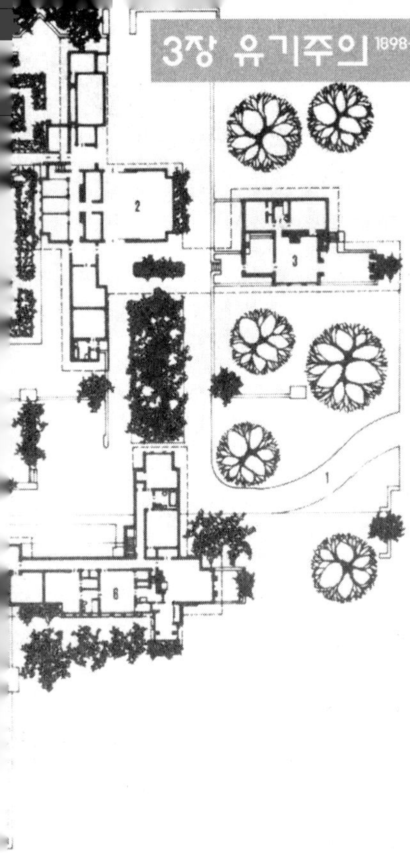

1908년에는 일리노이 주 리버 사이드에 큰레이 저(Coonley House, at Riverside, Illinois, 1908)가 건설되었지만, 여기서는 천장이 지붕의 완만한 경사에 따라, 암색의 목제 마무리 재에 의해서 강조되며, 동시에 내부 공간에 일체감이 부여되고 있다.

Coonley House, at Riverside, Illinois, 1908 Frank Lloyd Wright

Frederick C. Robie Residence, Chicago, Illinois, 1909 Frank Lloyd Wright

프레리 하우스의 정점인 동시에 종착점이 된 것이 1909년에 건설된 시카고의 **로비 저**(Frederick C. Robie Residence, Chicago, Illinois, 1909)이다. 여기서는 이미 자연 속의 주택이 아니라, 하나의 도시 주택이 화두가 되고 있으며, 주택이 자연으로부터 떠오른 형태이며, 자유로움 보다도 오히려 어떤 위압감이 나타난다. 이 미적 효과는 특히 양단으로 튀어 나온 창의 어떤 유축적(有軸的) 중심공간과, 좌우대칭을 파괴하는 형태로 배치된 부속동의 부속공간 사이에서나타나는 긴장감으로부터 나타난다.
비대칭성은 이 이외에도 다양한 레벨에서 시도되고 있지만, 특히 평면에 대해서 주 층의 지붕과 교차하는 최상층의 지붕이 부과한 역할은 크다. 그 결과 입면구성에 복잡성이 부가되었지만, 예리하고 깊은 코니스를 포함한 철저한 수평 요소의 이용이 전체의 인상을 결정하는 것으로 변하는 것은 아니었다.

20 Frederick C. Robie Residence, Chicago, Illinois, 1909 Frank Lloyd Wright

22

Larkin Administration Building, Buffalo, New York, 1904~1905
Frank Lloyd Wright

이러한 일련의 프레리 하우스를 건설한 시기에, 라이트는 뉴욕 주 버팔로에 **라킨 빌딩**(Larkin Administration Building, Buffalo, New York, 1904~1905)**을 건설했다.** 도시임에도 불구하고, 넓은 자연에서 기대할 수 있는 외부와 건축의 직접적인 교류는 단념할 수 없었다. 때문에 이 오피스 빌딩은 내부로 향해 열려있다. 중앙에 4층 높이의 중정이 있으며, 이 위의 톱 라이트에서 주위의 갤러리에 채광이 가능하다. 외부는 단순한 4각형으로 장식이 적은 건물이다. 예리하게 분절된 4각의 매스는 계단실이다. 이 연와벽은 공조용 덕트스페이스를 포함한다. 라킨 빌딩의 공조시스템은 사무소건축 중에서도 대단히 빠른 예 중 하나이다. 이 건물은 1949년에 헐렸다.

24

Unity Temple, Oak Park, Illinois, 1904 Frank Lloyd Wright

1906~1907년에는, 일리노이 주 오크 파크에 **유니티 교회**(Unity Temple, Oak Park, Illinois, 1904)가 건설된다. 라이트는 콘크리트조의 육중한 약간 이집트 건축을 생각게 하는 모뉴멘탈한 형태언어를 구사했다. 구조체의 주의 깊은, 오히려 도안풍의 분절, 글라스의 격천장, 모든 면에 반복해서 사용되고 있는 목제 테두리 그리고 똑같이 기하학적으로 디자인된 매달린 램프가 하나의 유기적관계를 나타내고 있으며, 내부 공간 구석구석까지 세심한 주의를 기울이는 라이트의 의도를 보이고 있다. 즉, 다양한 개를 하나의 전체 속에서 질서화 한다는 정신을 상징적으로 그리고 미적으로 표현하려는 의도이다.

26 Unity Temple, Oak Park, Illinois, 1904 Frank Lloyd Wright

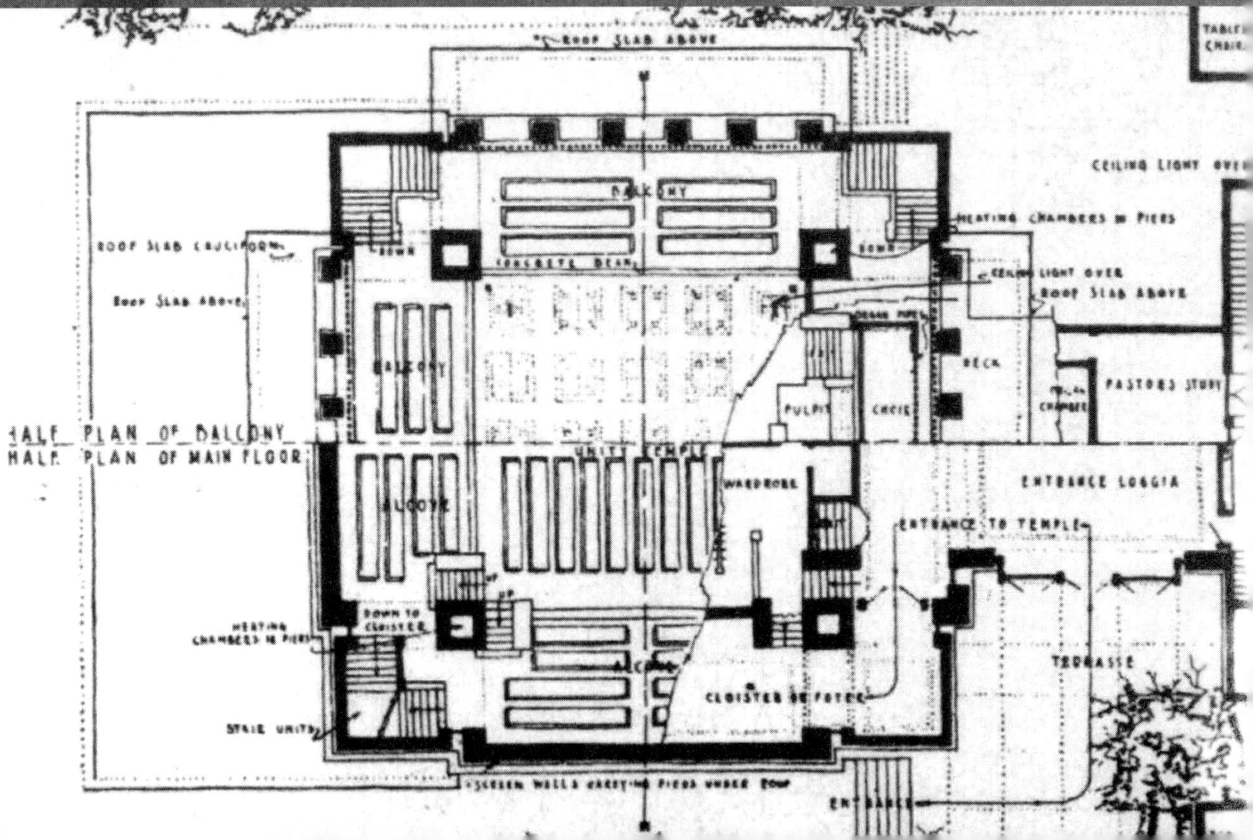

1909년 라이트는 개인주의를 근간으로 하는 민주주의, 로만주의가 우리들이 일상적으로 생활하는 교외에서는 이미 실현 불가능한 것을 깨달았다. 그는 처와 6명의 자식을 남겨 놓고 유럽으로 여행을 떠난다. 1910년에 그는 베를린에서 대규모이고 영향력이 큰 작품전을 개최해서 성공했다.

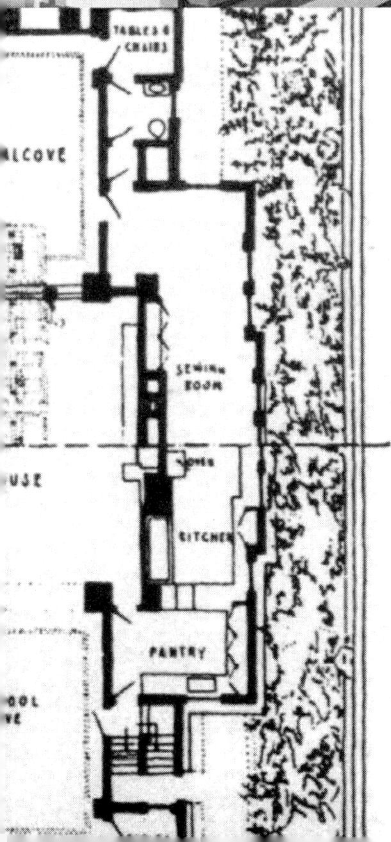

28

Midway Gardens, Chicago, Illinois, 1913 Frank Lloyd Wright

1913년에는 카지노, 리조트, 레스토랑, 옥외 연주회장 등의 복합체인 **미드웨이 가든(Midway Gardens, Chicago, Illinois, 1913)**이 시카고에 건설되었다. 이것은 형태와 재료의 잠재적 능력을 적극적으로 개발하려는, 유럽의 표현주의와 통하는 라이트의 새로운 자세를 분명히 보이고 있다.

이 미드웨이가든이 완성되었을 때, 라이트는 체니부인과 두 명의 자식 그리고 제자를 탈리아센 이스트의 참극으로 잃었다. 고독 속에서도 라이트는 건축에 대한 열정을 잃지 않았다. 다행히도 그는 새로운 작업을 얻었다.

30

Taliesin I, Spring Green, Wisconsin, 1911 Frank Lloyd Wright

미국으로 귀국한 라이트는, 1911년 위스콘신 주 스프링 그린의 도시와 떨어진 대지에 새로운 근거지를 구했으며 자저의 건설에 착수했다. 이 근거지는, 「빛나는 이마」라는 의미의 웨일즈어인 **「탈리아센(Taliesin I, Spring Green, Wisconsin, 1911)」**으로 불리게 되었다.

안토닌 레이몬드(Antonin Ra-ymond)와 공동으로 동경의 소실된 제국 호텔(Imperial Hotel, Tokyo, Japan, 1923. Demolished, 1968; Entrance hall reconstructed in 1976 at Meiji Mura, near Nagoya, Japan 1916~1922)을 재건하는 작업이었다. 이 호텔건축은 기술적 세련, 특히 그의 독특한 내진 구조가 관동 대지진을 훌륭하게 피한 것으로, 그가 우수한 구조가이기도 한 것을 증명했다. 6년간 일본에 체재한 것이 그의 인간관계뿐만 아니라, 그의 건축에도 결정적인 영향을 미쳤다.

똑같은 원리로, 1921년에 캘리포니아 주 파사디나에 **미라드 저(Mrs. G. M. Millard House, at Pasadena, California, 1923)**를 건설했다. 이 주택은 라이트가 장식으로 콘크리트 블록을 이용함으로 해서, 표현과 구조가 일체가 된 건축을 실현시키려 했던 것이다. 여기서는 내부와 외부의 벽면 마감이 동일하다. 이 거칠은 벽면은 덩굴류가 자라며 테두리의 콘트라스트가 아름답다. 건물 전체가 마야문명의 유적과 같은 분위기를 갖는다.

32 Taliesin I, Spring Green, Wisconsin, 1911 Frank Lloyd Wright

1925년과 1927년 사이에 탈리아센은 두 번과 세 번의 화재가 있었다. 그러나 라이트는 그때 마다 재건을 하였고, 1929년 탈리아센 페로시프가 설립된다. 그리고 그 주위에는 신비적인 종교 집단과 같은 분위기가 형성되었다.

1938년에는, 애리조나 주 피닉스 근교에 패러다이스 계곡에, 라이트 사무소의 마지막 거점으로서 **탈리아센 웨스트**(Taliesin West, Scottsdale, Arizona, 1937)가 건설되었다. 이 대지에서 얻을 수 있는 석회암과 목재를 이용해서, 이미 오우카디리오우 사막 캠프에서 시도된 예리한 기하학적 구도에 따라, 강렬한 사막의 태양과 열대 식물로 기묘하게 조화된 「인공적 자연」이 만들어졌다.

거대한 바위의 매스와 콘트리트를 이용해서 묵직한 누벽이 축조되며, 그 위에 레드우드와 캔버스로 건물이 만들어지며, 이 누벽 주위에는 계단상의 테라스와 풀 그리고 정원이 배치되어 있다. 건축 군 전체가 건설 중의 현장과 같은 황망함을 보이지만, 이것은 항상 생성 중에서 재축되는 건축이라는 그의 특유의 건축관을 나타내고 있다.

34

Hollyhock House ,Aline Barnsdall Residence, Los Angeles, California, 1919-.
Frank Lloyd Wright

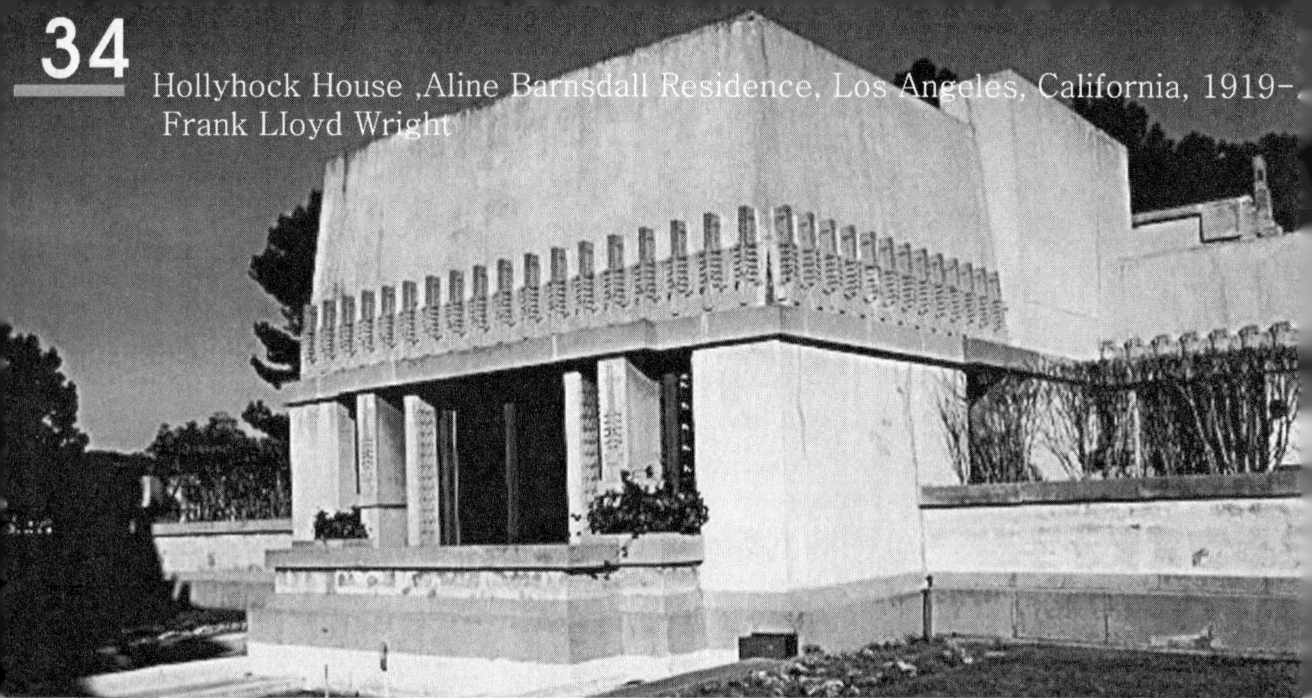

이 사이의 변화는, 이미 캘리포니아 주 로스앤젤레스의 **호리호크 저**(Hollyhock House ,Aline Barnsdall Residence, Los Angeles, California, 1919-21)에서 펼쳐졌다. 예를 들면 프레리 하우스와 대립하는 특성이 현저하게 나타난다. 양감(볼륨)이 있는 폐쇄적인 매스, 육중한 지붕의 표현, 마야로부터 차용된 장식, 그리고 중정의 평면 형식의 채용이다. 이 성새와 같은 건물은 환경과의 관계를 분리하고, 오히려 그것을 압도하려는 인상을 부여했다.

36

Unity Temple, Oak Park, Illinois, 1904, Frank Lloyd Wright

Hollyhock House ,Aline Barnsdall Residence, Los Angeles, California, 1919-21
Frank Lloyd Wright

38

Fallingwater, Kaufmann country home, Bear Run, Pennsylvania, 1935
Frank Lloyd Wright

유기적 건축과 큐비즘적 혹은 합리주의적인 건축으로, 하나의 종합을 달성한 라이트의 걸작은 1936~1939년에 펜실베니아 주 밀란에 건설된 낙수장의 이름으로 잘 알려진 **카우프만 저**(Fallingwater, Kaufmann country home, Bear Run, Pennsylvania, 1935)이다. 군더더기를 없앤 이 주택은, 바위 위에서 그 밑으로 물이 떨어져 흐른다.

이 유기체의 중심은 프레리・하우스의 경우와 똑같이 난로이다. 난로는 바위 위에 배치되어 다른 수직 요소와 똑같이 자연석으로 만들어져 있다. 수직방향의 글라스면과 다양한 레벨로 배치되는 수평방향의 콘크리트제 캔틸레버의 무기성은, 이 좁은 계곡의 자연과의 사이에서 이상적인 대립효과를 발생시킨다. 이 십자형 평면은 3차원 방향으로 자유롭게 확대되며, 모든 도식주의를 배재하고 있다. 그 결과 장식을 배제한 철근 콘크리트 소재의 가능성을 철저하게 추구함 으로써 공간의 복합적인 상호관입이 달성되었다.

40

Fallingwater, Kaufmann country home, Bear Run, Pennsylvania, 1935
Frank Lloyd Wright

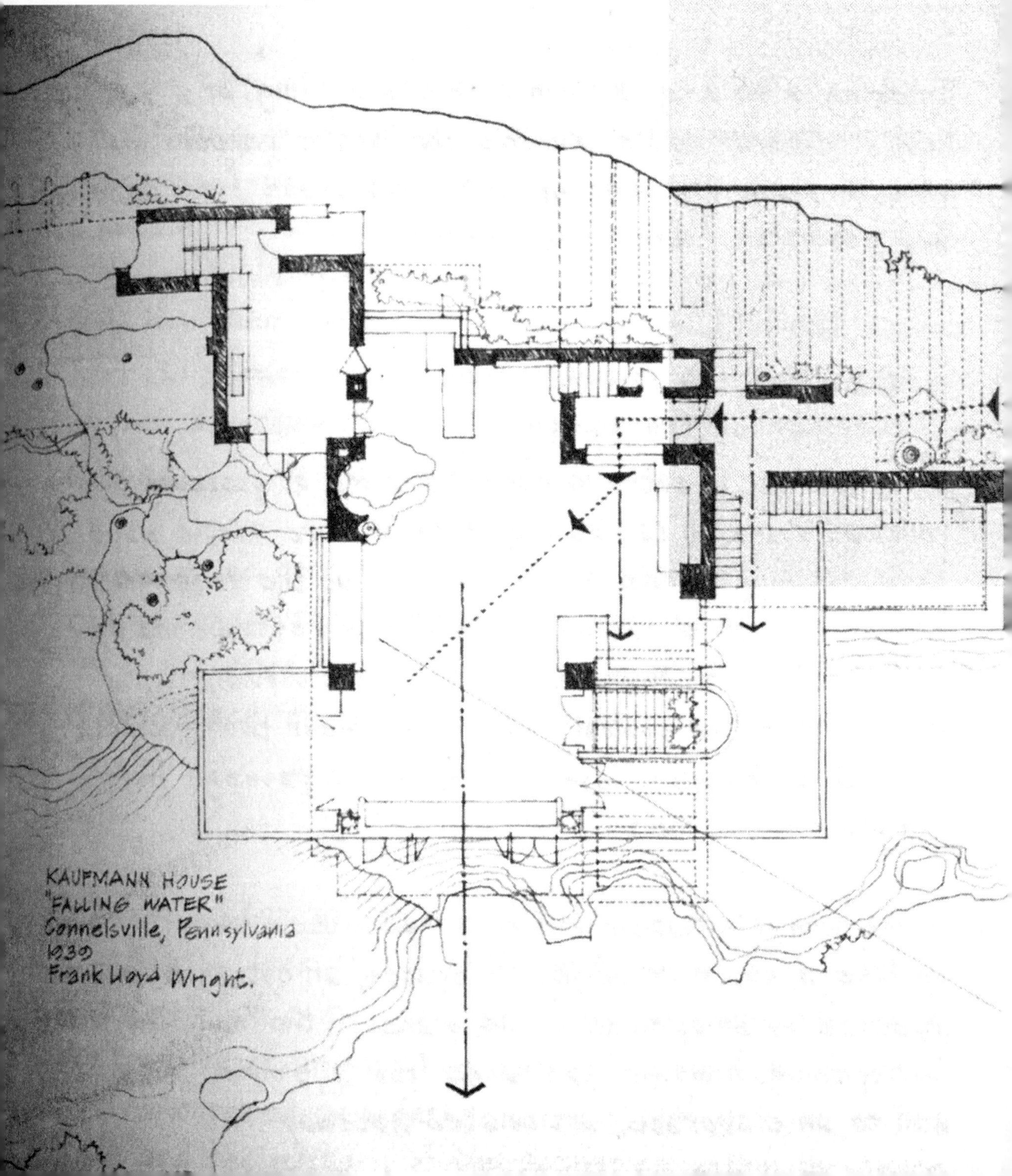

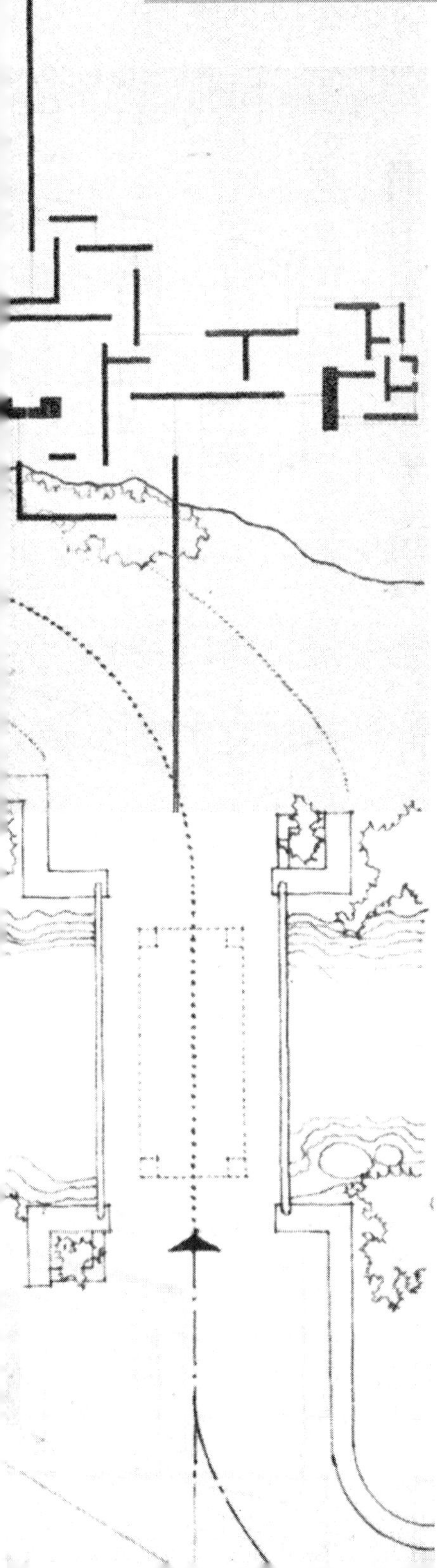

내부공간과 외부 자연환경과의 상호작용은 내부에서 외부로, 외부에서 내부로의 이행이 실로 섬세하게 연출되어, 하나의 「詩」가 되고 있다. 그러나 이 「詩」는 대도시 교외를 지배하고 있는 로만주의와도 직접적인 자연모방과도 전혀 무관하다.

낙수장이 자연 속에서의 생활에 대한 라이트의 이상을 표현하는 것이었다면, 동시기에 완성되었던 위스콘신 주 라신의 **존슨 왁스 본사(Johnson Wax Headquarters, Racine, Wisconsin, 1936)**는, 도시에 있어서의 사무기능에 대한 그의 사상을 나타내고 있다. 여기서도 라이트의 다른 도시적 건축과 똑 같이 내부를 지향하는 구성이 이루어지고 있다.

42

Johnson Wax Headquarters, Racine, Wisconsin, 1936 Frank Lloyd Wright

외부에의 시선은 배제되고 그 때문에 이 복합체는 거의 상부에서 채광이 이루어진다. 이 원을 기준으로 내향적 성격을 외부로도 표출하고 있다. 뿌리만큼이나 섬세하며, 높은 버섯모양의 우아한 콘크리트 기둥이 기본적인 구조 단위이다.

이 거대한 원 관을 채운 글라스 튜브의 지붕으로부터 채광이 되고 있으며, 거대한 중앙의 공간에는 숲 속으로 빛이 들어가는 것 같은 신비함이 녹아있다. 이 복합체와 똑같이 라이트의 설계로 연구소 탑이 건설되었다(1944~ 1950). 연구소 탑에서, 그는 더욱 대담하게, 마치 건물 전체가 1개의 수목인 것처럼 수직의 설비 코어를 주요 부분으로 해서, 각 층의 바닥판은 모두 이 줄기로부터 캔 틸레버 형식으로 나오며, 그것을 글라스 튜브의 피막으로 마감하고 있다. 풍부한 상상력의 세계와 명쾌한 분위기를 갖는 이 존슨 왁스사의 건축 복합체는 라이트의 인도주의적인 해석을 통해서 나타난 기술혁신과 사무공간의 기념비이다.

44

이 사이에도 일리노이 주 미니애폴리스에 윌리 저(1934)가 성립했다. 이것은 그의 새로운 일련의 **「유소니안 하우스」**의 개시를 고했던 것이다. 참된 미국인 「유소니안」을 위한 독립 최소한 주택의 시도이다. 건설비가 절감되면서 그 조형과 상상력은 놀랄 정도로 풍부한 것이었다. 이미 프레리 하우스의 시대는 변하고 있다.

라이트는 역시 「모든 개인에게 개성적인 양식을」 그리고 「모든 장소에 어울리는 형태 언어를」 이라는 2개의 기본 원리를 갖고 있지만, 보다 자유로운 평면 구성을 얻기 위해 난로를 중심으로 하는 십자형 평면을 버렸다. 그는 우선 옛날의 폐쇄적인 부엌을 거실과 연결시키고, 상부로부터 채광되는 작업공간을 구사했다. 그리고 침실을 포함하는 모든 실을 주택의 연속적 구성 가운데 위치시켰다.

유소니안하우스는 엄격한 장방형의 평면 구성으로부터 다양한 기하학 형태의 평면 구성을 거쳐서 서로 접속되고 관입해서 해체되는 완전히 자유로운 조합에까지 이르고 있다. 라이트는 분명히 이 최소한 주택 군을 조형적 실험의 장으로 이용하고 있었다.

Usonian House, Frank LIoyd Wright

46 Solomon R. Guggenheim Museum 1937 Frank Lloyd Wright

라이트의 이러한 실험으로부터 탄생한 예로서, 뉴욕의 **구겐하임 미술관(Solomon R. Guggenheim Museum 1937)**을 제시할 수 가 있다. 솔로몬 구겐하임 재단의 뉴욕 미술관은 1943~1946년에 계획되었고, 전후의 1956~1959년에 건설되었다. 이 미술관에서는 경사로가 실제의 전시공간이 되고 있으며, 경사로가 중앙의 둥근 중정 주위를 한 바퀴 도는 시스템으로, 이 건물은 라이트가 누차 이용한 상부로 진행하면서 팽창하는 형태가 되고 있다. 이 원형의 건축은 뉴욕 거리가 갖는 격자 상 구조와는 완전히 대립한다. 이 건물의 타협 없는 조소성은 거대도시를 야유하고 있는 것처럼 보인다. 감상자는 우선 엘리베이터를 타고 위로 올라가며, 외측으로 경사진 벽에 걸린 그림을 감상하면서 경사로를 천천히 내려온다. 이 경사로는 백색의 무기적인 표정을 글라스의 돔을 통해 채광된 중앙의 홀 공간으로 향하고 있다. 인접한 원형의 작은 건물은 사무실이며, 주동과의 사이 연락 동에는 도서, 자료실이 있다.

구겐하임 미술관의 공간적 연속성은 다양한 기능적·구조적인 타협 위에서 얻어진 것이다. 경사로가 가지는 전시 기술상의 장해가 우선 논쟁이 되었다. 물론 그림은 항상 빠른 걸음으로 그리고 언제나 거의 같은 거리에서 감상되지 않으면 안 된다. 또 벽의 곡선은 큰 그림의 전시에는 특히 사정이 나빴다. 용도와 공학 기술이 상징성을 띤 거대한 형태로 완전하게 종속되고 있다. 확실히 이 건축은 라이트의 건축이 추구하는 예술적 전개의 성숙기를 나타내고 있지만 반면에 그의 유기적 건축의 이상으로부터는 멀어졌다.

Leeum, SamSung Museum of Art, Mario Botta

Leeum, SamSung Museum of Art, Jean Nouvel

70년을 넘는 오랜 창작 활동 중에서 **프랭크 로이드 라이트(Frank Lloyd Wright)**는 건축형태를 풍부하게 전개했다. 그의 자기혁신을 통한 놀랄 만한 능력은, 단순히 형태의 다양성을 추구하는 절충주의와는 관계가 없다.
미스 반 데르 로에(Mies van der Rohe)의 실증나지 않는 반복이 계몽주의자의 유럽적인 뮤토스(Mythos)를 구현한 것이라면, 라이트의 삭제된 것 없는 변형의 시도는 변화하는 상황에 적합하기 위해, 새로운 것을 나타내지 않으면 안 되는 개척자의 아메리카적인 뮤토스(Mythos)를 나타내는 것이었다. 이 늙은 거장이 그의 제자들에게 「급격한 변화」라는 아메리카적인 이념을 , 오히려 유해한 것으로 피하라고 경고한 것은 그런 이유 때문이다.

라이트의 건축 언어는 아마도 그의 특이한 개성으로 각인되어 있지만, 그 때문에 많은 신봉자를 모으는 하나의 파를 형성하게 되었다. 그렇지만 그의 자극은 그것만으로 끝나지 않았으며, 건축 상의 다른 다양한 조류에도 좋은 영향을 미쳤다. 그가 정력적으로 언론활동(저술·강연)을 행한 것으로 그의 영향은 한층 강화 되었다. 자기의 건축사상을 무수한 강연과 많은 저작에 의해 발표한 것뿐만 아니라, 건축 작품도 그 대부분을 출판해서 세상에 물었다. 그의 모순에 찬 행위, 강렬한 개성, 그리고 활동적인 생활이 그를 교조적 분위기를 자연스럽게 느끼게 하는 인간이 되게 했다. 유기적 건축의 이념이 세계 도처에 유포된 것으로도 그 자신의 독특한 분위기가 크게 작용하고 있다.

Leeum, SamSung Museum of Art,
Rem Koolhaas

한남동 중턱에 다소 이질적인 세 개의 건물이 '리움(Leeum, 관장 홍라희)'이라는 이름으로 들어섰다. 두개의 미술관과 어린이교육을 위한 공간으로 구성된 이곳은 **렘 콜하스, 마리오 보타, 장 누벨 등 세계적인 건축가 3인이 한 부지 안에 서로 다른 성격을 지닌 복합문화공간을 완성**했다는 면에서 세간의 주목을 받아왔다.

미술관은 대지의 경계면을 따라 자연스럽게 흐르는 삼성아동교육문화센터의 램프를 통해 진입할 수 있다. **렘 콜하스**는 세 건축물이 어색함 없이 유기적으로 연결되는 주 동선을 해결한 것이다. 그의 건물 외형이 동선이나 시각적 흐름에서 안락한 느낌을 주는데 반해, 거대한 블랙박스 덩어리와 사선의 오브제로 인식되는 엘리베이터 등이 유리 매스 내부를 가득 채우고 있다. 두 미술관의 전면에 놓인 자신의 건물을 숨겨놓은 듯 했지만, 조금만 들여다보면 그 날카롭고 계산된 동선과 매스감이 숨이 막힐 듯이 강렬한 인상을 준다. 반면, 파리 루브르의 유리 피라미드 하부의 지하공간을 통해 복잡한 동선들이 세 전시장으로 갈라지고, 모이는 동선을 재구성한 것처럼, 부지의 경사진 면으로 인해 고미술관의 가장 낮은 레벨의 공간은 세 건물을 집결할 수 있는 중앙 로비로 이용됐다. 그러나, 고미술관 건물은 샌프란시스코의 현대미술관의 역원추형 형태에, 서울의 강남 교보타워에도 사용했던 테라코타 벽돌 마감으로 **마리오 보타** 특유의 건축 언어를 다소 진부하게 보여준다. 앞서 두 건물이 하나는 숨기고, 하나는 드러낸 형태인데 반해, **장 누벨**이 디자인한 현대미술관은 내외부의 호흡을 다이나믹하게 구성하고 있다. 검은색의 상자들을 자유분방하게 배치하여 독립된 여러 개의 전시실로 확보하는 한편, 유리창을 두어 남산을 비롯한 한남동 주택가의 풍경을 차경으로 도입하여 닫혀 있으면서도 닫혀 있지 않은 새로운 형식의 미술관 모습을 선보였다.

52

Schminke House, Lobau, Germany, 1933 Hans Scharoun

유기적 건축의 이념을 신봉하고, 더욱이 독자적 표현에 까지 이른 건축가 중 한 사람으로 **휴고 헤링크(Hugo Haring)**가 있다. 그는 20년대 말에 건축가 그룹 <環(link)>의 서기가 되었다.
라이트와 같이 그도 또한, 많은 논문 · 강연을 통해서 유기적 건축의 이론을 발전시켰다. 합리주의적 제 조류, 특히 건축형태를 선험적(a priori: 인식이나 개념이 후천적 경험에 의존하지 않고 그것에 논리적으로 앞선 것으로서 부여된 것)으로 아름다운 기하학 형태에 기초를 두고 전개시킨 르 꼬르뷔제와는 대조적으로, 헤링크는 건축의 게슈탈트를 직접적으로 끌어내려했다.
1923년에 그는 규칙에 구속되지 않는 개개의 기능에서 자연적으로 도출된 평면을 갖는 유기적 주거에 대해서 다양한 연구를 행했다.
1923~1925년에 헤링크는 류벡근방에 **구트 가르카우(Gut Garkau)**를 건설했다. 이 건물에서 마굿간의 팽창된 게슈탈트가 그 실용상의 요청으로부터 발전되고 있었다.
이 복합체의 자유로운 구성은 기하학적 형태를 완전히 삭제했으며, 그것은 건물 내에서의 작업의 흐름에 대응하는 것이었다.
1929년에 그는 베를린의 지멘슈타트(Town planning and housing design at Berlin-Siemensstadt, 1929-31)에 집합 주택 한 동을 건설했다. 여기서는 돌출된 발코니가 장방형 이외의 형태를 이용하지 않는 과거의 공공주택 건설에 유기적인 것을 표현했다는 그의 의지를 나타내고 있다. 1935년에 베를린에 건설된 그의 치그라저는 보다 자유로운 구성을 향해서 진보했지만, 「반-기하학」을 즐기는 여유와 동시에 형태편중의 위험을 느끼게 했다.

한스 샤로운(Hans Scharoun 1893-1972)도 다양한 기능적 요구를 하나의 형태로 바꾸기 위해 노력 했다.
당시 그는 의식적으로 조화의 미학보다는 완전히 구부러진 것의 특징적인 강조 쪽을 존중했다.

Romeo & Julia, high rise apartments, Stuttgart-Zuffenhausen, 1954-59

54 Berlin Philharmonic, Berlin-Tiergarten, 1957-63 Hans Scharoun

1920년대 초 샤로운에 의해 많은 형태연구가 행해 졌지만, 그 성과는 대부분이 스케치로 남아있다. 이 형태학적 실험 중 하나는 격하게 작열하는 결정상의 관이, 그 작열에 의해 변형을 추구하는 방향으로 진행하며, 또 하나는 분명히 멘델존의 스케치의 영향 하에서, 역동성이 있는 생명력 넘치는 원의 변형에 대한 방향으로 발전한다. 그 건물에 대해서 검토해 보면 샤로운은 분명 양방의 계열을 걷고 있었다.

1927년 샤로운은, 세련된 그의 독립주택을 슈트트가르트의 **바이젠호프 지들른크(The Weissenhof Estate in Stuttgart, Germany 1927)**에 건설했다. 1929~1930년에 그는, 베를린의 대규모 뉴타운인 **지멘스슈타트(Town planning and housing design at Berlin-Siemensstadt, 1929-31)**의 확장에 몰두해서, 여기에 집합주택을 몇 동 건설했다.

1932년에는 레바우의 **슈밍케저(Schminke House, L-obau, Germany, 1933)**가 그의 설계에 의해 출현했다. 이 주택은 각진 형태를 갖지만, 각은 경쾌하게 둥근 맛을 주며, 경관 속에서 부상하려는 것 같은 인상을 주는 건축이다. 형태는 다양한 불규칙 평면을 비트는 것으로부터 시작된다. 건축어휘에서 존재하는 유선형, 작은 둥근창, 난간은 모두 배로부터 인용된 것이다.

종전 후 샤로운은 베를린 부흥계획의 일환으로 많은 도시계획상의 작업을 행했다. 1954~1959년 그는 빌헬름 프랑크(Wilhelm Frank)와의 공동 설계로 슈트트가르트에 「**로미오와 줄리엣(Romeo & Julia, high rise apartments, Stuttgart-Zuffenhausen, 1954-59)**」이라는 고층주택을 건설했다.

부정형의 윤곽을 갖는 옥상테라스와 아틀리에가 있는 집합주택이다. 1955~1961년 그는 베를린의 샤롯텐 북지구(이 지구는 지멘스슈타트에 인접해 있음)에 선형 주동형식의 발전형으로서의 「유기적인 집합주택」을 건설했다.

56

Paimio Sanatorium, Tuberculosis sanatorium and staff housing, Paimio, Finland Alvar Aalto

Finnish Pavilion, 1939 World's Fair

1956~1963년에 건설된 **베를린 필하모니(Berlin Philharmonic, Berlin-Tiergarten, 1957-63)**의 건물은, 샤로운의 일련의 창작 활동 중 정점을 형성하고 있다. 어딘가 가설건축을 생각게 하는 텐트모양의 외관은, 인접한 미스 반 데르 로에(Mies van der Rohe)의 내셔널 갤러리가 갖는 순수 기하학적 형태와는 현저히 대조를 이룬다. 내부는 실로 풍부한 공간체험을 유발하게 한다. 예를 들면, 미궁(래브린스)풍의 포이어(Foyer), 분기되고 있는 계단, 다양하게 분리되는 바닥평면 그리고 클라이맥스는 중앙 오디토리엄의 복잡한 구성에서 나타난다. 이 건물전체 중에서 오디토리엄이 있는 쪽은, 도시 속의 또 하나의 도시와 같으며 계단・갤러리가 이 도시적 매력을 연출하고 있다. 관객석은 다양한 부정형의 소공간으로 분리되며, 이것에 의해 각 객석이 그 주위로 적당한 완성을 얻는다. 오케스트라와 청중은 일체가 된다. 우아하게 휘어진 천장은, 내부공간의 거대함에도 불구하고 사람들을 보호해서 안심시키는 심리상태를 부여한다. 샤로운의 거의 모든 계획에서는 굴곡된 평면으로부터 끊임없이 시각적인 감동이 나타나며, 사용되지 않는 여백부분도 이 감동을 촉진하는 작용을 하고 있다.

1964~1967년에는 프로이센의 문화재 보존을 목적으로 한 베를린의 국립 도서관 계획이 샤로운에 의해서 입안되었다. 1969년에 착공해서 샤로운의 사후 6년, 즉 1978년에 준공했다. 이 건축 복합체의 형태는 주변환경의 영향을 반영하면서 도시공간에 새로운 긴장감을 주고 있다. 현관에서 들어오면 두 개의 큰 계단이 있으며 그것을 따라 올라가면 열람실로 들어간다. 이 열람실은 복잡한 다각형의 평면과 그 속에서 다양하게 변화하는 바닥레벨에 의해서 하나의 도시적 풍경을 나타내고 있다. 이 풍경 전체가 네 개의 글라스 피라밋과 공중으로 부상하는 폴리에스테르 수지제의 구형천장을 투과하는 빛에 의해 상부에서 밝게 비춰진다. 이 이외의 실은 「심장부」의 주변에 배치된다. 전체적으로 이 건물에서는 샤로운의 다음과 같은 사상이 실현되고 있다고 생각할 수 있을 것이다.

58

Wolfsburg Parish Church, by Alvar Aalto, at Wolfsburg, Germany, 1960 to 1962 Alvar Aalto

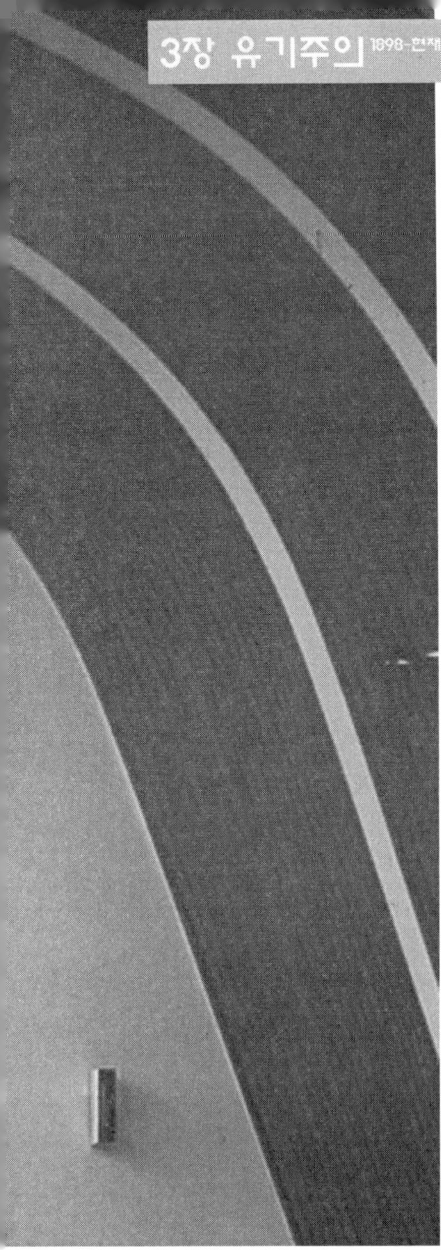

핀란드에서는 당시 보다 젊은 건축가가 라이트의 정신적 유산을 계승하고 있었다. 그는 **알바 알토**(Alvar Aalto)이다. 비교조적으로 주지주의를 배제하고, 유기적 건축을 합리적으로 파악하려고 노력했다. 그의 목적은 합리적으로 구상되며 기술적·기능적 요청에도 대응하고, 동시에 이용자의 심리적 필요에도 적합한 건축이었다. 그와 같은 건축은 단순 소박하고, 매력적이며 동시에 명쾌한 표현이었다.
몇몇 신고전주의적 건물 후 알토는, 1929년에 **에릭 브륙크만**(Erik Brrggman)과 공동 설계로 토르크에 700년제를 위한 전시관을 건설했다. 그것은 핀란드 건축의 역사 속에서 어번길드 건축을 역사주의의 잔재로부터 해방하는 것에 공헌했다. 오케스트라 연주용 스테이지의 배경이 경쾌하게 휘어진 목제 벽면은 이미 알토의 조소적인 조형력을 나타내고 있다.

1927년 알토는 비프리의 **시립 도서관**(1927-1935: Municipal library, Viipuri, Finland (now Vyborg, Russia), new drawings, 1928, 1929, 1933, built according to last drawings 1934-1935) 설계경기에서 우승했다. 이 건물은 1930~1935년에 건설되었으며 알토의 창작 중 「**白의 건축**」 시대의 개막을 장식했던 것이다. 건물은 2개의 대치된 2층의 직방체의 조합으로 이루어진다. 매스는 장식 없이 합리주의에서 인용된 형태언어가 차용되고 있다. 그렇지만 강의실에서는 산지 그대로의 소나무판을 이용해서 음향상의 배려를 위해 크게 굽이치는 천장이 디자인되었다. 여기서 그의 유기적 조형에 대한 지향이 분명하게 나타나고 있다. 순수하게 기능적인 근거가 되는 것은 음향효과이지만, 배후에 미스 반 데르 로에(Mies van der Rohe)가 출현한다.
이 **새너트리움**(1928-1929: Paimio Sanatorium, Tuberculosis sanatorium and staff housing, Paimio, Finland)은 건축 매스의 배치 구성 중에서 하나의 새로운 태도를 부여하고 있다. 즉 바우하우스=퓨리즘(순수주의)으로부터의 이탈은 결코 자의적 혹은 형태주의적이 아니라, 이용자의 필요에 공명하는 「심리적 기능주의」에 의해서 도입되는 것이다.

Wolfsburg Parish Church, by Alvar Aalto, at Wolfsburg, Germany, 1960 to 1962 Alvar Aalto

이 모두는 대량 생산을 거절하는 직인 작업을 의미하는 것이 아니라, 대량생산에 의해서 질을 안정시키며 거기서 발생하는 형태를 보다 일반적으로 확장시킨다는 알토의 노력에 대한 결과인 것이다. 모리스, 반 드 벨드(Henry van de velde)그리고 미스 반 데르 로에(Mies van der Rohe)까지도 이룰 수 없었던 것이 알토의 손에 의해 실현되었다. 즉 수공예적 질의 우수함을 갖는 적당한 가격의 일용품을 공장에서 양산한다는 이상의 실현이다. 1932년 그는 최초의 처이었던 **아이노 마르시오(Aino Marsio)**와 협력해서, 유명한 굴곡 합판을 이용한 알택 가구를 디자인했다.

1939년 뉴욕의 만국 박람회는 알토에게 **핀란드관 (1939: Finnish Pavilion, 1939 World's Fair)**의 설계를 통해서 그의 건축언어를 대담하게 활용할 기회를 가졌다. 그는 장방형의 실이 대각선 방향으로 규격화된 목재 부재를 이용해서 큰 파동을 묘사했다. 이렇게 해서 그는 두 개의 다이내믹한 공간을 만들어 냈다. 그 하나는 바와 레스토랑, 그리고 영사실의 공간이며, 또 하나는 전시 공간이다. 이 반대의 경사진 벽면은, 사진 판넬의 감상을 용이하게 하며, 음향효과를 높이고, 더욱이 전시작품과 경합되지 않은 형태로 스스로 하나의 의미를 부여한다. 즉 핀란드의 산물과 풍토 그리고 유럽건축의 기하학주의와는 대립하는 신선하고 장식되지 않은 자세를 상징하게 되는 것이다.

제2차 세계 대전 후 알토의 형태 언어는 고정화되고 세련되며, 그 고유성을 획득하기에 이르렀다. 그의 창작활동에 있어서 중기에 걸친 시대이지만, 그가 좋아하는 적연와의 색으로부터 **「赤의 시대」**가 시작된다. 이 시대를 대표하는 것은 매사추세츠주 케임브리지의 매사추세츠 공과 대학의 기숙사 **베이커 하우스(Baker House, Massachusetts Institute of Technology, Cambridge, Massachusetts 1947~1948)**이다.
그 강한 곡면 벽이 눈을 끄는 건물이며, 형태도 실용상의 목적을 충족하고 있다. 즉 건물매스의 곡면이 보다 많은 학생용 개실에서 강의로의 밝은 조망을 가능하게 한다. 그리고 결과적으로 실로 다양한 공간이 탄생한다.

00

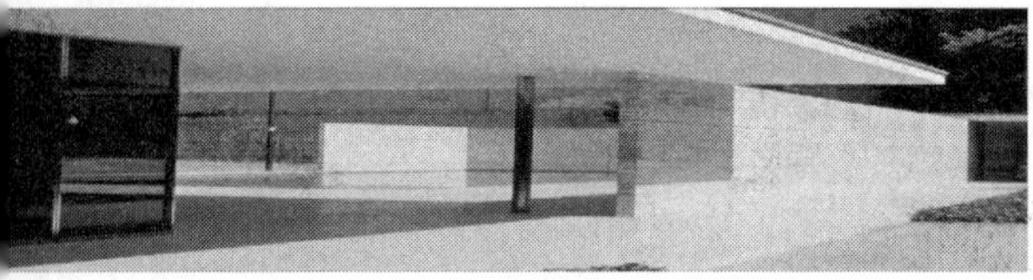

4장

합리주의 Rationalism 1919-1970

1차 세계대전 직후부터 바우하우스를 중심으로 하는 양식(기능주의, 국제주의 양식)
미스 반 데르 로에, 르 꼴뷔제 그리고 그로피우스가 중심인물이다
바우하우스(Bauhaus), 순수파(퓨리즘; Purism), 신즉물주의(New Objectivity, Neue Sachlichkeit)
근대건축 국제회의(CIAM, Congrès International d'Architecture Moderne 1928)

02

Lyonel Feininger's painting 'Gaberndorf II', 1924

On White II (Kandinsky 1923)

1차 세계대전 직후부터 바우하우스를 중심으로 하는 양식(기능주의, 국제주의 양식) 미스 반 데르 로에, 르 꼴뷔제 그리고 그로피우스가 중심인물이다

제1차 세계 대전(1914-1918) 후의 수년간, 유럽과 미국에서는 호경기가 계속되었다. 독일에서는 와이마르 공화국 탄생 직후 일반적인 경제상황은 우선 안정되어 보였지만, 그 호황도 길게 가지는 못했다. 1929년에 흑의 목요일, 즉 뉴욕 주식 시장에서의 상장 폭락의 날로부터 세계공황이 시작되었다.
그 사이에 사회주의 운동이 러시아의 10월 혁명에 의해 강화되었으며, 거의 모든 나라에서 사회를 움직인 새로운 힘이 되었다.

쟁점 중 하나가 된 것이 변하지 않은 미해결의 주택문제이었다. 주택부족은 19세기의 인구 증가와 산업 혁명에 따른 농촌으로부터 도시에로의 유입 이래 해마다 큰 과제가 되었지만, 그 해결은 종래의 도시 정책에서는 전혀 내다볼 수 없었던 것이었다.

미국에서도 문제는 유럽의 경우와 특히 다르지 않았다. 경기의 상승을 수반하지 않은 도처에 새로운 건축과제가 제시되고, 결과적으로 건축은 당시 까지 전혀 존재하지 않았던 거대질서의 건설 이라는 과제에 직면하게 되었다.

04

architype b

Herbert Bayer's 1925 experimental universal typeface combined upper and lowercase characte
into a single character set.

a b c

x y z

unive

Josef Albers, Homage to the Square, 1965

abcdefghijklmn

opqrstuvwxyz

0123456789

이와 같은 움직임은 문화의 영역에 있어서도 성과를 나타내기 시작했다. 특히 주목 할 만 한 것은 1919년 **월터 그로피우스**(Walter Gropius)에 의한 **바우하우스**(Bauhaus)의 창설이다.
더욱이 이 위에 오는 것이 모든 조형예술의 총합화이다. 그러나 아트 앤드 크라프트 운동의 경우처럼, 그리고 어느 정도는 **앙리 반 드 벨드**(Henry van de velde)가 삭센의 공예 학교에서 구체화한 수공예의 로맨틱한 찬미와 육성이 목적이 아니며, 공업과의 협력 이 최대의 과제이었다.

그렇지만 바우하우스는 이상에서 기술한 것을 초월한 존재이다. 그것은 전위예술의 모든 조류에 대한 필터로서 그리고 그러한 것을 변증법적으로 통합하는 것으로서 기능했다. **큐비즘, 미래파, 구성주의, 신조형주의, 그리고 표현주의** 등의 다양한 영향이 그로피우스의 학교에서 흘러나왔다. 바우하우스는 디자인 일반을 다룬 것이 아니라, 오로지 건축의 발전에 지대한 공헌을 했다.
이때 바우하우스를 구성한 「마이스터」로서는, 월터 그로피우스(Walter Gropius 1883-1969), 리오넬 파이닝(Lyonel Feininger 1871-1956), 요하네스 이텐(Johannes Itten 1888-1967), 폴 클레(Paul Klee 1879-1940), 게르하르트 마르크스(Gerhard Marcks 1889-1981), 게오르그 무히에(Georg Muche), 오스카 슈렘마(Oskar Schlemmer 1888-1943), 로터 슈라야(Lother Schreyer)의 이름을 들지 않을 수 없다.

후에 교사로서 혹은 통신사가 된 사람으로, 웃시리 칸딘스키(Wassily kandinsky 1866-1944), 카지미르 말레비치(Kasimir Malevich 1878-1935), 데오 반 도스브르그(Theo van Doesburg 1883-1931), 엘 리시츠키(El Lissitzky 1890-1941), 라스로 모호리=나기(Laszlo Moholy-Nagy 1895-1946), 피에트 몬드리안(Piet Mondrian 1872-1944), 아돌프 마이어(Adolf Meyer 1881-1929), 한네스 마이어(Hannes Meyer 1889-1954), 루드비히 미스 반 데르 로에(Ludwig, Mies van der Rohe 1886-1969), 루드비히 힐베르자임머(Ludwig Hilberseimer 1885-1967)가 있다. 바우하우스의 포괄적인 멤버 구성이다.

06

Amedee Ozenfant guitar bottles

Le Corbusier. Trois bouteilles. 1926

프랑스에서 1919년에 「**큐비즘 이후**」라는 선언이 나왔다. 서명자는 화가 **아메디 오장팡**(Amedee Ozenfant 1886-1966)과 화가·조각가·건축가인 **샤를르 에드와르 쟌누레**(Charles-Edouard Jeanneret)이다. 그는 후에 르 꼴뷔제(Le Corbusier 1887-1965)라는 이름으로 알려졌던 인물이다.

큐비즘에서 파생하여, **순수파(퓨리즘; Purism)**로 진행한 이 운동은, 하나의 객관적이고 근대 문명의 모든 국면을 포함하는 표현을 추구했다. 개인의 소멸, 기하학의 절대적 우위, 그리고 철저한 정적표현의 추구는 그들의 작품으로부터 시적 서정성을 빼앗고, 특히 구도를 중시하는 단순한 요소의 기계적 조합과 그 작품을 변화시켰다.

바우하우스와 똑같이 표준화와 공장생산과의 제휴를 희구하는 순수한 미학은, 기관지 「**레스프리 누보** L'Esprit Nouveau」 중에서 선전되었다. 그리고 르 꼬르뷔제라는 개인의 존재를 통해서 건축 및 도시계획에도 이 정신은 구체화되었다.

08

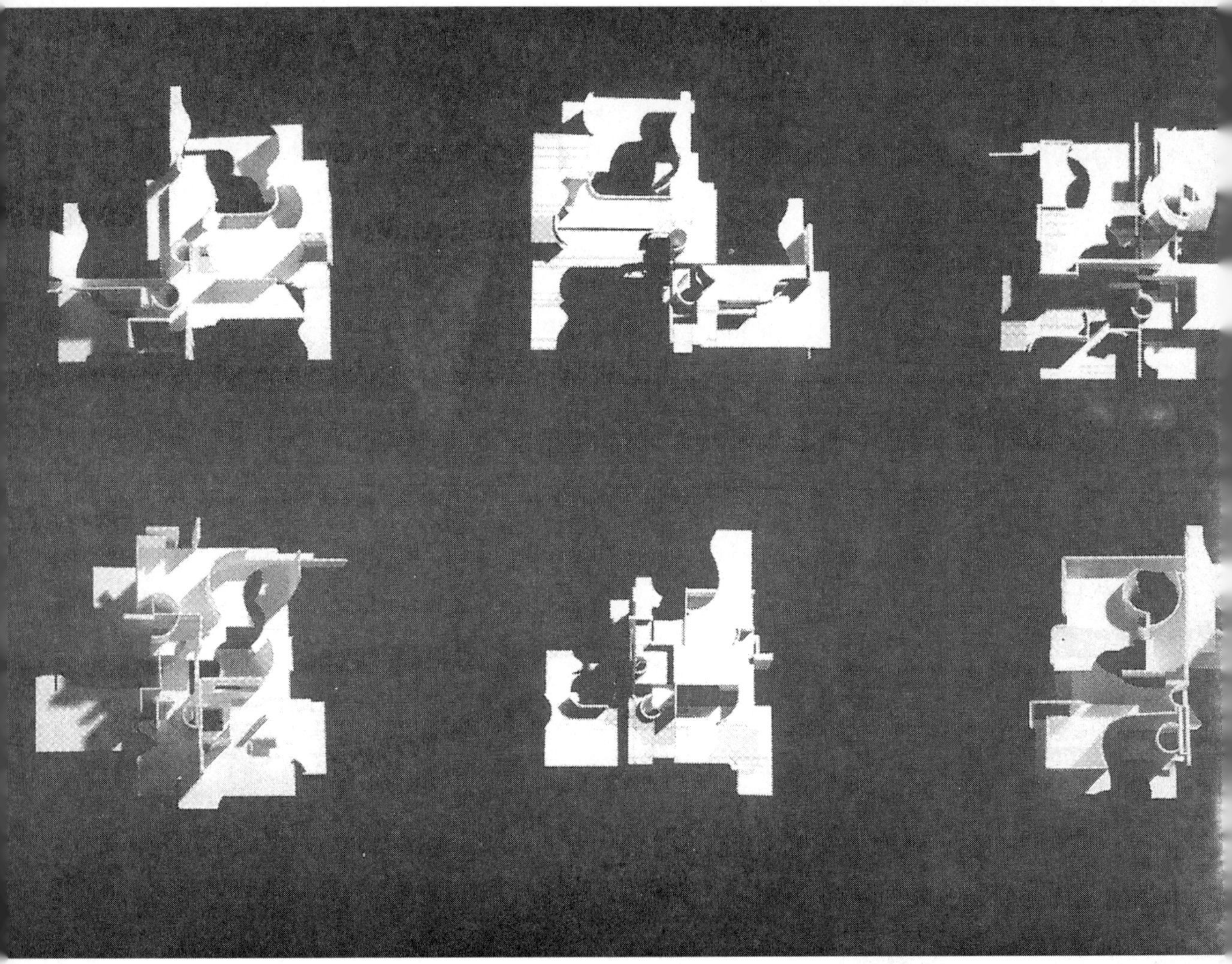

1920년경부터 유럽의 회화에서는, 인상주의(Impressionism) 특히 표현주의(Expressionism)에 대항하는 **신즉물주의(New Objectivity, Neue Sachlichkeit)**의 조류가 현저하게 나타났다.

이 조류를 특징짓고 사회 비판을 근저로 유지하는 리얼리즘은, 예리한 관찰을 무기로 요소의 조립에 의한 사회 공간의 표현과 특히 개개의 대상물을 하나의 명쾌하고 형식적인 구도 속에서 강인하게 위치화하는 방향으로 진행되었다. 신즉물주의는 형태와 사상의 연관을 근거로 합리주의 건축에서도 나타난다.

건축사에서 나타나는 합리주의는 독일의 경우 20년대, 30년대의 진보주의적 건축 을 의미한다. 이 개념은 아직 완전히 정착되지 않았다는 뜻이며 현재에도 합리주의가 아니라 기능주의의 개념을 이용하는 사람도 적지 않다.

건축에 있어서의 합리주의는 현실의 제 문제를 이성에 의해 해결하는 것이 가능하다는 이성에의 일반적인 신뢰로부터 나온다. 따라서 합리주의는 표현주의의 반대에 서게 된다. 미스 반 데르 로에(Mies van der Rohe)의 회의적인 인도주의적 사회주의로부터 한네스 마이어(Hannes Meyer)의 과격한 공산주의까지의 다종다양한 새로운 조류의 사상적 구축이 진행되는 것은 우연이 아니다.

보다 좋은 사회에의 기대가 그 원동력이며 그 구동력에 의해 보다 좋은 건축을 구하는 노력이 행해지게 된다. 그 경우 결코 개인적이 아니며 집단적이며, 單體(단체)의 건축에서가 아니라 다양한 전개의 가능성을 내포하는 건축적·도시계획적인 것이며, 국가단위로 제한된 것이 아니라 국제적 성격을 띤 경향이 지향되는 것이다. **인터내셔널 스타일(국제주의 양식)**이라는 명칭은 이 마지막 특성과 관계하고 있다.

'Stormtroops Advancing Under Gas', etching and aquatint by Otto Dix, 1924

Georg Schrimpf Briefmarke

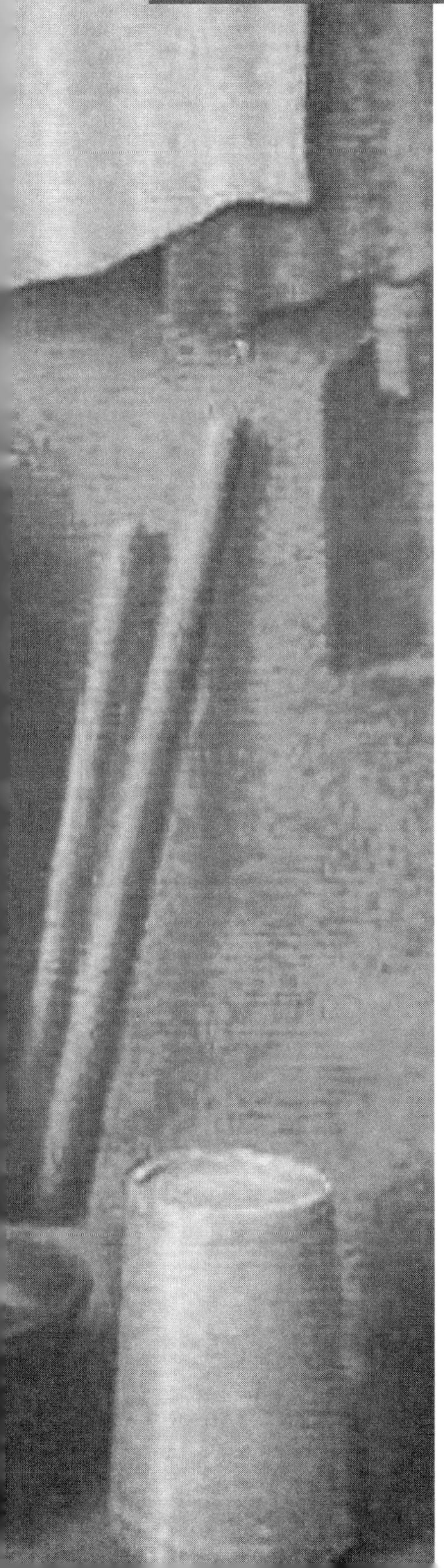

건축에 있어서의 합리주의는, 이 이론적 전제로부터 출발해서 실제로 다양한 전개를 보이지만, 그것을 다음의 7가지 특징으로 완성할 수가 있다.

1. 도시계획, 건축 그리고 공장생산을 사회적 진보와 민주적 교육의 수단으로서 구상하는것. 설계는 이미 형태 추구의 개인적 즐거움으로서가 아니라, 보다 좋은 사회를 건설하기 위한 윤리적 행위로 간주된다.

2. 국토이용에 대해서 뿐만 아니라, 건물 그 자체에 대한 경제성의 요구. 모든 사람을 위해 건설하는 주택은, 경제력이 저하된 전후 시대에 있어서는 최소한주거의 건설과 같다. 즉, 합리적인 토지이용, 저렴한 공법, 최소한의 평면구성, 그리고 억제된 형태언어가 지배적이 된다.

3. 도시계획으로부터 공업 디자인에 이르기까지 환경형성의 모든 위상에 있어서의 공업기술, 표준화 그리고 프리패브리케이션의 체계적인 직시. 그 경우에 건축 산업이 그다지 격렬한 변화에의 대응을 보이지 않고, 오히려 관습에 따라서 생산을 계속했던 것은 약간 역설적이다. 그렇지만 개개의 작품도 대량생산이 가능하도록 설계되며, 프리패브리케이션(혹은 그 사상)이 합리주의의 형태언어에 영향을 부여하고 있다.

4. 건축에 대한 도시계획의 우위. 주택부족의 위기적 상황에 앞서 개별적인 것보다도 포괄적인 대책이 중요하게 된다. 때문에 집합주택의 건설이 활발하게 된다.

5. 개인의 작업에 대한 집단적 작업의 우위. 주어진 과제의 규모와 복합성 때문에 독자적 감흥으로 작업을 하는 개개의 예술가는 과학적인 더욱이 학제적인 색이 강한 팀을 조직하지 않으면 안 되었다. 적어도 이론적으로는 그렇다. 실무에 있어서는 오히려 3人의 「거장」 - 월터 그로피우스(Walter Gropius), 루드비히 미스 반 데르 로에(Ludwig, Mies van der Rohe), 그리고 르 꼴뷔제(Le Corbusier)이 건축에 있어서의 합리주의의 구체상을 결정하고 있다. 그럼에도 도시계획의 영역이 되면 집단작업이 행해진다.

12

6. 건축형태의 합리성. 건축형태는 주로 객관적으로 촉진된 기능적, 구조적 요청으로부터 방법론적으로 발전시켜서 도출될 수 있다고 생각했다. 그 때문에 형태는 적어도 부분적으로는 창조자 개인을 분리시켜 집단적으로 통제 가능한 논리적 존재로서 나타난다. 미학적 의문은 적어도 이론적으로는 존재할 수 있다. 예를 들면 형태가 충분히 요구되어진 것은 오히려 윤리적으로 당연한 것으로서 그 이상의 분석은 행하지 않았다.
7. 양식 개념의 거절. 형태생성의 조건은 건축과제에 따라 다르며, 그 결과도 경우에 따라서는 달리 얻을 수 있는 것이다. 거기서 공유 가능한 태도는 존재하면서도 공유의 형태언어는 존재하지 않는다. 합리주의는 실제 윤곽이 명확하고, 양식적으로도 통일된 운동으로서 나타나는 것이다.

이미 1927년의 바이센호프 주택전(Weissenhof Estate-Housing Exhibition coordinated by Mies and with a contribution by him, Stuttgart 1927)이, 새로운 조형의사에서 국제적 일치가 존재하는 것을 보이고 있다.
1년 후 헬렌 드 만도로(Helene de Mandrot)는 건축사가 지그프리드 기디온(Sigfride Giedion)및 르 꼴뷔제(Le Corbusier)와 상담하면서, 스위스의 라 사라에 있는 그녀 소유의 성에서 전위예술가의 화합을 가지자고 제안했다. 이렇게 해서, **제1회 근대 건축 국제 회의(CIAM, Congrès International d'Architecture Moderne 1928)**의 개최가 결정되었다.
1929년 제2회 CIAM은 프랑크푸르트에서 공공주택 건축의 영역에서는 당시 제 1인자이었던 에른스트 마이(Ernst May 1886-1970)의 리더십 하에 모였으며, 그 성과는『최소한 주거』로 성립했다. 제3회 CIAM은 빅토르 브르조아(Victor Bourgeois 1887-1962)의 호소에 의해 1930년에 브뤼셀에서 개최되었으며, 이때 회의의 중심의제는 토지 이용의 문제이었다. 제4회 CIAM은 1933년 여름에, 아테네와 마르세이유 사이를 항해하는 패트리스호의 선상에서 행해졌다.

이 당시 유럽의 긴박한 정치·경제적 상황을 일시 망각한 로맨틱한 항해 중에서 이루어졌으며, 논의는 33의 도시 분석에 기본을 두고 『기능적 도시-검증과 지침』의 표제가 붙은 보고서로 성립된다. 10년 후에는 이때의 성과로부터, **『아테네 헌장 Athens Charter 1931』**이 탄생한다. 그것은 주로 르 꼴뷔제(Le Corbusier)에 의해서 편집된 진보주의적 도시계획을 위한 수단이었다.
독일에서는 1926년에 건축가 그룹 **<環 Der Ring>**이 결성된다. 이 그룹에는 피터 베렌스(Peter Behrense), 월터 그로피우스(Walter Gropius), 휴고 헤링크(Hugo Haring), 루드비히 힐베르자이머(Ludwig Hilberseime), 에른스트 마이(Erns May), 에리히 멘델존(Erich Mendelsohn), 루드비히 미스 반 데르 로에(Ludwig, Mies van der Rohe), 한스 페루찌히(Hans Poelzig), 한스 샤로운(Hans Scharoun), 그리고 하인리히 티세나우(Heinrich Tessenow)와 같은 건축가가 속해 있었다.

그들의 목적은, 「과거의 궁핍한 형태를 버리고, 우리 시대에 대한 건축적 문제를 오늘날의 공학 기술이 제공하는 수단을 이용해서 조형화하고 그리고 새로운 경제·사회 시대에 걸 맞는 새로운 건축문화의 기반을 확대하는 국제적 운동으로 확대하자」는 것이었다.

그 사이에 합리주의적 건축언어가 정착했다. 이 언어는 초기 합리주의의 그것과 대략 일치하는 것이었다. 즉, 벽(개구부가 적은 과묵한 벽면의 강조), 글라스(글라스면의 효과적 이용), 직각 그리고 백색이다. 더욱이 무장식과 외부로부터 들여다볼 수 있는 구조·기능의 표현을 첨가해도 좋을 것이다. 그렇지만 초기 합리주의에 있어서는, 좌우 대칭성 혹은 특정한 의미를 띤 형태를 이용하는 파사드형성이 누차 행해지고 있었다.

그것이 오늘날 건물의 내외 모든 부분을 동등하게 취급하는 것에 의한 파사드의 방치가 원칙이 된다. 더욱이 고전적 규범으로부터 탈피한 **<데 스틸>**의 비대칭적 조형 중에서 역시 존재했던 새로운 조화(균제)의 추구가 「내부로부터 외부로 향하는」 가능한 한 논리적인 설계의 요청으로부터 점점 힘을 잃고 있다.

16

초기 합리주의는 역시 미학적이었지만, 오늘날 합리주의는 형태의 독자적인 가치를 전혀 수용하지 않고 있다.
그러나 다음의 지적이 가능하다. 계승된 구성원리란 의식적으로 일선을 긋는 것으로부터 다양한 변형의 존재에도 불구하고 공유된 하나의 명백한 형태어휘가 존재한다. 그 경우 합리주의의 3인의 「거장」의 개성에 따라, 오히려 차이가 눈에 띄는 면도 있지만 어떤 레벨을 설정하면 확실히 전체에 공유된 형태언어의 존재를 지적할 수가 있다.
월터 그로피우스(Walter Gropius)의 경우는, 지지 구조의 외부에 붙인 가벼운 글라스의 마감(커튼 월)으로 외벽을 해체하는 것이 그의 주요한 조형원리가 되었다. 이 커튼 월의 도입에 의해, 그의 건물은 금속선 세공과 같은 비물질적 양상을 갖게 되었다. 그리고 벽에 의한 내외의 분리가 훨씬 약하게 된다. 「형태」를 취하지 않는다는 지적노력이 그의 경우 가장 현저하게 나타난다.
내부 공간과 외부 공간의 상호 관입은 **미스 반 데르 로에**(Mies van der Rohe)가 그의 유동적 공간의 개념을 거의 완성된 형태에까지 추진했다. 글라스 벽면의 대담한 이용 뿐 만 아니라, 특히 분리·결합의 작용을 하는 다양한 벽체를 기하학적 도식 위에서 자유롭게 배치함에 따라, 공적공간과 사적공간을 교묘하게 결부해서 유동적 공간을 만들어낸다.
고유한 건축 언어의 보다 본질적인 것은 **르 꼴뷔제**(Le Corbusier)의 「**근대 건축의 5대 원칙**」에서 나타난다.
1. **피로티**(Pilotis) : 지지체 위에 떠 있는 건물. 결국 건물은 오히려 지중으로 매립되고 있다. 어둡고 따뜻한 지하실의 존재. 그런데 철근 콘크리트가 우리에게 필로티를 초래했다. 건물은 지면으로부터 떨어져서 공중으로 부상한다. 정원이 건물 밑에 그리고 더욱이 깊게 펼쳐져 있다.

18

2. **옥상 정원**(Roof Garden): 철근 콘크리트는 균일하고 평탄한 지붕을 만들 수 있게 하는 건축의 새로운 수단이다. 철근 콘크리트는 연장해서 확장한다. 시멘트 판을 폭넓은 대지에 깔고, 대지에는 잔디를 심거나 모래를 깐다. 모래와 잔디는 보수 능력이 있으며 콘크리트의 급격한 건조를 방지한다.
3. **자유로운 평면 구성**(Free plan): 종래에는 구조벽이 절대적 존재이었다. 지하실에서 지붕 꼭대기까지 각 층의 바닥·천장을 지지하는 벽이 세워진다. 평면구성은 말하자면 이 벽이라는 존재의 노비 이었다. 철근 콘크리트가 건축에 자유로운 평면구성을 가능하게 한다.
4. **연속창**(Long horizontal sliding window): 창은 건물의 가장 중요한 특징 중 하나이다.
진보는 자유도 초래한다. 철근 콘크리트는 창의 역사에 혁명을 일으켰다. 창이 파사드의 끝으로부터 반대 측 끝까지 연속적으로 전개되고 있다. 창은 건물의 기계적인 유형요소이다. 특수한 공공건축, 독립주택, 노동자 주택, 임대용 건물 등 어디에도 가능하다.
5. **자유로운 파사드**(Free facade): 기둥은 파사드 뒤로 후퇴해서 건물 속에 서 있다. 바닥·천장은 그대로 전면에 돌출한다. 파사드는 확실히 벽체 혹은 창으로부터 이루어지는 가벼운 피막에 지나지 않는다. 파사드는 이제 자유이다.

르 꼴뷔제(Le Corbusier)는, 항상 자기의 상상력과 미적 감각을 표현하기 위해 노력했다. 그의 건물은 모두 엄격한 프로포션을 갖고 있다. 그는 1951년에 모듈을 개발했다. 이것은 황금 분할 상에서 구축된 프로포션 시스템이며, 그 근본에는 인체가 1.75m와 1.83m의 신장을 갖는 인체로부터 세밀한 치수로 분할된다. 이 시스템을 그는 **유니테 다비타숑**(Unite d'Habitation)에 응용했다.

Fagus Factory, Alfeld an der Leine,
Germany 1910-1911

20 Fagus Factory, Alfeld an der Leine, Germany 1910–1911

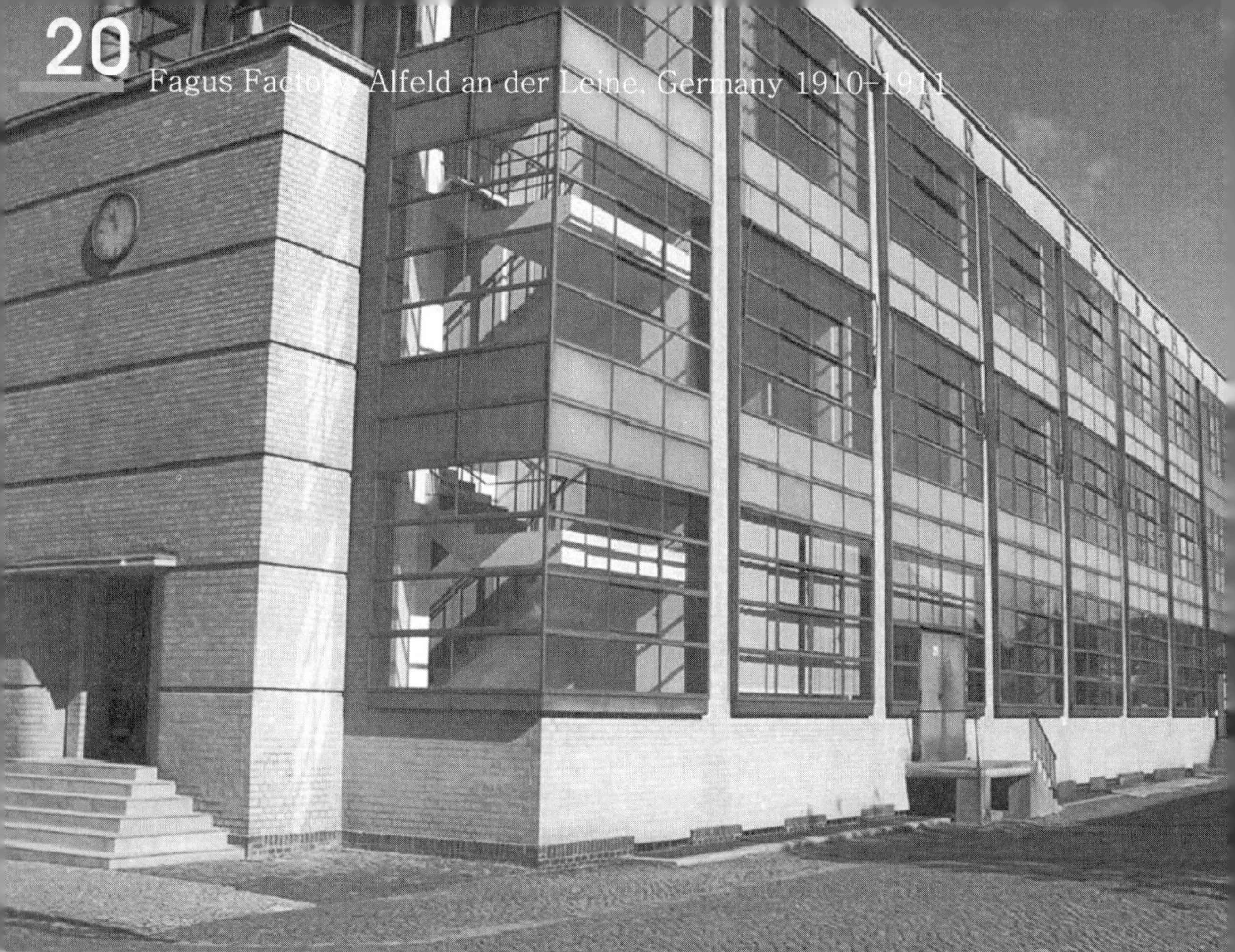

월터 그로피우스(Walter Gropius 1883-1969)는 아버지도 또한 건축가이었다. 학업을 마친 그는 **피터 베렌스**(Peter Behrense)의 사무소에 들어가서 1907년부터 1910년까지 근무했다. 때문에 베를린의 AEG 터빈 공장(AEG Turbine Factory, 1910)의 건설을 대단히 가까운 곳에서 볼 수 있었다. 그 후 그는 파그스 제화 공장(Fagus Factory, Alfeld an der Leine, Germany 1910-1911)의 소유자와 알게 되며, 이 소유자는 이미 제출된 제화 공장의 계획안에 불만을 품고 다른 설계자를 찾게 되었다. 그로피우스는 조속히 계획안을 제출해서 건축주의 승인을 얻었고 **아돌프 마이어**(Adolf Meyer)와 공동으로 계획을 더욱 구체화 시켰다. 이렇게 해서 알페르트 안 디아라이네에게, 건축에 있어서 합리주의의 개척자로서의 위치를 점하는 작품이 성립하게 된다.
터빈 공장에 강철제의 3핀 아치라는 새로운 구조시스템을 채용한 베렌스와는 대조적으로, 그로피우스는 조적조의 단순한 구조의 건물을 건설했다. 단지, 바닥·천장에는 강철보가 들어가 있다. 벽체에 가능한 큰 개구를 만든 것은 원활한 작업공간을 위해서이며, 그는 기둥을 내측으로 배치하고 외벽을 완전히 글라스로 씌웠다. 지지재와 비지지재의 분리를 시각적으로 표현하였고, 특히 벽체를 구조 지지기능을 갖지 않고 다만 마감만의 기능을 갖는 얇은 피막으로 취급했기 때문에 모서리의 주벽도 없앴다. 이렇게 해서 그는 공장건축을 베렌스와는 전혀 다른 형식으로 해석했다. 그의 공장건축은 모뉴멘탈하고 정감적인 것이 아니라, 즉물적으로 그리고 소극적으로 표현했다.

그는 이 건축언어를 1914년의 **켈른 공작 연맹전**(Office and Factory Buildings at the Werkbund Exhibition, 1914, Cologne, Germany1914)에서 그의 관리동 모델 공장으로 발전시켰다. 그는 건물을 거대한 하나의 매스로 하지 않고, 기능별 단위-관리 사무, 기계 홀, 개리지-로 나누고 서로 분리해서 그 단위 각기에 독자적 형태를 부여했다. 2층 구성의 관리 사무동은 좌우 대칭형이 되었다. 연와조의 중후한 이집트 양식풍의 파사드는, 전면 글라스로 끼워진 투명한 상자형의 계단실로 돌출되어 있다.

22

Village College, Impington, Cambridge, England, Walter Gropius 1936

The Gropius House, Lincoln, Massachusetts, USA, Walter Gropius 1937

터빈 공장에 강철제의 3핀 아치라는 새로운 구조시스템을 채용한 베렌스와는 대조적으로, 그로피우스는 조적조의 단순한 구조의 건물을 건설했다.

단지, 바닥·천장에는 강철보가 들어가 있다. 벽체에 가능한 큰 개구를 만든 것은 원활한 작업공간을 위해서이며, 그는 기둥을 내측으로 배치하고 외벽을 완전히 글라스로 씌웠다. 지지재와 비지지재의 분리를 시각적으로 표현하였고, 특히 벽체를 구조 지지기능을 갖지 않고 다만 마감만의 기능을 갖는 얇은 피막으로 취급했기 때문에 모서리의 주벽도 없앴다. 이렇게 해서 그는 공장건축을 베렌스와는 전혀 다른 형식으로 해석했다. 그의 공장건축은 모뉴멘탈하고 정감적인 것이 아니라, 즉물적으로 그리고 소극적으로 표현했다.

그는 이 건축언어를 1914년의 **켈른 공작 연맹전**(Office and Factory Buildings at the Werkbund Exhibition, 1914, Cologne, Germany1914)에서 그의 관리동 모델 공장으로 발전시켰다. 그는 건물을 거대한 하나의 매스로 하지 않고, 기능별 단위-관리 사무, 기계 홀, 개리지-로 나누고 서로 분리해서 그 단위 각기에 독자적 형태를 부여했다. 2층 구성의 관리 사무동은 좌우 대칭형이 되었다. 연와조의 중후한 이집트 양식풍의 파사드는, 전면 글라스로 끼워진 투명한 상자형의 계단실로 돌출 되어 있다.

이 구성법은 수 년 후에, **에리히 멘델존**(Erich Mendel-sohn)**의 표현주의적 건축**에서 다시 채용되고 있으며, 이 파사드 구성법 특히 옥상 테라스의 코니스가 튀어나온 것은, **프랭크 로이드 라이트**(Frank Lloyd Wrig-ht)로부터 직접적인 영향을 받고 있다.
제1차 대전 후 그로피우스는 앙리 반드 벨드의 후계자로 바이마르에 갔다. 여기서 공예학교와 미술 학교를 통합하는 바우하우스를 재편했다. 이후 수년간, 그는 **<11월 그룹 Novembergruppe 1918> 및 <예술 노동 평의회** The Arbeitsrat für Kunst (German: 'Workers council for art' or 'Art Soviet' 1918)>에 가담했고, 건축에 있어서 표현주의적 색채가 강한 운동에 몸을 던졌다.

24

이때 건축 프로그램은 실로 포괄적이었다. 공작실, 강의실 그리고 전시실이 있는 바우하우스 본부, 직업학교 28명의 학생 수용 기숙사, 교원 및 학장을 위한 아틀리에가 있는 관사, 그 이외에 강당, 무대, 소점포, 사무 관리실이다. 그로피우스는 교원 관사를 바우하우스 교내 중심부로부터 멀리, 주변의 숲속에 배치했다. 그것은 꾸밈없는 산뜻한 조형의 건물이었다. 바우하우스 본부가 4층 건물의 큰 볼륨과 공작 스페이스로의 채광을 위한 거대한 글라스에 의해서 시각적으로도 전체를 지배하는 요소가 되고 있다. 이 거대한 글라스는 파그스 제화 공장의 경우처럼 주벽은 볼 수 없으며, 모서리 부분도 또한 글라스면으로 둘러싸여, 비물질적인 광채 중에서 내외공간이 훌륭하게 하나로 융합되고 있다. 직업학교는 직각으로 꺾여 있으며, 외부통로 위에 걸쳐 있는 관리 사무부문이 들어간 2층 구성의 다리를 통해서 주동과 결합된다. 학생을 위한 아틀리에동은 작은 발코니만이 눈에 들어오는 6층 구성의 비교적 벽면이 많은 건물이지만, 수평성을 강조한 연락로에 의해 강당·무대·소점포와 결합하고 있다.

기능적으로나 조형적으로 철저하게 분절되어 있음에도 불구하고 이 복합체는 하나의 볼륨으로 보인다. 물론 형태언어가 단순하고 더욱이 그것이 분절을 초월해서 전체적으로 이용되고 있기 때문이다. 기념비성 혹은 과장표현은 여기서는 적극적으로 피하고 있다. 더욱이 중요한 것은 이 건축에는 파사드가 없다. 공간적 복합성은 얼핏 보아서는 전혀 이해할 수 없다. 오히려 전체의 파악을 위해 주위로부터 관할할 것을 요구하는 건물이다. 기능의 표현과 큐비즘적 미학이 훌륭하게 조화된 건축군이다.
1928년 그로피우스는 설계 활동에 전념하기 위해 바우하우스의 교장을 맡았다. 수년간 그의 관심은 도시계획의 방향으로 향했다.

26 Harvard Graduate Center, at Cambridge, Massachusetts, Walter Gropius 195

1937년 그로피우스는 하버드대학의 건축학과에 초빙되게 된다. 1938년 이후에는 하버드 대학의 건축학과 전체를 지도하게 된다. 미국으로 이주했던 그 해에, 그는 매사추세츠주의 링컨에 바우하우스의 교원 관사와 유사한 엄격하고 직선적인 양식으로 **자저**(The Gropius House, Lincoln, Massachusetts, USA 1937)를 건설했다. 이후로 많은 주택을 설계했으며, 설계는 그의 바우하우스 시대 제자이었던 **마르셀 브로이어**(Marcel Breuer 1902-1981)와의 공동 설계에 의해서 진행되었다.

이미 1909년, 즉 아직 베렌스의 사무소에 있었을 때, 그는 프리패브리케이션과 양산의 문제에 몰두하고 있었다. AEG에 관한 각서 중에서 그는 당시 그의 관심을 다음과 같이 표현하고 있다. 「대중의 개성적인 조형에 대한 욕구를 충분히 이해하고, 그 욕구를 양산의 원리로, 호환성이 있는 부재의 조합을 고안하는 것에 의해 만족되는 것」 그는 「다양성을 통한 통일」이라는 표현으로, 그 자신의 사상을 끊임없이 펼쳤다. **슈트트가르트의 바이센호프 지들른크**(Weissenhof Estate-Housing Exhibition coordinated by Mies and with a contribution by him, Stuttgart 1927)에서, 그는 경량의 철골 골조와 압축된 콜크재의 벽 패널을 조합시킨 프리패브 주택의 시스템 연구를 계속하였으며, 1923년에는 표준화된 부재를 이용한 실험에 착수했다. 그리고 1942년 이후 그는 건축 공업화의 개척자인 콘래드 왁스만과 공동 연구를 계속했다. 공동작업의 필요성을 인식한 그는 1945년에 젊은 건축가들과 함께 **<건축가 공동체**(TAC, The Architects' Collaborative)>를 결성했으며, 이 팀에서 멤버들 서로는 완전히 평등하게 취급되었다. TAC는 1949~1950년대 매사추세츠의 케임브리지에 **하바드 대학 대학원 센터**(Harvard Graduate Center, at Cambridge, Massachusetts, 1950)를 건설했다. 전체의 중심에 커뮤니티 센터가 있으며, 주위에 7동의 기숙사가 배치되어 구성되고 있으며 숲 속의 온유한 자연 속에, 단순하지만 다양성이 풍부한 건축형태가 만들어지게 되었다.

28

루드비히 미스 반 데르 로에(Ludwig Mies van der Rohe 1886-1969)는 합리주의의 제2의 위대한 주창자이다. 그는 정통한 건축교육을 받지 않았다. 그가 건축가가 될 수 있었던 것도, 그의 직인적인 건축에 대한 몰두와 그 집념을 재촉했던 것도, 작은 석재공장을 가진 직인 우두머리였던 부친 때문이었다. 목조를 배우고, 더욱이 1911년의 3년간 **피터 베렌스(Peter Behrense)**의 사무소에서 근무했다. 3세 연상의 그로피우스와 거의 동시기에 베렌스 사무소에 들어가게 된다. 베렌스의 그에 대한 영향은 결정적이었다. 우선 첫째로, 철골조에 대해서 지식을 갖고 있었던 것, 둘째로 건축가와 산업의 협력을 체험했던 것. 그리고 마지막으로, 수법의 엄격한 자기억제, 형태의 순수성, 프로포션(비례)의 우아함, 디테일의 완벽함, 그리고 표현의 중후함을 표현하는 칼 프리드리히 싱켈(Karl Friedrich Shinkel)의 고전주의에 대한 선호를 베렌스로부터 배웠다.

그로피우스와 똑같이 미스 반 데르 로에(Mies van der Rohe)는 1910년 베를린의 **프랭크 로이드 라이트(Frank Lloyd Wright)** 전시회에서 강한 영향을 받았다. 이 영향은 이후 미스의 작품 속에서 현저하게 나타난다. 예를 들면 베렌스 사무소에서 활동한 후에, 그는 많은 고전주의적 주택을 설계했으며 그 일례가 크렐라 저이다. 하그의 주택은 실제 건립되지는 않았지만, 건설 예정지에 1912년에 목조 골조로 캔버스를 이용한 실물대의 모형이 만들어졌다. 네덜란드에서는 **헨드릭 페트루스 베를라헤(Hendrik Petrus Berlage)**의 윤리적 건축관을 계승하게 되었다. 1918년 그는 전위 예술단체인 **<11월 그룹 Novembergruppe 1918>**에 가담했고, 이 그룹의 건축 부문을 5년간 지도했다. 이 사이에 그의 초기 철과 글라스의 초고층 건축계획 2개가 탄생했다. 평면이 삼각형이었던 프리즘 모양의 글라스 마천루(1919년)와 입면이 크게 굴곡을 이룬 글라스 마천루 (1920년-1921년)이다. 더욱이 여기서 그는 1922년의 철근 콘크리트조의 오피스 빌딩을 계획하였으며, 그 경우「피막과 골조」의 건축에 있어서 구조와 형태의 일치가 주요한 관심사이었다.

30

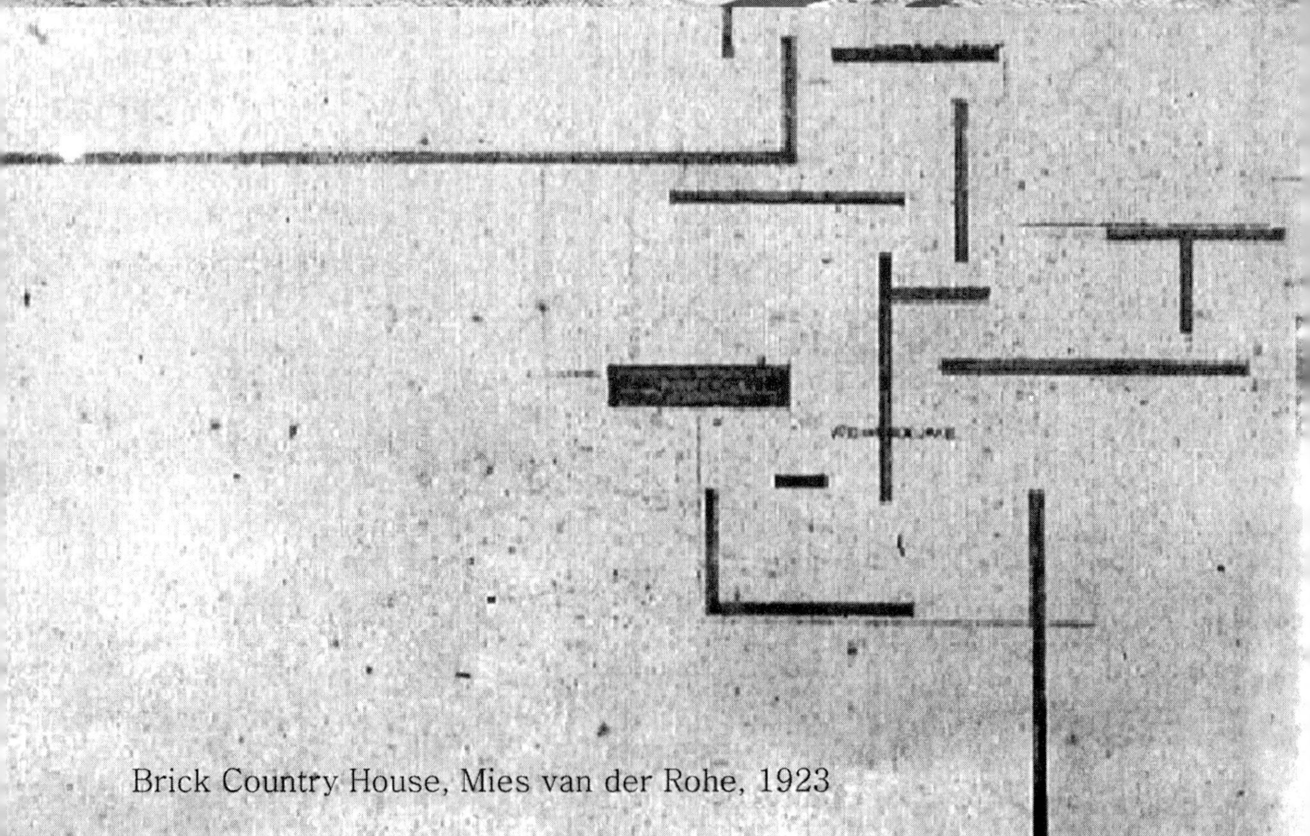

Brick Country House, Mies van der Rohe, 1923

기둥이 파사드면 보다도 내측에 배치된다. 양단은 단순보로 구성되며, 바닥판은 이 단순보의 선단에서 건물의 외피를 형성하기 위해 수직으로 서있다. 그 위에 연속창이 지나간다. 이와 같은 계획안 성립의 이유는 그의 철저한 건축적 사고와 조형 감각으로 나타난다.

1922년 **미스 반 데르 로에(Mies van der Rohe)**는, <데 스틸 De Stijl 1917>의 이론적 지도자 데오 반 도스브르그(Theo van Doesburg 1883-1931)와 조우하게 되며, 그의 영향 하에서 연와조의 전원주택(Brick Country House 평면, 1923)을 계획한다.

이 주택은 신조형주의적인 구성법과 프랭크 로이드 라이트(Frank Lloyd Wright)의 풍토에서 자란 것 같은 유기적인 건축을 조합해서, 독자적 건축에까지 이르게 되었다. 평면구성은 내부기능으로부터 도출되고 있다.

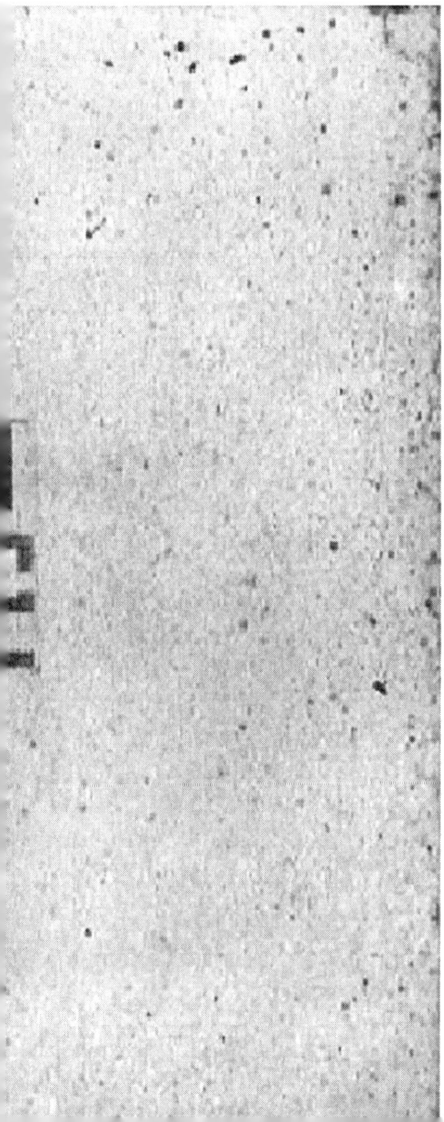

볼프 저(wolfhouse) 구벤, 미스 반 데르 로에 1926

각기의 공간은 독립된 직선 혹은 L자형의 벽체 조합에 의해 구성된다. 이러한 벽체는 조형요소로서 자립적인 동시에, 자연 속으로 펼쳐짐에 따라 건물과 주변 환경과를 융합시키는 매체로서의 역할도 하고 있다. 벽체의 독자성을 손상하지 않고 간편한 창을 뚫는 것이 아니라, 오히려 벽 전체를 없애서 거기를 글라스로 대치하는 방법이 채용되고 있다. 이 실험에서 확실한 설계수법은 1926년 구벤에 건설된 볼프 저에서 부분적으로 채용되었다.

34 칼 리프크네히트와 로자 룩셈부르크의 기념비, 베를린 1926

동년 베를린에 칼 리프크네히트와 로자 룩셈부르크의 기념비가 건설된다. 이 연와조의 기념비는 벽체요소가 입면에 요철로 나타나는 것에 의해 음영이 풍부한 자태를 나타내고 있다.

1927년에 **미스 반 데르 로에(Mies van der Rohe)**는, <독일공작연맹 Deutscher Werkbund 1907>의 의뢰에 의해, 슈트트가르트의 바이센호프 지들른크(Weissenhof Estate - Housing Exhibition coordinated by Mies and with a contribution by him, Stuttgart 1927)에서 주택전의 코디네이터 역을 맡았다.

이 주택전에는 당시의 인터내셔널한 전위 건축가들 예를 들면, 피터 베렌스(Peter Behrense), 월터 그로피우스(Walter Gropius), 야콥스 요하네스 피터 아우트(Jacobus Johannes Pieter Oud), 르 꼴뷔제(Le Corbusier), 부르노 타우트(Bruno Taut), 그리고 한스 샤로운(Hans Scharoun)등이 참가했고, 21개의 집합주택 및 단독주택을 건설했다. 그는 전체의 마스터플랜과 4층의 집합주택을 설계했다. 이 집합주택은 벽체의 자유로운 배치를 가능하게 하는 구조이었다.

German Pavilion, International Exposition, Barcelona,
1928 - 1929, Spain, Mies van der Rohe

바르셀로나 만국박람회의 **독일 파빌리온**(Barcelona Pavilion-World's Fair Pavilion, Barcelona 1929 **년)**에서 미스는, 그의 건축관을 순수한 형태로 구체화하고 있다. 이 건물의 요소로는 값비싸고 깨끗한 재료가 이용되고 있지만 그 형태는 완전히 단순하다. 이 파빌리온은 계단 부의 트래버틴(travertine) 위에 건설되어 있으며, 대지 내에 2개의 장방형 연못이 파여 있다. 직선의 벽체도 트래버틴이다. 지붕은 얇은 철근 콘크리트 슬래브이며, 큰 지붕 슬래브를 크롬으로 만든 8개의 십자형 단면의 강주가 지지하고 있으며, 작은 지붕 슬래브는 트래버틴의 벽체에 의해 지지되고 있다. 벽에는 호마노, 녹색 대리석, 그리고 여러 색깔의 글라스가 이용되며, 공간의 풍부함과 다양성이 만들어지고 있다. 색대리석의 벽에 둘러싸여서 연못 안에 서 있는 조각상은 **게오르그 콜베**(Georg Kolbe 1877-1947) 작품이다. 미스는 지지하는 요소와 지지되는 요소를 명쾌하게 분리하여, 그 구성 원리를 건축적으로 올바르게 표현하고, 명쾌한 연속공간을 만들어 내었다. 예를 들면, 본래의 전시공간은 크롬 광택의 단일기둥이 자유로운 분위기를 자아내며, 그 사이에 배치된 공간에 유동성을 부여한다. 이 구상은 「적어지면 적어진 만큼 풍부하다」라는 그의 사상을 구체화하는 것이다.

38

German Pavilion, International Exposition, Barcelona, 1928 - 1929, Spain, Mies van der Rohe

이 파빌리온은, 콜베의 조각과 후에 **바르셀로나체어**(Barcelona Chair)로 유명하게 된 의자를 포함해서, 건물 그 자체가 전시품이 되게 했으며, 단지 한철 여름 밖에는 존재하지 않았다. 1년 후 그는, 이 유동하는 공간의 구상을 주택에 적용할 기회를 얻게 되었다.

Tugendhat House-Residential Home, Brno, Mies van der Rohe 1930

현재 체코슬로바키아 령이 된 부르노**의 투겐트하트 저 (Tugendhat House-Residential Home, Brno 1930)** 이다. 투겐트하트 저는, 대지의 경사와 프로그램 상에서 결정된 모든 공간을 2개의 레벨로 분리시키는 것에 의해 성립한다. 도로에 면한 위층에는 현관과 침실이 배치되며 생활의 중심이 되는 것은 밑에 층이며 여기에 거실·서재·식당이 배치된다. 거실 공간·식사 공간의 외벽은 완전히 글라스면이 되며, 내부공간을 완전하게 외부의 자연으로 향하게 하기위해, 2개의 글라스벽이 끼워진다. 더욱이 테라스로부터 계단을 내려와 정원으로 나갈 수도 있다.

미스 반 데르 로에(Mies van der Rohe)의 주택관에 잠재되어 있는 모순은, 세련된 연못이라고도 볼 수 있는 조형에 분명하게 나타난다. 그의 완벽한 조형은 전체의 조화를 파괴하지 않고는 부분적 변경을 허락지 않는다. 때문에 그의 건물에 대한 이용자 입장에서 자기변혁에 의해 건물과 완전히 동조하는 것이 요구된다. 즉, 이용자 자신에게 완전성과 자기억제, 절도와 고상, 우아함과 취미의 풍부함이 요구되는 것이다. 이것은 사회적·경제적·문화적인 현실과는 무관계하다. 그렇지만 합리주의 건축가 중에서 미스처럼 자유로운 생활방식에 대한 추상적·유토피아적 그리고 고결한 희망을 그와 같이 철저하게 건축에 구현시킨 건축가는 존재하지 않았다.

42

Farnsworth House-Residential Home, Plano, Illinois, Mies van der Rohe 1945-50

1947년에 미스는 시카고에 **프로몬트리 아파트**(The Promontory Apartments-Residential Apartment Complex, Chicago)를 설계했다. 하중의 감소를 위해 위층으로 올라감에 따라서 작아지는 노출 콘크리트의 기둥은 실로 세련된 마무리가 되고있다. 1950~1951년에는 똑 같이 시카고에 26층 높이의 두 개의 직방체가 서로 교차하는 형태로 배치된다. 철골구조이지만 흑색의 구조 피복과 글라스면이 긴장감과 추상미를 나타내고 있다. 1952~1956년에는 일리노이 공과 대학의 건축 디자인과 건물인 **크라운 홀**(Crown Hall-College of Architecture, and other buildings, at the Illinois), 1945년~1950년에는 일리노이 주 플라메에 **판스워스저**(Farnsworth House-Residential Home, Plano, Illinois)가 건설된다. 3개의 수평면-테라스, 약간 높은 바닥면, 그리고 평지붕이, 8개의 I형강의 기둥으로 용접되어 잔디 위에 떠 있는 것처럼 보인다. 내부에서는 설비 코어를 중심으로 상이한 기능을 갖는 공간이 천장까지 도달되지 않은 벽에 의해 구분된다. 이 주택 전체의 인상은 순수한 글라스의 프리즘이며, 개개의 기능으로부터 자립하는 완결된 형태를 하고 있다.

미스가 마지막의 계획에서, 다른 장소에 다른 기능을 위해 설계한 구조 및 공간의 구성법을 거의 변경시키지 않고 이용한다는 사실은, 설계 당시 그의 생각을 시사하는 것으로 흥미 깊다. 아직 유럽에서 설계된 초기의 안에 있어서는, 개개의 건축과제가 차지하는 비중이 컸다. 구조적으로 제약된 형태 중에서, 독자적 공간을 표현하려는 노력이 행해지고 있다. 그런데 완전성의 추구는, 특히 도미 후 구조형태 그 자체의 조작을 촉진해서, 공간적 유희를 점점 후퇴시키고 있다. 내부공간은 완벽한 구조형태의 추구, 절대적인 原形態에의 지향으로 중요했다. 원형태에 대해서 그는 주로 형태의 세련에만 오로지 힘쓰고 있었다. 이 原形態에의 건축에 대한 환원은 기능적 요구의 경시 혹은 무시를 초래했다. 그리고 그의 건축은 침묵의 정도를 더욱 깊게 했다. 이 의식적 침묵 속에서 미스는, 그가 초기부터 추구해 온 고귀함과 거기서 작용하는 귀족적 미학으로 느끼게 하려는 완벽함을 달성했다.
이런 의미에서 그의 신비적인 연금술을 생각게 하는 「**적으면 적을수록 풍부하다** Less is More」는, 그의 이론적인 설명 그 자체가 본질에의 지향을 나타내고 있다고 할 수 있다. 그가 제시하는 해답은, 예술의 과제를 「동시대의 절망적인 혼란 속에서 질서를 잡는 것」으로 생각할 수 있으며, 그것은 자신의 건물을 자연 혹은 대도시의 혼돈된 상태에서, 이성의 오아시스로 만들려는 것이다. 그럼으로 해서 미스가 만들어내는 형태는, 무관심이라든가 또 역으로 일반인들에게 친근하기 쉬운 것과는 완전히 별개의 차원이었다. 그러나 이러한 질서를 만들어 낸다는 것은 현실적으로는 달성 불가능하며, 혹은 그리스 신화 속의 시지프스의 비극을 생각게 하는 것이다.

46 Crown Hall-College of Architecture, and other buildings, at the Illinois Institute of Technology

그로피우스의 요청을 받아서, **미스 반 데르 로에(Mies van der Rohe)**는 1930년에 바우하우스의 교장이 되었다. 나치스의 압력 하에 그는 학교를 베를린으로 이전시키고, 1933년에는 최후의 교장으로서 그 폐쇄를 결정했다.

1938년 그는 시카고의 암 공과 대학 교수가 되어(이 대학은 1940년 이후 일리노이 공과 대학으로 개칭) 미국으로 이주했다. 이후 그는 일리노이 공과대학캠퍼스 계획에 몰두했다. 부지전체를 기하학이 지배하는 관념적 공간으로 꾸몄다. 그리고 이 관념적공간의 구체화에 있어서 철저하게 그리드 플래닝(Grid Planning)을 추구했다. 그리드 위에 그는 다양한 연구소동을 단순한 직방체로 배치했다. 건물은 그리드위에 놓여 다분히 중성적 공간을 만들어 낸다. 프로포션, 재료의 취급, 그리고 디테일은 완벽하다. 벽면에 나타나는 강주는 구조체가 아니다. 물론 원래의 지지재로서의 강주는 내화성능을 높이기 위해 벽 내측에 피복된 형태로 나타나고 있다. 여기서 볼 수 있는 강주는 일종의 아프리케로서 배후에 감춰져 있는 구조체를 상징한다. 이 허구의 지주에 대해서 미스는 지면의 약간 위에 떠 있게 해서 구조기둥인 것을 완전히 부정하고, 순수하게 설명적 기능만을 강조했다. 즉 이것은 실제로 수직 하중을 지지하지는 않지만, 지지관계(힘의 흐름)에 대해서 이야기하고 있는 것이다.

48

Seagram Building-Office Tower, New York City Mies van der Rohe 1954-58

1954-1958년 **필립 존슨**(Philip Johnson 1906-2005)과의 공동 설계에 의해 뉴욕의 **시그램 빌딩**(Seagram Building-Office Tower, New York City)이 완성된다. 도로에서 후퇴하여 현관 앞에는 일반인에게 개방된 보행자의 휴식을 위해 광장이 설계되었다.

그러나 이 전정은 화강암의 석판이 깔려 있고, 좌우대칭으로 조형화되고 있다. 이 광장의 대칭축은 건물의 고전주의적 파사드를 표현하면서 위엄있게 서있다. 이 철골 골조의 건물은 브론즈의 피복과 훨씬 갈색을 띤 열선 흡수 글라스의 커튼 월로 싸여 있다. 기하학적인 엄격함과 브론즈라는 값비싼 재료의 사용에 의해 이 건물은 그 숭고한 표현을 한층 강화하고 있다. 39층의 고층건축 전체를 조각해 놓은 디테일, 완벽한 프로포션 그리고 순수한 형태가 그 건물을 지배하고 있다.

New National Gallery-Modern Art Museum, Berlin, Mies van der Rohe 1962-6

1962~1968년 미스는 베를린에 **뉴 내셔널 갤러리(New National Gallery-Modern Art Museum, Berlin)**를 건설한다. 구조방식은, 그 자신이 1957년에 설계한 산챠고(큐바)의 바카르디社 사무소 계획안(Bacardi Office Building, Santiago de Cuba, 1958)으로부터 계승된 것이다. 즉, 미스는 큰 지붕을 용접강재로 만들어서 그것을 각 변에 2개씩 배치한, 합계 8개의 십자형 단면의 강주로 핀 지지된 것이다. 그리고 공간을 덮어 싼 글라스면은, 중심선으로부터 후퇴하여 구조지주로부터 완전히 자유롭고 순수한 공간으로 나타난다.

52

Unité d'Habitation, Le Coubusier 1945

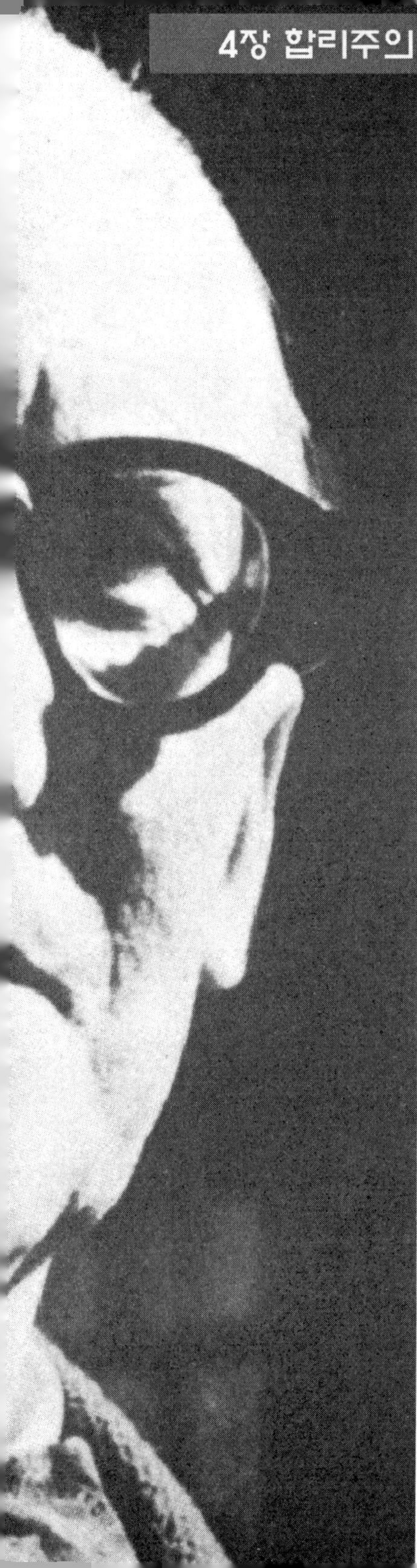

건축에서 합리주의의 제3의, 그리고 가장 격한 건축가는 **르 꼴뷔제**(Le Corbusier)이다. 그는 1887년 프랑스계 스위스의 라 쇼 드 폰에서 출생했다. 프랑스는 그의 제2 고향이었으며, 1930년에 프랑스 국적을 얻었다. 1907년 비인에서 **요젭 호프만**(Josef Hoffmann 1870-1956)과 만났고, 1908년에는 리용에서 **토니 가르니에**(Tony Garnier 1869-1948)와 만났다. 동시에 1908년에는 파리에서 **오귀스트 페레**(Auguste Perret 1874-1954) 밑에서 건축을 배웠으며, 2년 후에는 베를린의 **피터 베렌스**(Peter Behrens 1868-1940) 밑에서 건축을 배웠다. 1911~1912년 그는 독일 공작 연맹(Deutscher Werkbund 1907)의 그룹 중에서 건축의 공업화 문제에 몰두했다. 당시 그는 유럽을 여행하면서 순회하고 있었다. 1917년 파리에 정착했을 때에는 큐비즘과의 교류, 회화와의 집중적인 몰두가 그의 행동을 특징짓고 있었다. 그는 조각·회화에의 몰두 후에도, 건축 안에서 모든 예술의 통합이 그의 평생 목표이었다. 이렇게 해서 대학 교육을 마치지 않은 젊은 건축가가 독자적인 이론적 기반을 형성하였고, 그것을 1920~1922년에 **「에스프리 누보 L'Esprit Nouveau」**지에 게재해서 발표했다. 그가 제시한 새로운 미학의 안목은, 이하의 경우와 같다.

1. 철근 콘크리트라는 새로운 재료의 이용, 그리고 그 구조적·미학적 기능을 완전히 파악한 형태의 추구. 주로 여기서 「근대건축의 5원칙」이 도출된다.
2. 건설에서 공업화의 요청에 대한 배려. 사회, 경제적 이론에 바탕을 둔, 주택의 표준화 뿐 만 아니라, 공업화에서 현실사회의 형태적·사상적인 파악으로 발전하고 있다. 「모든 인간은 같은 구조를 가지고, 같은 기능을 가지며, 그리고 같은 필요조건을 갖고 있다.」
3. 고전적·그리스적 건축의 명쾌함에 영향을 미친 순수주의적인 형태 언어의 채용. 미는 장식에 있는 것이 아니라 조형 요소의 의식적 제약, 섬세한 비례관계, 혹은 엄격한 기하학적 질서 속에서 나타난다.

54

Pavillon de L'Esprit Nouveau, Paris, destroyed

르 꼴뷔제(Le Corbusier)가 1905년부터 1916년 사이에 주로 스위스에 건설한 초기의 주택들은 아직 역사주의적 경향이 강한 건물이었다. 예를 들면, 라 쇼 드 폰의 슈워프(Villa Schwob, La Chaux-de-Fonds 1916)에서도, 전술한 혁명적인 이론은 거의 찾아볼 수 없다. 그렇지만, 이미 1914~1915년에는 집합 주택 건설의 문제에 대한 결과로 그의 「**도미노 주택**」 제안이 나타난다. 그리고 1920~1922년 르 꼬르뷔제(Le Corbusier)는 「시트로안 주택」을 제안한다. 제1안에서는 앵글로색슨계 컨트리 하우스 특유의, 거실상부를 오픈시킨 즉 중정의 거실이 제안되고 있다. 외부계단과 그것이 옥상테라스로 연결되는 건축언어는, 지중해 건축에서 차용한 것이다. 주택의 모든 부분이 하나의 통일적인 공간의 흐름 속에서 실현되고 있다. 옥상테라스와 피로티에 의해 자유로운 움직임이 한층 확대된다.

후에 집합주택의 단위가 되는 주택형식으로 발전하는 독립주택의 이 프로토 타입의 형성에 르 꼴뷔제(Le Corbusier)는 계속 몰두한다. 전면이 개방적이고 그 반면, 측면은 2층 높이의 벽으로 패쇄된 頭冊形式의 독립주택 플랜이, 하나의 집합주택으로 모이는 예를 나타내는 것은 1922년의 「집합주택」 계획안일 것이다. 120세대의 모든 주호에서 **가든 테라스(Garden Terrace)**가 나타나고 있다. 이 집합 주택에서 한 주호의 프로토 타입은, 1925년에는 파리 국제 장식 예술 전람회의 **에스프리 누보관(Pavillon de L'Esprit Nouveau, Paris, destroyed)**의 일부로 건설되며, 1927년에는, 슈트트가르트의 **바이센호프 지들른크 주택(Villas at Weissenhof Estate, Stuttgart, Germany)**에서 건설된 주택에서, 1930년에는 알제 계획에서, 그리고 궁극적으로는 1945년 이후의 **유니테 다비타숑(Unite d'Habitation)** 건설에서도 나타나고 있다. 즉, 초기의 계획안이 이미 르 꼴뷔제(Le Corbusier)의 그 후 대규모화한 설계 작업의 기본 원리가 되고 있었던 것이다.

Villas at Weissenhof Estate, Stuttgart, Germany Le Corbusier

Villa Savoye, Poissy-sur-Seine, France, Le Corbusier 1927-31

이렇게 해서 르 꼴뷔제(Le Corbusier)의 「지속적 연구」의 기본 방침이, 「살기 위한 기계」라는 슬로건으로 탄생한다. 살기 위한 기계는, 단순히 생활의 물질적 기본조건의 충족만을 목적으로 하는 것은 아니다. 거기서는 커뮤니케이션, 거주지에서 느끼는 좋은 정취, 윤리성 그리고 심미성과 같은 평가 기준도 똑같이 중요하다.
신 양식으로 건설된 최초의 작품, 즉 1922년 보크레슨 부노 저에서 명확하게 질서화된 기하학적 형태, 그리고 르 꼴뷔제(Le Corbusier)의 주장이 제시하는 영역의 확장과 그의 탁월한 예술가로서의 역량이 보인다. 1922년 이후 그는, 사촌인 피에르 쟌루레(Pierre Jeanneret 1896-1967)와 설계 팀을 조직했다.
1927년 그는 가르쉐에 **슈타인 저(Villa Stein, Garches, France, 1927)**를 건설했다. 그 평면은 단순한 장방형이며, 파사드는 수평 연속창만을 구성요소로 한다. 동시에 슈트트가르트의 바이센호프 지르른크에서는 그의 주택이 두 동 건설되었다. 동시에 넓은 거실과 그 주위의 소공간군과의 콘트라스트가 특징이다.
동시에 1927년 르 꼴뷔제(Le Corbusier)는, 제네바에 건설된 국제 연맹 본부의 콤페안을 완성시켰다. 복합적인 건축 프로그램이 그의 특징이 되고 있는 완결성이 강한 형태가 아니라, 오히려 다양한 기능을 만족시키며 호반의 경관에 조화하도록 배치한 매스의 집합체로서 건축을 선택했다. 사무실과 각종 위원회용의 소회의실은, 절곡된 건물 속에 공원 녹지와 면하며, 2,600석의 사다리꼴 대회의장은 호반에 면해서 배치된다. 이 대회의장의 연단을 향해서 이어지는 큰 포물선을 묘사한 천장은 공간적 효과 뿐 만 아니라, 음향 혹은 구조적인 면에서도 획기적인 해법이었다.

1927~1931년엔 르 꼴뷔제(Le Corbusier)는, 파리 근교의 포와시에 **사보아(Villa Savoye, Poissy-sur-Seine, France)**를 건설했다. 여기서는 「근대건축의 5원칙」이 모두 구체화되었으며, 더욱이 서로 모순되지 않고 통일적으로 묘사되고 있다. 평면구성의 기본은 철근 콘크리트기둥의 그리드에 의해 배치된다. 그러나 1층 평면에서는, 이 그리드 속에서 자동차의 최소 회전반경에 따라 휘어진 벽면이 표현되어 있다. 밖에서 들어오는 자동차는, 그대로 이 피로티의 공간으로 들어가며, 휘어진 벽면에 따라 건물의 주위를 돌아 1층에 있는 주차장으로 들어갈 수가 있다. 이 주택의 입구는 반원의 정점에 있다. 1층에는 3대의 자동차가 들어갈 수 있는 차고 이외에 손님실 그리고 주인실의 2실이 있다. 계단과 두 개의 절곡된 큰 경사로가 이 주택 상하방향의 교통로이다. 2층의 거의 3분의 1은 테라스가 되며, 거주공간이 2층 평면의 두변을 점하고 있다. 생활의 중심은 이 부분이 된다. 계단과 마감되지 않은 경사로는 3층까지 이어진다. 이 3층 부분은 계단실과 일광욕실로 이루어지며, 입면에서는 2층의 테라스 위에 조소적으로 서 있다.
약간 떨어져서 보면, 이 주택은 피로티로 들어 올린 프리즘처럼 보인다. 즉, 그 대지에 순화되는 것이 아니라 명확하게 인공성을 유도한 것이었다. 순수한 입체 기하학으로 보이는 몇 개의 이탈된 점이 있다. 예를 들면 옆으로 긴 창이 벽면의 끝에서 끝까지 설치된다. 테라스와 경사로가 기하학적 형태의 완결성을 파괴하며, 건물내부를 지배하는 공간적인 법칙의 존재를 시사한다. 3층 부의 조소적 형태에 의해서 입면의 수평성이 파괴되지만 동시에 콘트라스트에 의해서 그 수평성이 한층 강화된다. 네 면의 파사드 구성이 서로 약간 변화하는 것에 의해서, 이 건물은 고정되지 않은 어떤 자유로운 분위기를 주위에 전한다. 그러나 이것은 예를 들면 그로피우스의 경우와 같이, 엄밀한 기능주의적 검토의 결과는 아니다. 이 예에 따라, 르 꼴뷔제(Le Corbusier)의 파사드는 반드시 내부구성을 반영하지 않는 것이다. 르 꼴뷔제(Le Corbusier)에게는 **합리적 사고의 철저성과 그 조형적 표현보다는 순수한 형태 그 자체가 중요한 점이었다.**

1947-1952 Unité d'Habitation, Marseille, France Le Corbusier

건축은 빛 밑에서 입체의 기묘하고 정확한, 그리고 감동적인 연출이다.」 그의 논리는 단순히 기능을 중시하는 것으로부터 오는 것이 아니라 오히려 시적 상상력을 원천으로 하고 있다.

1929-1933년에 그는, 파리에 **구세군 본부(Armee du Salut, Cite de Refuge, Paris)**를 건설했다. 전면에는 별개의 파사드가 부가되며, 인공적인 공조 설비를 나타내는 거대한 글라스 건축이다. 지붕은 평활한 파사드와 대조적으로, 요철의 격한, 그러나 억제된 조형에 의해 활기를 띠게 된다. 또 1층 부분에서는, 자유롭게 배치된 다양한 입체가, 지상의 일반 통행인의 스케일에서 그 위에 있는 거대한 「거주·노동용 기계」(건물 본체)의 스케일에 변화를 원활하게 하는 역할을 부과하고 있다.

1945~1953년 **르 꼴뷔제(Le Corbusier)**는 마르세유에 유니테 다비타숑(1947-1952 Unité d'Habitation, Marseille, France)을 건설했다. 최초의 「수직 전원도시」의 실현이다. 이 건물에서 그는, 자신의 창작 행위에 대한 2개의 원칙을 하나의 건물에 통합하여 그 해답을 제안했다. 그 하나는, 「최소한 주거」의 추구이며, 그것은 「시트로안 주택」과 「집합주택」의 계획안에서 구체화되고 있다. 또 하나는 거의 동시에, 그의 도시 계획으로의 몰두 속에서 나타나고 있다. 유니테 다비타숑은 단순히 주거 단위의 집합체라기보다는, 필요한 인프라스트럭처(Infra Structure)를 모두 갖추고 있는 도시로서 그 의미를 갖는다.

직방체의 건물 본체가 중량감과 조소적으로 조형화된 17개의 기둥에 의해 지면보다 올라가 있다. 공중에서 여러 설비용 서비스 스페이스를 제공하는 피로티 위에 직접 「인공토지」로서의 슬래브가 놓이며, 설비기기가 이 속에 들어간다. 그리고 그 위에 23개 타입으로 이루어지는 메조네트 형식의 주호 337호가 8층으로 구성된다. 수직방향의 연락은 계단·엘리베이터에 의해 이루어지며, 수평 방향은 2,5,7,8,10,13 그리고 16층에 있는 「내부통로」에 의해 연결된다.

7층, 8층에는, 점포와 호텔 등의 공용시설이 들어가 있으며 이 공용시설에는 북측 입면에 조소적으로 취해진 외부계단을 이용해서 직접 이루어질 수가 있다. 옥상테라스에는 스넥바, 일광욕실, 체육관, 극장, 탁아소, 수영장, 놀이터 등이 있다. 옥상의 조형은 사보아의 경우보다도 훨씬 자유분방하며, 각 시설이 확실히 콘크리트 조각 그 자체로 보일 정도이다.
주호 타입 중에 가장 빈번하게 이용되고 있는 것은, 제2의 「**시트로안 주택**」을 발전시킨 동서방향의 오리엔테이션을 갖는 메조네트 형식의 주호이다. 각 주호의 어느 쪽이나 한쪽의 층이 반드시 내부통로에 면한다. 그런 경우 또 하나의 층의 깊이가 건물의 폭과 같게 되며, 그 결과 각 주호 가운데에 여유를 두어 자연 환기가 가능하게 한다.
주호는 안길이가 깊은 베란다를 갖지만, 1층 부 혹은 2층 부의 높이를 갖는 그 베란다의 형태에 의해, 외부로부터도 내부의 구성을 인식할 수가 있다. 2개의 안길이가 다르기 때문에, 각 주호는 상대하는 주호와 서로 보완해서 존재하며, 3층에서 하나의 단위를 형성하고, 그 중심에 내부통로가 관통한다. 개인의 자유라는 사회학적 요청이 계획 전체의 출발점이 되고 있으며, 르 꼴뷔제(Le Corbusier)는 다양한 위상으로 이 요청을 충족시키려고 노력했다. 개개의 주호에 대한 개별성은, 이미 말한 것처럼 베란다의 형태를 통해서 위부로 향해서 표현되고 있다. 더욱이 색채의 조화에 의해서 그 개별성이 한층 강조된다. 구조적으로 주호는 독자적인 강구조를 가지며, 더욱이 건물 전체가 철근콘크리트 골조로 조립된다. 이것에 의해, 동시에 단위의 독립적 취급이 가능하게 된다. 주호 내부에 있어서는 각 실의 분할보다는, 오히려 전체의 공간흐름이 존중되고 있다. 기능상의 구분은 설비·가구 혹은 가동성의 칸막이벽에 의해 행해진다.

내장 혹은 디테일은 오히려 간소하지만 세밀하게 마무리가 되고 있다. 르 꼴뷔제(Le Corbusier)의 조화에 대한 탐구는 특히 경제적 이유에 의한 간소함에도 불구하고, 도처에서 느낄 수 있다. 외관에 있어서는, 건물의 형태언어가 거친 노출콘크리트를 이용해서 직접적으로 표현된다.

64

Chapelle Notre Dame du Haut, Ronchamp, France, Le Corbusier 1950-54

1950년대 영국에서는 이 건물의 영향으로, 신부르탈리즘의 여파가 일고 있었다. 마르세이유의 예에 따라 유티테 다비타숑이 각지에 건설된다. 난트 레즈(1952~1957년), 베를린(1956~1958년 인터바우 展에의 출품작), 모(1957~1959년), 브리=안=포레(1957~1960년), 그리고 필미니=벨(1962~1968년)의 유니테 다비타숑이다.

1950~1954년에 롱샹에 건설된 노틀담=듀=오(Chapelle Notre Dame du Haut, Ronchamp, France)의 예배당은, 르 꼴뷔제(Le Corbusier)의 다른 작품과는 좀 다르다. 비합리주의적인 조소적 건축이며, 그것은 르 꼴뷔제(Le Corbusier) 자신의 합리주의적 입장을 위기에 몰아넣은 것처럼 보인다. 그러나 이와같은 견해는 르 꼴뷔제(Le Corbusier)라는 거장의 창조행위를 올바르게 이해하지 못한 데서 오는 오해이다. 확실히 여기서는 「5가지 주요점」, 고전적·그리스적 건축 이상 혹은 데카르트적 순수주의가 방치되고 있다. 그러나 이 유기적인 조형은, 르 꼴뷔제(Le Corbusier)의 자의의 산물이 아니다. 유니테 다비타숑(Unité d'Hacitation)이 하나의 합리적인 주거형태의 구체화이었던 것처럼, 이 예배당의 표현은, 종교적 과제를 기능과 동시에 인간의 감정과의관련으로 추구한 결과이다.

내측으로 경사진 외벽은 대지의 강한 인력을 느끼게 한다. 그런데 내부에서는 무거운 우산을 생각하게 하는 노출콘크리트의 지붕이 벽으로부터 분리되어 공중으로 부상하려는 것처럼 표현되고 있다. 자유로운평면구성이, 이와 같은 조소적 조형으로 발전했다. 파사드의 자유로운 조형은 충분한 두께와 소성의 어떤 벽체의 도입에 의해서 한층 강조된다. 실제 벽체는, 이 두께의 강조를 위해 이중이 되고 있다.

66 Buildings in Chandigarh, India with Iannis Xenakis, Le Corbusier 1950-56

The Open Hand Monument is one of numerous projects in Chandigarh, India designed by Le Corbusier

여기서는 수평 연속창과는 전혀 대조적인 불규칙적으로 배치된 크고 작은 다양한 창이 이용되고 있다. **르 꼴뷔제**(Le Corbusier)는, 종래 볼륨의 조소적 취급을 옥상정원과 같이 건물의 일부에 한정해서 이용했지만, 여기서는 실로 대담하게 건물 전체를 하나의 조각 작품처럼 취급하고 있다. 크고 작은 탑을 가지는 성벽을 연상시키는 이 조각적 건물은 구릉 위에 우뚝 솟아 있으며, 그 구성요소가 부여하는 강한 모순대립은, 여기에 조각 작품이 제작 도중에 방치된 것 같은 인상을 준다. 여기서 「시적 감흥을 유도한 오브제」가 의도되고 있는 것은, 특히 거친 페인트 마무리의 만곡된 벽체에, 혹은 벽체에 깊게 파인 크고 작은 다양한 창으로부터 약한 빛이 들어오는 내부공간에서 분명하게 나타난다. 육중한 지붕을 벽체로부터 분리시키는 가느다란 빛도, 이 내부 공간에서는 벽·지붕이 단순한 콘크리트의 볼륨이 아닌 것처럼 착각을 유도한다. 벽 속으로 파인 창에는, 투명·유색 혹은 스테인드글라스가 끼워져 있다. 이것은 예술 효과로서 내부공간에 다양한 시정(詩情)을 부여하려는 것이지만, 더욱이 구체적으로 이 안에서 행해지는 다종의 종교적 행위에 대응한다. 탑 안을 떨어져 내려오는 빛의 터널은 측 제단의 존재를 알리는 것이다.

이미 이 **노틀담=듀 오 예배당**은, 하나의 에피소드로 머무르게 되었다. 그러나 1950~1956년에 성립한 **인도의 샹디갈 계획**(Buildings in Chandigarh, India with Iannis Xenakis)은, 확실히 순수주의까지는 가지 않았으면서도, 르 꼴뷔제(Le Corbusier) 본래의 합리주의를 고수하고 있다. 중요한 것은 개개의 건축에 있어서의 표현의 추구, 특히 조소적 취급이 아니라 구상 전체를 일관하는 그의 합리주의적 자세이다.

1952~1956년, 파리의 누이=쉴=세느에 **쟈울 저**(Maisons Jaoul, Neuilly-sur-Seine, France)가 건설된다. 이 주택의 연와·타일과 노출콘크리트의 거친 마무리는, 「**브루탈리즘적**」 현상의 초기 예 중 하나로서 주목된다. 내부는 연와 마무리의 보올트가 공간의 인상을 결정한다.

66

Carpenter Center for the Visual Arts, Harvard University, Cambridge, Massachusetts, United States

Sainte Marie de La Tourette, near Lyon, France, Le Corbusier 1957-60

1954~1956년 르 꼴뷔제(Le Corbusier)는 인도의 아메다바드에 면사 방적 협회의 건물(Mill Owners' Association Building, villa Sarabhai and villa Shodan, Ahmedabad, India)을 지었다. 이 회관은 샹디갈의 건물과 유사하게 콘크리트를 이용한 중후하고 모뉴멘탈한 표현을 보이고 있으며, 콘크리트의 브루탈한 취급은, 특히 일본건축에 큰 영향을 미쳤다.
1957~1960년에는 리용 근교의 에바=슐=라르브레슬에 도미니코의 생트 마리 드 **라 툴레드 수도원(Sainte Marie de La Tourette, near Lyon, France with Iannis Xenakis)**이 건설된다. 장방형의 중정을 중심으로 조직된 건물이지만, 그 육중한 인상은 교묘한 세부의장에 의해 약화되고 있다. 거친 콘크리트 마무리의 엑조틱한 형태, 그리고 합리주의의 불협화음으로 가득 찬 박력 있는 조각 작품으로 결실을 맺고 있다.
1961~1964년에는, 메사추세츠의 하버드대학 구내에 시각예술을 위한 **카펜터센터(Carpenter Center for the Visual Arts, Harvard University, Cambridge, Massachusetts, United States)**가 완성된다. 부지 내에 대각선 방향으로 배치된 램프(경사로) 양측에, 두 개의 콘크리트매스가 약간 빗나가서 배치된다. 캠퍼스 내의 어디서라도 보행자는 자유롭게 이 건물을 통과할 수 있다. 공사의 실시관리는, 호세 루이 세르트(Joseé luis Sert 1902-1983)가 당담했다. 르 꼴뷔제(Le Corbusier)가 죽기 직전 1964~1965년에 설계한 베네치아의 병원도 또한, 서정성이 풍부한 합리주의 건축이다. 해상에 떠 있는 저층의 병원건축은, 거의 그리드 플랜(Grid Plan)을 따르고 있지만, 교조적인 순수주의와도, 브루탈리즘적인 과장표현과도 무관계한 디자인이었다. 창작기간 중 르 꼴뷔제(Le Corbusier)는, 단지 1인의 천재적인 건축가이었을 뿐만 아니라, 자기의 사상을 교묘한 언어 표현을 이용해서 세계에 호소한 문필가이었다. 20년대 전반, 그는 설계한 건물보다 오히려 계몽적인 저작에 의해서 세상에 영향을 미쳤다.

1923년에는 그의 **『건축을 향하여** Vers une architecture, translated into English as Toward an Architecture』가 출판 되었다. 이 책 중에서 그는 정열적으로, 일부 의식적인 과장도 해서 건축의 미래상을 묘사했다. 잡지 논문·소책자·단행본의 형식으로 그의 집필 활동은 정력적으로 계속되었다. 그의 저작은 그의 창작상의 과제를 주위 사람들에게 설명하는 것뿐 만 아니라, 건축주, 이용자의 범위를 초월해서, 일반대중의 관심을 건축으로 향하게 하려는 노력도 기울였다.

이 집중적인 출판 활동, 그리고 실효성을 높이기 위해 누차 극단적으로 단순화시킨 슬로건을 이용한 계몽활동에도 불구하고 그가 주지하고 있는 것은 부분적으로만 달성 되었을 뿐이다. **앙드레 말러**(Andre Malraux 1901-1976)의 말에 의하면, 르 꼬르뷔제(Le Corbusier)는, 근대건축의 가장 강렬한 창조력을 구현화한 인물이었다. 왜냐하면 그 사람만큼「오래 인내 강하게 비방을 계속 당한」자도 없었다. 그리고 논리와 서정시를 일체화해서, 인류에게 공헌하기 위해 양심적으로 노력을 계속했으며, 이만큼 지대한 성과를 받은 근대 건축가도 존재하지 않을 것이다.

스스로의 해법을 항상 문제시하는 그 자신의 유연한 태도에도 불구하고, 르 꼴뷔제(Le Corbusier)의 작품은, 단지「고정적」인 언어로만 표시할 수 있는 일관된 특성을 보이고 있다. 물론 이 경우「고정적」이란, 생명이 없는 고정된 형태 군이 아니라, 타당성·질서 정연함·명쾌성·조화를 추구하는 행위와 그 성과를 의미한다.

월터 그로피우스(Walter Grupius), 루드비히 미스 반 데르 로에(Ludwigh, Mies van der Rohe), 그리고 르 꼴뷔제(Le Corbusier)의 3인의 거장이 건축에서 합리주의를 형성했다. 그러나 그들만이 합리주의 건축의 역사적 공간에 존재한다는 의미는 아니다. 그들 이외에도, 그들 그림자에 가려 있지만, 독자적인 길을 걸었던 건축가가 존재한다.

72 Van Nelle Factory, Rotterdam, Netherlands, 1926-1930

The extension of the Gothenburg City Hall, Erik Gunnar Asplund

산업 혁명의 영향이 늦어진 스웨덴에서는, 20세기에 들어와서 내셔널 리얼리즘의 일파가 형성되어, 그들에 의해 전통과 기능주의의 결합이 시도된다. 이 일파의 육중한 형태와 재료의 수공예적인 취급에 대한 반동으로서, 이 직후에 고전주의의 경묘성·추상성·기하학적 정확성에 대한 욕구가 나타난다. 이 고전주의의 자유로운 해석은 그대로 국제주의양식으로 발전한다.

에릭 군나 아스플란드(Erik Gunnar Asplund 1885-1940)는, 1914년부터 1929년 까지는, 아직 고전주의의 범주에 머물러 있었지만, 1930년의 스톡홀롬 박람회(Stockholm exposition)에 몇 개의 건물을 설계한 이후, 그의 작품은 우아하게 느껴지는 합리주의로 일변했다. 특히 회장 내의 그의 레스토랑 건축은 얇은 강주, 글라스 벽, 둥근 글라스 타워 그리고 다채로운 차양을 도입함으로 해서 신건축의「경험적」변형을 보이고 있었다. 1934~1937년에는 예텐보리(고텐부르그)의 시청사 확장 공사(The extension of the Gothenburg City Hall)가 행해졌다. 이 계획의 중점은, 근대적 형태언어를 이용하면서 인접된 고전주의적 건물의 파사드와 조화를 도모하는 것이었다. 1935~1940년에는 스톡홀롬의 남묘지에「숲속 화장장」이 건설된다. 큰 원기둥으로 둘러싸인 이 대 예배당은, 형태의 엄격성 뿐 만 아니라 그 정신에 있어서도 고전적 성향을 느끼게 했다.

스벤 말케리우스(Sven Markelius 1889-1972)도 아스플란드와 거의 동시기에, 역사주의적 형태언어로부터의 자기 해방을 이행하였으며, 1928~1930년에 **우노 아렌(Uno Ahren)**과 함께 스톡홀롬에 기능주의적인 학생 기숙사(Student union building, Royal Institute of Technology, Stockholm)를 건설했다.(이 기숙사는 1952년에 증축되었다) 1932년에는 예리하게 분절된 헬신보리의 콘서트홀(Concert hall, Helsingborg)이 건설되었으며, 이 건물도 디테일에서는 르 꼴뷔제(Le Corbusier)의 경향이 현저하다.

74

독일 노동조합 총동맹의 학교, 한네스 마이어

Casa del Fascio, Como Giuseppe Terragni 1932-36

영국에서는, 합리주의의 주류를 점하고 있던 실리주의적 정신 때문에 꽤 후에야 표면화 되었다. **웰즈 코츠(Wells Coates 1895-1958)**가 1933~1934년에, 런던의 함스테드에 소박하지만 힘이 넘치는 론 로드 집합 주택을 건설했다. **바솔드 루베트킨(Berthold Lubetkin 1901-1990)**은 소련으로부터 이민을 왔으며, 1935년에 텍톤(Tecton)의 맴버와 함께 런던의 하이게이트에 두 개의 십자형평면 위에서 9층의 집합 하이포인트 원을 건설했다.

벨기에에서는 **빅토르 부르조아(Victor Bourgeois 1897-1962)**가 1922~1925년에 토니 가르니에(Tony Garnier 1869-1948)의 「공업도시」에 영향을 받아 근대 도시 구상을 지지하는 주택유형의 연구·설계를 행하고 있었다. 1925년에 건설된 그의 자택, 그리고 1928년의 조각가 O. 야스퍼스(O. Jespers)의 아틀리에(House and studio for the sculptor Oscar Jespers, Brussels, 1928)는 합리주의적인 형태언어와의 내성적인 몰두의 성과를 보이고 있다.

네덜란드에서는, 1926~1930년에 로텔담의 **판 네레 연초 공장(Van Nelle Factory, Rotterdam, Netherlands, 1926-1930)**이, 요하네스 안드레아스 브링크만(Johannes Andreas, Brinkman), 렌델트 코르네릴리스 반 데르 프르프트(Leendert Cornelis van der Vlugt) 그리고 마트 스텀(Mart Stam)의 공동 설계에 의해 건설된다. 철저한 커튼 월의 이용이 나타내는 건물의 투명성·경량성·우아성 때문에, 이 공장건축은 1920년에 성립한 똑같은 것 중에서 가장 중요한 작품 중 하나로 열거 할 수 있다.

프랑스에서는 제1차 세계 대전 후에도 아카데미즘의 힘이 보자르의 전통 중에서 존재하였다. 이 전통과 병존하는 형식으로, 르 꼴뷔제(Le Corbusier)의 새로운 건축 표현을 추구하는 움직임이 존재했다. 파리에서 1925년에 개최된 「장식예술 및 근대산업을 위한 국제 박람회」는 아르데코의 호칭이 탄생할 수 있는 기반을 마련했으며, 공예의 영역에 있어서의 이 두 조류에 대한 모순대립을 백일하에 드러내게 되었다.

76 Firenze santa maria novella Signal Box

Narkomfin Building by Moisei Ginzburg

로베르 말레 스티븐스(Robert Mallet-Stevens 1886-1945)은 오로지 어번길드 안에서 활약했으며, 큐비즘을 초월한 최초의 유행 현상과도 통했다. 그의 작품에서 주목할 만한 것은, 1926-1928년에 건설된 파리의 말레 스티반 거리에 우아하고 절충주의적인 집합 주택이었다. 1932~1933년에는, 파리에 **피에르 샤로(Pierre Chareau 1883-1950)**와 네덜란드 건축가 **베르나르드 베이프트(Bernard Bijvoet)**의 협력에 의한「글라스의 집」달자스(Pierre Chareau and Bernard Bijvoet, Dalsace House, Maison de Verre)가 건설된다. 그는 르 꼴뷔제(Le Corbusier)이상에 충실했으며, 이「살기위한 기계」의 전면에 글라스가 끼워진 2개의 파사드는 완전히 중성적 마감이 되고 있다. 그리고 그 내부는 3층의 공간이 완전히 자유롭게 배치된다. 근대적 재료를 이용한 시적표현이 미래파적 이다. 즉, 시대의 제 경향의 감성적인 총합이 예리하고 냉철한 기계적인 이미지를 약화시키고 있다.
독일에서, 전위건축은 전통주의자 혹은 국수주의자로부터 격한 비난을 받았다. 특히 베르사이유 조약 체결 후 국민은 그 곤궁의 정도가 깊어졌으며, 국수주의자의 정치적 발언력이 강하게 되었으며 전위예술에 대한 비난도 계속 상승되고 있었다.
스위스인 **한네스 마이어(Hannes Meyer 1889-1954)**는, 한스 위트워(Hans Wittwer)와 협력해서 1928~1930년에, 베를린 근교의 베르나우에 독일 노동조합 총동맹의 학교(Bundesschule des ADGB 1928-30 Bernau bei, Berlin)를 건설했다. 그는 호수를 내려다볼 수 있는 경사지의 지형에 건물을 실로 묘하게 배치했다. 건물 상호의 연결은 글라스의 통로에 의해 이루어진다.

마르셀 브로이어(Marcel Breuer 1902-1981)는 헝가리인 이었다. 가구 디자이너로 알려졌으며, 특히 강제 파이프의 이용으로 주목을 받았다. 그가 1928년에 설계한 부벨탈=엘바펠트 병원은, 실로 대담한 테라스 건축이었다.

Lovell Beach House, Newport Beach (Balboa) California

Kaufmann Desert House, 1946, Palm Springs, California

오스트리아에서는, 합리주의 건축가로서 **요젭 프랑크(Josef frank 1876-1944)**의 이름을 떠올릴 수 있다. 그는 1927년의 바이센호프 지를른크의 주택전에 주택을 출품했으며, 이미 형상화의 경향을 보인 기능주의와 장식에 대한 새로운 동기 부여를 취하고 있었다. 「조직화된 취미」에 비판적 태도를 취하는 그는, 수십 년 후에 일반의 건축논의로 나타난 문제를 이미 이 시점에서 선취하고 있었다.

이탈리아에서는, 1926년에 아달벨트 리베라(Adalberto LiBera 1903-1963), 루이지 피지니(Luigi Figini), 지노 폴리니(Gino Pollini 1903-1991), 그리고 쥬제퍼 테라니(Giuseppe Terragni 1904-1943)에 의해서 <MIRA(합리주의 건축을 주장하는 이탈리아 운동)>이 조직된다. 이것에 의해서 그들은, 국제적인 전위운동의 전선에 참가하려 했던 것이다. 동년 건축가 그룹**<Gruppo7>**이 창설된다. 이 그룹에는 건축 기능의 합리적 분석에 기본을 두고 설계를 진행시키는 젊은 건축가들이 모였다.

1927~1928년에 쥬제페 테라니는 코모에 집합 주택 「**노보코뭄 Novocomum**」을 건설했으며, 이 건물의 원형과 이형의 형태를 중복시킨 모서리부의 조형은 센세이션을 일으켰다. 1932~1936년에 그는, 똑같이 코모에 「**카사 델 파쇼Casa del Fascio, Como**」(파시스트당 코모지방 본부)를 건설했다. 글라스로 지붕을 덮은 중정을 중심으로 구성된 이 건물은 순수한 형태, 아름다운 프로포션, 그리고 백 대리석 마감에 의해, 주위에 비물질적인 분위기를 나타내고 있다. 상이한 형태로 조형화된 4개의 파사드 각각에 빛과 그림자, 매스와 보이드가 극적인 대비를 발생시킨다.
1933~1936년에 피렌체의 산타 마리아 노베라 역(Firenze Santa Maria Novella railway station)이 건설되었다. 이 설계에 참가한 사람은, 죠반니 미켈루치(Giovanni Michelucci), 네로 바로니(Nello Baroni), 피에르 니콜라 베라프디(Pier Nicolar Barardi), 이타로 감베리니(Italo Gamberini), 샤레 가르니에리(Sarre Guarnieri) 그리고, 레오나르도 루잔나(Leonardo Lusanna)들이다.

McGraw-Hill Building, New York, New York 1934

스튜디오 BBPR<(쟌 루이지 반피 Jean Luigi Banfi, 루디비코 발비아노 디 베르죠즈 Lodovico Barviano di Belgiojoso, 엔리코 페레스트 Enrico Peressutti, 그리고 에르네스트 나탄 로저스 Ernesto Nethan Rogers) 1932>는, 1937~1938년에 레냐노의 새너트리움(sanatrium)을 완성시켰다. 이 즉물적인 표현의 건물은, 이탈리아 합리주의를 상징하는 건물 중 하나가 되었다.

소비에트 연방에서는 잡지「현대건축」이, 1920년대 후반 이후 건축에 있어서의 전위 이론에 대한 국제적인 발표의 장을 제공하고 있었다. 합리주의적 경향을 갖는 사람들 중에, **모이세이 야코부레비치 긴즈부르크(Moisei Jakowlewitsch Ginsburg 1892-1946)**가 있다. 그는 1930~1932년의 모스크바 집합 주택「나르콤핀 Narkomfin Building by Moisei Ginzburg」을 건설했다. 이 건물은 필로티와 옆으로 긴 창을 수반하는 흰 입체이며, 명확하게 르 꼴뷔제(Le Corbusier)의 영향을 보이고 있다. 1930~1934년에는 알렉산드르 알렉사드로비치 베스닌(Alexander Alexandrowitsch Wesnin 1883-1959) 이 모스크바에 모스크바 자동차 공장 부속의「문화 회관 Likachev Palace of Culture, Moscow 1930-36」을 건설했다. 이 건물은 장방형의 건물에 그라스의 실린더가 관통하는 구성이다. 1년 후, 똑같이 모스크바에 판틸레이몬 고로조프의 설계에 의한 글라스의 프라우다 사옥이 완성되었다.

루돌프 마이클 신들러(Rudolf Michael Schindler 1887-1953)

미국에서는 시카고파와 특히 그들의 합리주의가 아직 힘을 갖지 않았으며, 모든 것을 평범한 것으로 변화시켜 버린 역사주의가 1893년의 시카고 박람회를 계기로 다시 머리를 들었다. 미국에서의 합리주의 건축을 대표하는 것은, 유럽에서 이주한 사람들이다. 그 중 한 사람이 오스트리아인 루돌프 마이클 신들러(Rudolf Michael Schindler)이다.

PSFS Building, at Philadelphia, Pennsylvania, 1929-1932

그는 비인에서 **오토 와그너**(otto Wagner) 밑에서 수학했으며 1914년에 시카고에 건너와서, 1916년부터 1921년에 이르기까지, **프랭크 로이드 라이트**(Frank Lloyd Wright)의 사무소에서 설계 활동에 종사했다. 주목할 말한 것은, 그가 다양한 시스템을 고안해서 건축의 프리패브리케이션에 몰두했다는 것이다.

1925~1926년에 그는 캘리포니아의 뉴포트 비치에 **로벨 비치 하우스**(Lovell Beach House, Newport Beach (Balboa) California)를 건설했다. 상당히 특이한 공간구성을 갖는 개인 주택이지만, 그 특이성은 외관으로부터도 엿볼 수가 있다. 철근 콘크리트의 골조구조와 거기에 강인하게 조립된 상자형의 구조체, 그리고 콘크리트의 매스와 넓고 평활한 글라스면의 약간 미완성의 조합 방법이, 보는 사람에게 실로 특이한 인상을 준다. 라이트로부터 계승된 유기적 건축의 원리가, 그 표현의 풍부함을 그대로 유지하고 있으며, 구성주의적으로 강화된 결과이다. 이후의 건물로서는 캘리포니아의 고급 독립주택들이 있으며, 신들러는 이러한 주택에서 점차로 **국제주의 양식**(International Style)에 가깝게 된다. 그러나 신들러의 작품에서 조소적 표현이 사라지는 것은 결코 아니다.

리차드 노이트라(Richard Neutra 1892-1970) 또한 오스트리아인이었다. 신들러와 똑같이 비인에서 수학했으며, 오토 와그너(Otto Wagner)의 조형, 아돌프 로스(Adolf Loose)의 장식 부정의 사상, 프랭크 로이드 라이트(Frank Lloyd Wright)의 상자형 건축을 노출해서 자유로운 플랜을 구성하고 있는 시적 구상력을 알았다. 1920년대 초두에, 그는 **에리히 멘델존**(Erich Mendel-shon)과 함께 작업을 했다. 그가 미국으로 건너간 것은 1923년의 일이다. 그리고 윌리엄 홀라버드(William Ho-labird)와 마틴 로치(Martin Roche: 시카고학파)의 건축 사무소에서 그는, 철골구조의 경험을 축적했다. 이후 그는 라이트 그리고 신들러와 함께 설계 활동을 계속했다.

1927년 도시 개혁 촉진을 위한 계획안이 몇 개 제작되었다. 이때의 고층 건축 연구는, 미국도시의 발전을 선취하여, 합리주의적 마천루 건축의 선구가 된 안을 제시했다. 1927~1929년 노이트라는, 로스앤젤레스의 **로벨하우스(Lovell House, 1929, Los Angeles, California)**를 건설했다. 급한 경사에 철골 구조의 경미한 건물이 섰다. 입체 기하학적으로 단순한 형태가 상호 관입해서, 그 속에서 유동하는 공간을 둘러싸고 있다. 발코니 혹은 외벽은 강제 케이블에 의해 매달려 있다. 파사드의 단순하지만, 세심한 구성은 유럽 어번길드 특유의 구성이다. 그러나 페블로인디안 으로부터 일반의 유기적인 토착 건축에까지 이르는 지역적 전통도 결코 경시할 수는 없다. 이 지역적인 것의 중시가, 노이트라의 이후의 독립주택·학교·병원·집합 주택 등 폭넓은 작품 속에서 점점 현저하게 나타난다. 캘리포니아의 팜 스프링에 건설된 **카우프만(「사막의 집」Kaufmann Desert House, 1946, Palm Springs, California 1946~1948년)**에서는, 그 특유의 명확한 표현과 우아함이 나타나고 있다. 이것은 주위의 자유로운 정원에 의해 한층 강조되고 있다. 공간의 심리적 효과에의 착안, 적당한 경간, 그리고 디테일의 사소한 작업이 그의 작품에 질을 높이고 있다.
이 사이에 합리주의, 절충주의 혹은 아르 데코가 주류이었던 미국 건축계에도, 특히 고층 건축 붐이 일어났다.
1929~1930년에는, 레이몬드 맛슈손 후드(Raymond Mathewson Hood 1881-1934)가 존 미드 하우웰즈(John Mead Howells 1868-1959)와의 공동 설계로, 뉴욕의 데일리 뉴스 빌딩(New York Daily News Building, New York 1929)을 건설했다. 매시브하고 솔직한 전체 표현과 섬세한 디테일의 작업은 시카고파를 상기시킨다. 예를 들면 장식은 현관 주위에 한정되며, 그 이외의 부분은 일률적인 창의 반복으로 나타난다. 파사드의 수직성 강한 조형은,「향상을 요구하는 정신」을 상징한다고 한다.

후드의 경험은, 1929~1932년 필라델피아에서 **죠지 하우**(George Howe 1886-1955)**와 스위스인 윌리엄 레스케즈**(William Edmond Lescaze 1896-1969)의 설계로 건설된 필라델피아 저축은행 협회의 건물(PSFS Building, at Philadelphia, Pennsylvania, 1929-1932)에서 활용했다. 곡면을 갖는 안정감 있는 하부 구조위에, L형 평면의 수직성 강한 2개의 상부 구조가 솟아 있다. 이 고층건축의 가로망과의 접속법은 결코 통상 이용되는 수법으로는 말하기 힘들지만, 이것도 내부기능의 분배와 관계하고 있다. 엘리베이터 샤프트도 기능주의적으로 파사드에 표현되고 있다.

어번길드 특유의 높은 질을 유도하는 데일리 뉴스 빌딩, 맥그로우 힐 빌딩, 그리고 필라델피아 저축은행 협회도 여전히 고립된 현상이었으며, 아직은 절충주의가 지배적이었다.
뉴욕의 록펠러 센터(Rockefeller Center, New York, where Hood was a senior architect on a large design team. 1933-37)의 출현(1931~1940년)으로 인해, 합리주의적이고 동시에 아메리카적인 마천루 건축이 일거에 발전의 길을 열었다.
1929년의 경제 공황이 한창인 때, 은행가 존 D. 록펠러 주니어는 하나의 도박을 행했다. 그것은 시대의 불황을 오히려 교묘하게 이용했던 것이다. 즉, 인건비·자재비를 주체로 하는 건설비는 안정되었고, 대지로부터 얻을 수 있는 수익성 높은 상황을, 초고층 건축의 건설에 적극적으로 이용하려 했던 것이다. 건축계획의 범주를 초월한, 말하자면 종합적인 경제 계획이 설립되었으며, 더욱이 그 분야의 전문회사들에 관리 운영을 담당시키고, 충분한 조직 위에서, L. 앤드류 레인하트(L. Andrew Reinhard), 헨리 호프마이스터(Henry Hofman Hood), 그리고 쟉크 안드레 퓨(Jacques André Fouihoux)와 같은 건축가가 채용되었다. 모든 결정이 수지 계산에 귀착하는 경제적 관점으로부터 엄밀하게 체크된다. 건축은 거기에서 표피의 디자인에 한정된다. 이렇게 해서, 자본주의 국가에 있어서의 후기 합리주의의 진로가 결정된다.

록펠러 센터의 부지는, 뉴욕의 맨허턴 중심부에 있는 3개의 가구(대략 5ha)로 확장된다. 여기에 부분적으로는, 경쾌하게 단상으로 이루어진 스카이라인과 수직성이 강한 파사드를 갖는 14동의 초고층 건축이 하나의 집합체를 형성한다. 엘리베이터, 계단실 그리고 설비가 코어부분으로 집중된다. 그 주위에 플랙시블한 사무공간이 배치된다. 전체를 지배하는 합목적적인 합리주의 사고 때문에 건축언어는 극단적으로 한정되며 표현성은 결핍되고 있다.

록펠러센터에는 여러 종류의 사무소·점포 이외에 세계 최대의 음악 홀, 방송 스튜디오, 극장 그리고 술집을 포함하는 라디오 시티(Radio City Music Hall at 50th Street and Avenue of the Americas)가 있다. 더욱이 지하 상점가와 6층까지 미치는 주차장 그리고 가로와의 사이에 **록펠러 광장(Bird's eye view of Rockefeller Plaza, the heart of Rockefeller Center)**이 있다.

1930~1931년에는, 똑같이 후드 설계의 **맥그로우 힐 빌딩(McGraw-Hill Building, New York, New York 1934)**이 뉴욕에 출현한다. 불규칙적인 단상의 스카이라인, 다시 말해서 상부로 진행하는 섬세한 전체의 형태는 폭넓은 연속창을 가지며 이미 인터내셔널 스타일을 예견한다.

90 Rockefeller Center, New York, where Hood was a senior architect on a large design team. 1933–37)

00

5장

후기 합리주의 Post Rationalism 1945-1970

2차 세계대전 직후부터 소위 기능주의, 국제주의양식 후기까지의 시기
추상적 표현주의(Abstract Expressionism), 옵티컬아트(optical Art), 오프아트(off Art)

02

Deep Magenta Square, 1978 An example of Anuszkiewicz's use of colors, squares and lines

전체주의의 반성에 기본을 두고 1945년 이후 정치세계에서 진행된 민주화도 산업에는 미치지 않았다. 경제계의 구조는 전후의 열띤 활동 중에서 오히려 강화된다. 트러스트(Trus-t)는 점차 성장하고, 콘체른(Konzern)은 다국적화되며, 독점 자본주의가 고정화한다. 효율의 추구가 농업에도 침투한다. 그러나 가능한 한 조기에 그리고 안정된 가치로 목표를 달성하려는 용이한 자세는, 정치적 · 사회적 · 건축적으로 볼 때, 명확하게 부흥의 호기를 대부분 놓친 원인이 되었던 것이다.

기술은 점점 진보한다. 효율 높은 자동화가 진행된 공업은 점점 가치가 높아지고, 대량 생산에 의한 저가격의 제품을 생산하게 된다. 진보가 늦은 건축업도, 생산성 향상을 위해 진보하는 기술을 이용하려 한다. 건축 산업에 대해서 노동집약적으로 생산하는 것, 즉 전통적 기술을 이용해서 노동자를 집중적으로 몰입시키는 것이 1945년까지는 가능했으며, 전후에는 자본 집약적 생산에의 방향전환이 필요하였다. 건물의 거대화 · 복잡화 중에서 인건비의 상승과 노동력의 절대적 부족이, 프리패브화의 추진 그리고 현장생산의 삭감을 부득이하게 하고 있다. 최대의 공업 선진국인 미국에서는, **월터 그로피우스(Walter Gropius)**가 1911년에 파그스 제화 공장에서 도입한 커튼 월(Curtain Wall)이 다양하게 변형 · 발전되고 있었다. 그 이외에 프리패브 주택의 대량생산도 진행하고 있다. 유럽에서도 콘크리트 부재 사용의 집합주택의 프리패브화(Prefebication)가 진행되었다. 예를 들면 덴마크의 라르센 닐센과 이에 스파센, 스웨덴의 스카르네, 프랑스의 카뮤와 바란시 영국의 웨이츠, 리마 그리고 바이슨 월 프램이 각기 프리패브화의 시스템을 개발했다. 소비에트 연방에서는 프리패브화된 건축부재를 이용한 주택단지 건설 5개년 계획이 대규모로 진행되었다.

Yaacov Agam, Night over Jerusalem,
Engel Gallery collection

04

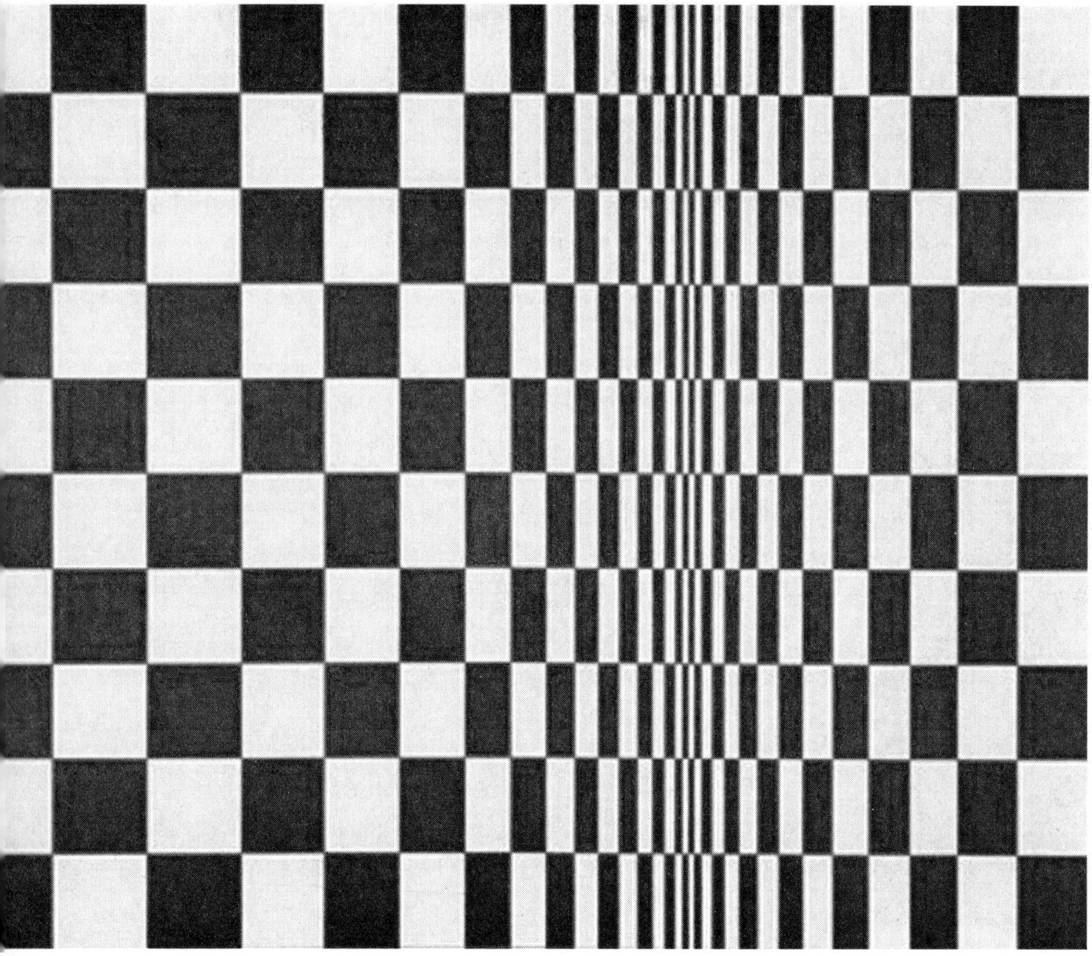

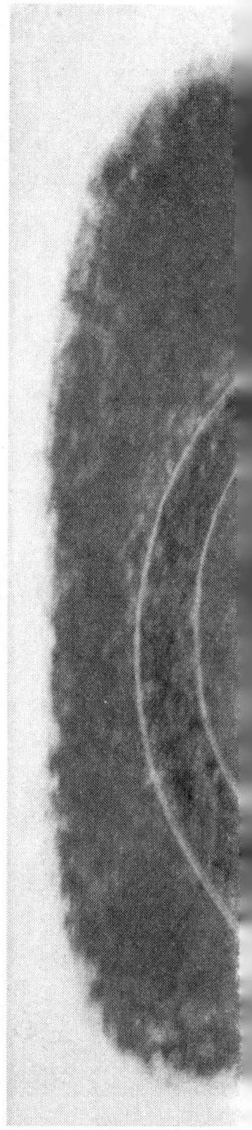

Movement in Squares, by Bridget Riley, 1961

Josef Albers, Proto-Form (B), oil on fiberboard, 1938,
Hirshhorn Museum and Sculpture Garden

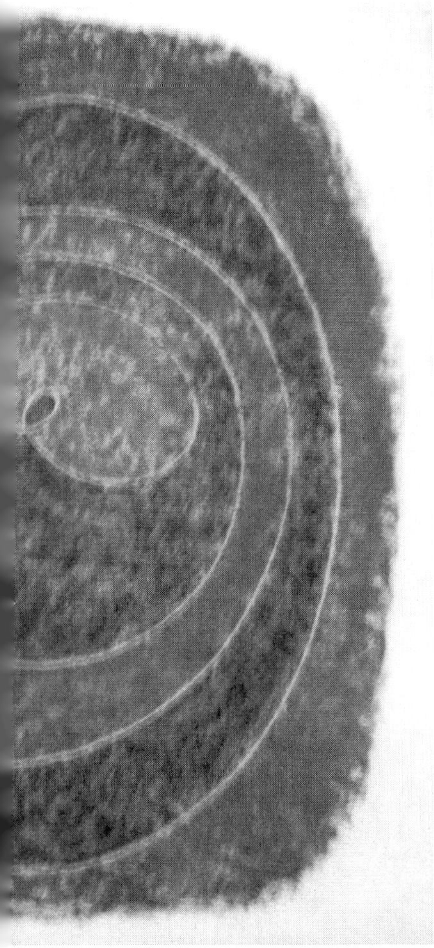

이 이외에도 경량건축 시스템이 많은 철골구조 분야에서 진행되었다. 특히 50년대 후반에 영국의 지방 자치체에 의한 학교건설 계획 중에서 나타나는 도날드 깁슨(Donald Gibson)의 「크라스프(CLASP)」가 그 좋은 예이다. 같은 예를 미국에서 찾아보면, 에즈라 엘렌크렌츠의 「에스 시 에스디(SCSD) 계획」이 있다. 시스템건설 방식의 도입은 건축가에게 새로운 문제를 던졌다. 일찍이 설계 및 시공 관리의 방법이, 기획의 거대성 혹은 그 내부의 개개의 과제에 대한 복잡성 때문에 아직 충분히 기능하지 않았다. 개인의 설계자가 아니라 팀 혹은 설계회사에 의뢰하는 경우가 많아졌다 .응용과학 혹은 공업기술 중에서 개발된 시스템이 건축생산의 효율을 높이며, 그리고 확실히 이것에 의한 기술 중에서 개발된 시스템이 건축생산의 효율을 높이며, 그리고 확실히 이것에 의해 **건축과 공업의 제휴**가 가능하게 되었다. 그러나 반면에, 건설된 결과가 전체적으로는 어떻게 이루어지는가는 개인으로는 예상할 수 없게 된 것이다.그렇지만 전후의 주택 혹은 단지의 획일화, 질의 저하는 건축의 공업화와는 무관계하다. 오히려 아직은 목적과 그 합리적 달성을 지지할 수 있는 사상의 빈약함과 의의있는 계획으로 향한 민간경제에 대한 컨트롤의 불충분, 여기서 그 이유를 찾을 수 있을 것이다.문화 영역에서는, 제2차 세계 대전 직전에는 국수주의적 경향이 강했지만 그 후에는 공백이 남는다. 1950년대의 조형예술은 아직 전쟁 기간 유럽의 다양한 운동, 예를 들면 **데 스틸(DE Stjil), 소비에트 구성주의(Constru-ctivism)**그리고 **바우하우스(Bauhaus)**내부에서 특히, 죠셉 앨버스(Josef Albers 1888-1976)에 의해 진행된 실험으로 계속 이어진다. 그리고 추상적 표현주의에 대한 반동으로서 기하학적 추상을 추진한 것이다. 빅토르 바자레리(Victor Vasarely)는, 30년대 후반에 제작된 회화 중에서 이미 색 · 선 · 볼륨이라는 개개의 요소가 갖는 운동의 가능성을 강조하고 있다. 그의 실천적 · 이론적 연구는 유럽 뿐만 아니라, 미국의 젊은 세대에 영향을 미쳐서, 엄격한 기하학적 격자 내부에서 작용하는 움직임을 순수하게 형태적 시각적으로 분석하는 조류를 발생시켰다.

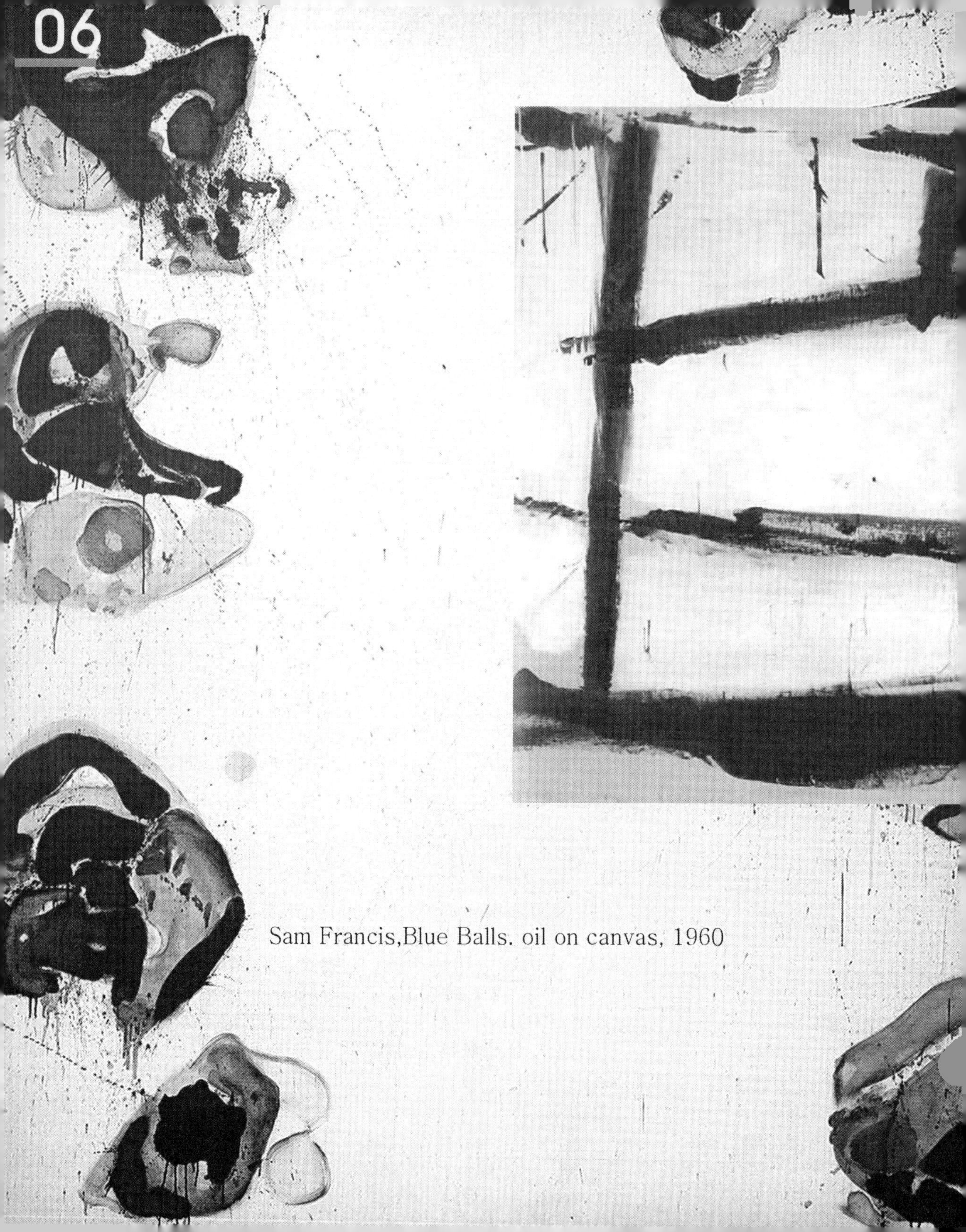

Sam Francis,Blue Balls. oil on canvas, 1960

nz Kline, Painting Number 2,
4, The Museum of Modern Art

옵티컬아트(optical Art), 오프아트(off Art)는 1960년경에 탄생했고, 또 그 사이에 인터내셔널한 예술 운동으로 발전했다.제2차 세계 대전 후 사회를 지배한 강령 · 교의에 대한 막연한 불신이, 건축계에서도 내성에 의해 이론적 기반을 굳히는 것을 방해했다. **후기 합리주의(Rationalism)**의 정신적 입각점은 하나의 반동에 의한다. **신고전주의자(Neo classicism)**가 예를 들면 나치스 정권에 봉사하는 형태로 전개한 궤변적 주장은, 전후 개안의 시대에는 당연히 대극으로 향한 큰 반동이 생긴다. 가장 명료한 움직임이 합리주의의 부상이다. 이 이유는 몇몇 열거할 수가 있다. 신고전주의(Neo classicism)가 전체주의(totalitalianism)적 · 반동적인 정치권력에 결부될 수가 있었다고 하면, 합리주의(Rationalism)는 진보적 경향에 뿌리를 갖는 것이었다. 또 신고전주의(Neo classicism)는 기술의 진보를 경시했지만, 합리주의는 이것에 장래의 희망을 맡겼다. 톨로스트 혹은 슈페어와 같은 건축가는, 건축형태의 심리적 작용을 역이용해서 초인간적인 건물을 건설하고 있지만, **그로피우스(Walter Gropius)**와 **미스 반 데르 로에(Mies van der Rohe)**의 건물은, 일관된 사물에 대한 자기억제와 평정함을 유지하고 있다. 그리고 정부의 검은 색을 띤 건축의 허위성을 체험한 사람들은, 정치적 · 기술적 · 문화적인 가치와 표현을 새롭게 묘사하기 시작했던 것이다.그 모색은 그러나 성급 했다. 사람들은 합리주의(Rationalism)의 건축 언어가 원래 역사적 존재의식을, 신고전주의(Neo classicism)보다도 중요한 의미가 있는 뿌리 깊은 역사주의(Traditionalism)와 그것에 결부해서 사회관의 극복을 갖는다는 사실을 잃어버렸다. 그리고 또, 합리주의의 건축언어에 결부된 건물이, 부흥 · 냉전 그리고 새로운 「점유의 시대」에는 이미 그 풍요한 힘을 잃었던 관용적 세계관을 표현하는 것이었으면서도 망각된 것이다.때문에 후기 합리주의에는 이데올로기가 존재하지 않았다. 이 공백을 덮는 것은 그 시대의 다양한 신앙고백에 지나지 않는다. 건축형태는 이 고백된 개개의 신앙을 반영한다. 예를 들면, 초고층 건축은 경제성장과 기술진보를 표명하는 것이다.

Willem de Kooning, Woman III, (1953), private collection

pollock.number-8 1949

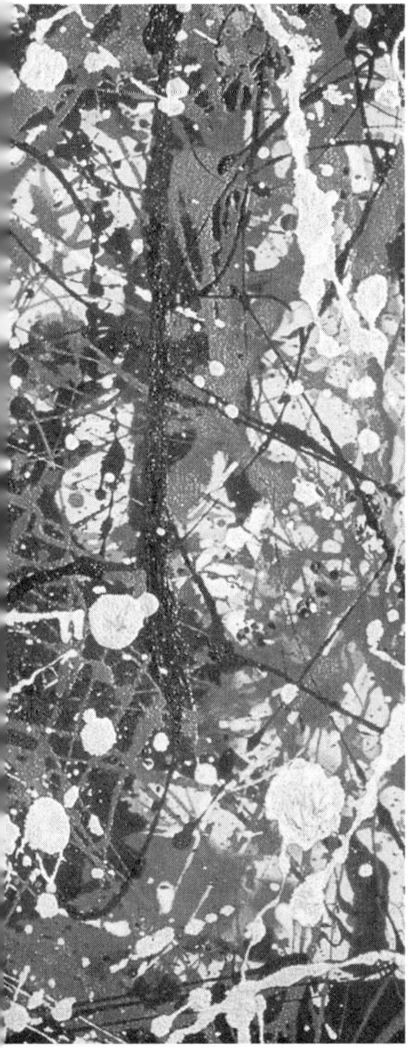

철과 글라스에 의한 우아한 커튼 월(curtain)은, 무진장의 에너지를 향수하려는 잘못된 생각을 나타내고 있다. 그리고 철거 가능한 벽체를 이용한 자유롭고 융통성 있는 평면구성은 **조직, 다이나미즘, 그리고 생산효율에의 신앙**을 나타내는 것이다. 이와 같이 발생되는 런던, 프랑크푸르트, 파리 혹은 밀라노 등의 도시경관을 시카고와 뉴욕의 경우처럼, 마치 환영처럼 실체가 아닌 거대한 글라스 건축이 시대의 경제상황을 꽤 정확하게 반영하고 있다. 개혁 혹은 유토피아의 제안에 대해, 현상이 건축의 형태 그대로 물질화된다. 유용한 언어가 소모품 혹은 모드(mode)화해 버린 것도, 결코 불가사의한 현상은 아니다. 그것이 적당한 게슈탈트(Gestalt)를 획득하기 전에 급격하게 색을 띤다. 물론 50년대 초두에 시작한 움직임은, 거기까지의 형태주의에 하나의 「새로운」 형태주의를 대치시킨다. 사람들은 그 건물의 외관 이외에는, 어떻게도 변하지 않는 형태의 표면적인 활성화에 의해서 획일화에 대항하려 한다. 이데올로기에의 무관심, 사회 · 경제적 상황, 고도로 기술화된 생산 · 경영, 그리고 공간적인 배치구성 전반이 전혀 변하지 않았다. 단지, 「포장」이 변하지 않은 것에 지나지 않는다. 소비지향의, 그리고 누차 실리주의적인 경향이 강한 신매너리즘(Neo-Mannerism)의 테두리 속에서 자비로운 상징주의(Symbolism), 역사주의(Traditionalism) 그리고 장식이 재평가된다.건설 행위 중에 포함되는 모든 요소를 표현하려는 노출광적인 욕구는, 이미 60년대 초두에 쇠퇴했다. 건축에서 자유로운 표현은, 장식 혹은 아카데미즘의 병폐로부터 거리를 두고 완벽한 디테일을 취하는 전문가 직업과 그 완벽함이 미적 효과에 입각한 표현주의적인 인터내셔널스타일 속에서 추구되게 되었다. 이 시기에 건설된 건물 중 가장 많은 것이 대규모의 사무소 건축이며, 그 센세이셔널한 출현이 자본주의가 가장 고도로 발달한 미국에 집중했던 것은 또 당연하였다. 그 최대의 관심은 표현이었다. 그리고 표현을 위해서는 자본, 테크놀로지, 스케일의 거대성, 그리고 명확한 건축적 주장이 추구되었다.

The Pirelli Tower, Milan, 1950
Giovanni Ponty

Olivetti building in Frankfurt
(1968-1972) Egon Eiermann

독일인 건축가 **에곤 아이어만(Egon Eiermann 1904-1970)** 은, 한스 페루찌히(Hans Poelzig)에게 건축을 배웠으며, 제3제국 기간에도 인터내셔널 스타일(International-Style)에 계속 충실했다. 그는 1951년에 부름베르크에 방적 공장(the textile mill at Blumberg 1951)을 건설했으며, 실로 스마트하고 우아한 노출 콘크리트의 건물이었다. 이 아름다움은 그의 구상에 대한 명쾌성으로부터 왔을 것이다. 특히 공장이 가지는 기계적 성격의 직접적 표현이 성공의 원인이었다.1957~1958년에 아이어만은, **제프 루프(Sep-Ruf)**와 함께 브뤼셀 만국 박람회의 독일관(the West German pavilion at the Brussels World Exhibition, with Sep Ruf, 1958)을 설계했다. 투명하고 가벼운 직방체가, 개방적인 연결 통로와 함께 중정을 둘러싼 형태로 배치되고 있다. 기둥은 후퇴하고 파사드는 큰 글라스면으로 구성된다. 그리고 아이어만의 독특한 표현이지만, 이 글라스면의 앞에 섬세한 금속격자가 매달려 있다. 이 격자는 태양광선의 차단과 함께 복도 난간의 역할을 하는 것이었다. 1958~1960년에 그의 넷카만 통신 판매사 건물이 프랑크푸르트 암 마인에 완성된다. 계단실, 복도, 비상계단 그리고 공조용 시설이 즉물적인 표현의 파사드를 구성한다. 이것은 기계미학 그 자체이다. 1958~1964년에 그의 설계에 의한 연방 공화국 대사관(the West German embassy in Washington, D.C., 1958-1964)이 워싱턴에 건설된다. 경사지에 Set back 해서 배치한, 스마트한 건축메스에서는 벽이 층상으로 해체되고 있다.프랑크루르트 암 마인에 1970년에 건설된 그의 올리베티사옥(the Olivetti building in Frankfurt 1968-1972)은 오피스 이외에 사원 연수용 시설을 포함한다. 기능주의적인(Functionalism)원리에 의해서, 연수자용의 실은 하나의 평활한 건물로 들어가며 한편, 오피스와 연수실은, 높이가 다른 2개의 탑상 건물로 끝난다. 글라스벽이 발코니와 차양에 의해서 질서화 된다. 섬세한 표현의 건물본체는, 한 장의 거대한 기초판 위에 놓이며, 이 기초판은 그것을 지지하는 한 개의 큰 콘크리트 기둥으로 나타나고 있다.

12

A typical example of his '50s rationalist design
Ignazio Gardella

Eames house entry 1949

이나치오 가르델라(Ignazio Gardella 1905-1999)는 1936~1938년에, 알렉산드리아에 결핵 요양소(Dispensario-Antitubercolare di Alessandria)를 건설했으며, 이 작품은 기하학적 조형, 건축재료의 적절한 이용, 그리고 대지의 전통에 대한 배려라는 그의 건축에 대한 주요한 특징을 이미 보이고 있다. 1952년 똑같이 알렉산드리아에 그의 불사리노 사원 주택(Case Borsalino in Alessandria 1952)이 완성되며, 이 주택에서 그는 동세가 있는 파사드와 돌출된 처마의 조형이라는 절충주의적 요소를 합리주의적 기본구상으로 다루고 있었다. 1955~1959년 이브레아에 있는 올리베티사의 복합적인 레크리에이션 센터(Mensa Olivetti in-Ivrea 1958)가 준공된다.**루이지 피지니(Luigi Figini)와 지노 폴리니(Gino Pollini)**도 또, 이미 1923년에 밀라노 트리엔나레 예술가를 위한 아틀리에 겸용 주택을 출전해서 30년대의 이탈리아 합리주의를 기념하는 자취를 남겼다. 백색 도장과 산지 그대로의 조적식 벽체 사이에서 나타나는 질감의 콘트라스트, 그리고 고정벽과 가동벽의 사용에 의한 공간분절의 콘트라스트가, 이 즉물적 건축의 공간을 활기있게 한다. 1939~1940년 이부레아의 올리베티사의 공장과 관리 사무 부문이 그들의 설계에 의해 완성된다. 그 정면은 전면 글라스이며, 그 분절에서는 그들의 조형감각이 잘 보이고 있다. 1952~1958년에는 밀라노에 바실리카 평면 형식의 마돈나 디 포베리 교회가 건설된다. 노출 콘크리트, 신랑의 섬세한 채광창, 그리고 거친 거의 미완성에 가까운 브루탈한 마무리가 불가사의한 신비적 분위기를 나타내고 있다.이상 유럽의 동향과 비교해 볼 때, 미국의 경우는, 한층 전형적인 동향을 볼 수 있다. 그 원인은 첫째, 경제력의 거대함과 공업화의 진보라는 점에서, 그리고 그것과는 반대의 관계에 있는 낙관적인 진보신앙과 이데올로기라는 면에서의 소박한 점으로부터 미국이 유럽 제국보다는 훨씬 유리했었다.1949년에 미국의 건축가·디자이너·영화제작자인, 임스체어로 유명한 **찰스 임스(Charles Ormond Eames, Jr, 1907-1978)**가 캘리포니아 주 퍼시픽 팔리세스에 아틀리에 겸용의 자저(Eames House, 1949)를 건설했다.

Glass House, Philip Johnson 1949

Seagram Building, Philip Johnson, Mies van der Rohe, New York, 1956

이 2층 주택은 철골구조와 거의 완전하게 규격화된 공업제품의 조합을 가능하게 하고 있다. 격자상의 금속제 골조에, 규격화된 투명한 혹은 투광성있는 글라스와 타코파넬이 끼워져 있다. 이 격자의 시각적 경쾌함, 섬세함 그리고 세련된 프로포션은 일본건축을 생각게 한다.

필립 존슨(Philip Johnson 1906-2005)은 부유한 변호사의 가정에서 성장했으며, 원래부터 언어 문헌학적 교양의 소유자이었다. 그러나 미술사 및 출판관계의 작업을 통해서 점점 건축실무에의 관심을 깊게 했다. 1930년대 그는 뉴욕의 근대 미술관의 건축부문 담당자이었다. 1930년대에 그는, 유럽에서 **미스 반 데르 로에(Mies van der Rohe)**와 친분을 가졌다. 1932년 그는, 헨리 럿셀 히치코크(Henry Ru-ssell Hitchcock)와의 공저인 『인터내셔널 스타일 1922년 이후의 건축』을 간행했고 결국 큰 반향을 얻었다. 하버드 대학 대학원에서 **마르셀 브로이어(Marcel Breuer)** 밑에서 건축을 공부했으며, 그 후 1947~1949년에 코네티컷 주의 뉴캐넌에 자저(The Glass House or Johnson house, built in 1949 in New Canaan, Connecticut) 를 건설했다. 이 자저의 특히 주동 「글라스 집」에는, **미스 반데르 로에(Mies van der Rohe)**의 영향이 역력하게 나타나고 있다. 특히 거의 동시기에 건설된 미스의 판스워스 저(1945~1950년)에의 의존이 명백하다. 그러나 존슨은 철과 글라스만을 이용한「글라스 집」, 연와조의 게스트 하우스, 그리고 원형의 Pool이라는 3요소를 조합시켜서, 그의 독자적인 작품을 만들었다. 중요한 것은, 이 우아한 「글라스 집」이 낮은 연와의 기초 위에 놓이는 점이다. 미스의 판스워스 저가 트래버틴의 계단 · 테라스 · 바닥판에 의해서 지면으로부터 분리되어 들어 올려 진 것과는 대조적이다.1954~1955년 뉴욕 주의 포토 체스터에 크네시스 티프레스 이스라엘 교회가 완성된다. 천막장으로 펼쳐진 석고 마무리의 천장은, 합리주의 특유의 「실직성」을 거부하고, 그의 매너리즘에 대한 경향을 예감하고 있다. 1954~1958년에 존슨은, 뉴욕 시그램 빌딩(The Seagram Building, in collaboration with-Mies van der Rohe, New York, 1956)의 건설을 위해 미스와 공동 작업을 했다.

16

1960~1964년에는 뉴욕의 1957년에 **월라스 카크만 해리슨(Wallace Kirkman Harrison)**의 지휘 하에 건설이 시작된 링컨 센터 중에서, 그의 설계에 의해 뉴욕 주립극장(New York State Theater at Lincoln Center, with Richard Foster, 1964)이 건설된다. 이 센터의 구성은, 로마에 있는 미켈란젤로 설계의 피아차 캄피토리오의 기발한 복사이다. 존슨의 극장은 보자르풍 평면구성의 전면에, 철근콘크리트조의 호리한 각주와 그 뒤에 글라스의 파사드로 인해, 모뉴멘탈하고 고전주의적 경향이 강한 건물이 된다.

그러나 **막스 아브라모비츠(Max Abramovitz 1908-2004)**의 아카데믹한 분위기가 강한 필하모니 홀(Avery Fisher Hall at Lincoln Center, originally the Philharmonic Hall, opened 1962년) 그리고 해리슨의 엄격한 상태의 메트로폴리탄 오페라 극장(1966년)과 비교해 보면, 그의 건물에는 세련된 기품이 있다.

1962~1966년 **리차드 포스터(Richard Foster)**와의 공동설계에 의해 그는, 코네티컷주 뉴 헤븐에 예일 대학 클라인 과학 센터를 건설한다. 중후한 그리고 대단히 모뉴멘탈한 탑상 건물이다. 이 건물에 나타나는 기하학의 중후한 도입은, 과학이 가지는 특이한 해석의 표현으로 보아도 좋을 것이다.

New York State Theater at Lincoln Center, Philip Johnson with Richard Foster, 1964

The Metropolitan Opera House (left) and Avery Fisher Hall (right) at twilight

18 Amerika Telephone & Teligraph Company, New York 1978 Philip Johnson

1970~1978년 존슨은, **존 버기(John Burgee)**와 함께 텍사스 주 휴스톤에 다시 후기 합리주의로 남는 사무소 건축 펜조일 플레이스(Pennzoil Place Houston, Texas)를 건설했다. 3각형의 평면과 검은 글라스의 프리즘 2개가 능선을 아슬아슬하게 세우고 있다. 그 지반 밑에는, 넓은 글라스 천장으로 마감된 홀이 양 프리즘의 간격을 채운다. 완전히 균일한 글라스의 마감은 내부의 구조 · 기능의 해석을 불가능하게 한다. 건물은 분명 검은 거대한 프리즘으로서 완전히 비물질적인 볼륨으로 변해 버렸다.

그는 1978년, 뉴욕에 있는 아메리카 텔리폰 & 텔리그라프 컴퍼니(Amerika Telephone & Teligraph Company)의 고층 빌딩 계획안을 발표했다. 그 형태는 르네상스, 고전주의 그리고 아르데코(Art Deco)의 혼합이다. 파사드를 형성하는 펜델풍의 「상자 속에 들어 있는 대형 벽시계」의 상단 개구부로부터, 추운 날에는 난방장치가 증기를 뿜어 낼 것이다.
미스 반 데르 로에(Mies van der Rohe)의 엄숙함과 명확하게 대립하는 존슨의 매너리즘에는, 유토피아적 혹은 사회 비평적인 의미는 전혀 없다. 그는 단지, 건축을 건축주 및 신기성을 요구하는 일반대중에 대해서 친근감을 일으키게 하려 했다. 그의 제안에는 깊은 사상은 없지만, 그 목표에서, 보다 많은 사람들로부터 동의를 획득한 것은 분명하다.

20 United Nations Headquarters, New York 1947 Le Corbusier

Lever House, New York, United States, 1952 SOM

1948~1950년 막스 아브라모비츠(Max Abramobitz)와 워러스 카크만 해리슨(Wallace Kirkman Harrison)의 설계 회사가, 뉴욕 국제연합 빌딩(United Nations Headquarte-rs)을 1947년에 묘사한 **르 꼬르뷔제(Le Corbusier)**의 스케치에 따라 상세설계를 진행시켜서 건설했다. 얇은 판상의 초고층 빌딩은 백대리석의 무공벽(단변)과 녹색의 글라스 파사드(장변)에 의해서 구성된다. 이 글라스벽에서는 모듀율에 따라 치수가 조정된 창이, 2,730회 반복한다. 동일 요소의 반복에 의해 인간적 척도와의 관련을 전혀 갖지 않는 거대 건축을 만들어 내는 것은 르 꼬르뷔제(Le Corbusier)의 유니테 다비타숑에서는 보이지 않았던 것이다. 유니테 다비타숑에서는 주호의 특징이 외부에도 표현되고 있다. 건축이 개(個)를 표현하지 않았던 것은, 그 건축을 지지하는 주체가 관료조직인 것과 관계가 있을 것이다.

미스 반 데르 로에(Mies van der Rohe)가 만들어 낸 「글라스와 철의 건축」을, 상업 건축에 적용한 최초의 예 중 하나가 뉴욕의 레버 하우스(Lever House, New York City, Ne-w York, United States, 1952)일 것이다. 이것을 설계한 것이 1936년에 창설된 미국의 설계 회사 **SOM(루이스 스키드모어 ; Lewis Skidmore, 나사니엘 알렉산더 오우잉스 ; Nathaniel Alexander Owings, 존 오그덴 메릴 ; John Ogden Merrill)**이다. 이 고층 건축에서는 구조체가 내부로 들어오면서, 자유로운 커튼월(curtain wall)이 도입된다. 경쾌한 파사드를 형성하는 것은, 섬세한 스텐레스와 글라스가 나타내는 수평선과 수직선이다. 파사드는 특히 방향성을 초래하지 않는 중용을 유지한다. 확실히 이런 공허함을 느끼게 하는 순수주의, 전체적으로 조화로운 각부의 프로포션, 그리고 전체의 엄격한 기하학적 형태를 만들어내기 위한 디테일의 우수성에는, **미스 반 데르 로에(Mies van der-Rohe)**의 가르침이 나타나고 있다. 그렇지만 합리주의의 거장의 경우에 있어서, 건축언어의 자기억제 그 자체가 의도적으로 행해지고 있으며, SOM의 건물에는 단순히 사회적 · 기술적, 그리고 경제적인 제약이 건축에 나타날 뿐이다.

22

John Hancock Center, Chicago, Illinois, United States, 1969 SOM

1년 전에 완성한 시카고의 레이크쇼 드라이브 아파트(Lake Shore Drive Apartments - Residential Apartment Tow-ers, Chicago)는, 신비적인 세계관의 구체화에 노력한 미스라는 한 사람의 건축가가 존재하지만, 레버 하우스는 그 규모, 분업 시스템 그리고 익명성을 위한 하나의 설계팀이 존재하게 된다. SOM은 급격하게 성장해서, 세계 각지에 그 회사가 존재하며 그 인원만 해도 수천을 헤아릴 정도의 대규모 회사로 발전하고 있다. 이러한 대규모 조직에 따라 건축가의 작업과 역할도 변화하고 있다. 즉, 그들은 벨트 콘베어의 흐름에 충실한 공장 노동자에 가까운 존재가 되고 있는 것이다.브뤼셀의 람벨 은행(1957 ~1965년)은, SOM이 새로운 방향으로 작업을 진행하는 실마리가 되고 있다. 이 독특한 외장의 건물은, 커튼월(curtain wall)이 아니라 창이라는 건축 언어가 부활하고 있으며, 고전주의적 질서가 전체를 지배하고 있다. 샌프란시스코의 존 행코크 빌딩(1960년)에서는, 더욱이 그 기초부의 거대한 콘크리트 기둥 보의 조소적 조형으로 **표현주의적 경향**이 나타나고 있다.

1965~1968년 SOM의 시카고 사무소를 대표하는 **월터 네치(Walter Netsch)**는, 자기가 주장하는 「필드 이론」을 응용해서, 일리노이 대학 시카고 스쿨 캠퍼스의 건축 · 예술 연구동을 완성시켰다. 그는 평면을 기하하적인 패턴 위에서 체계적으로 전개시켰다. 정방형을 포개서 회전시킴에 따라 얻을 수 있는 다양한 크기의 8각형이 기본패턴이 된다. 이 패턴 우선의 평면 구성법은 기능상 많은 문제를 남기고 있지만, 시각적으로는 변화가 풍부해서 아름답다.시카고의 존 행콕크 센터(John Hancock Center, Chicago, Illinois, Uni-ted States, 1969)는 초고층 빌딩의 조형에 다시 우아함을 표현했다.

Lake Shore Drive Apartments, Chicago
Ludwig Mies van der Rohe

24 Sears Tower, Chicago, Illinois, United States, 1973 SOM

통상 고층 빌딩에서는, 엘리베이터와 계단의 코어 부분에서 행해지는 구조 보강이, 이 건물에서는 외벽에서 행해지고 있다. 위로 올라감에 따라 점점 가늘어지는, 이 100층의 초고층 빌딩 4면의 파사드에, trussed tube가 나타난다. 그리고 trussed tube에 의해서, 일체적으로 보강된 4면의 외벽은 구조적으로는 하나의 상자로 작용한다. 이로 인해 강재의 사용량을 상당히 감소시킬 수가 있었다. trussed tube는 조형적 · 구조적 그리고 경제적으로 상당히 유효하였지만, 상당한 수의 창이 대각선 방향으로 분절된다는 단점이 있었다.

1972~1974년에는, 똑같이 시카고에 SOM의 시어즈 타워(Sears Tower, Chicago, Illinois, United States, 1973)가 완성된다. 전체는 9개의 높이가 다른 정방형 단면의 긴 각주를 묶은 것 같은 형태이다. 가장 높은 부분은 450m 이다. 이 정방형 단면의 각주는 각기 한 개의 튜브(tube)가 되며 주위에 지주가 있고, 그 내부는 완전히 자유로운 평면계획이 가능하였다. 즉, 존 핸콕크 센터의 구조 원리를 발전시킨 것이다. 미학적으로 볼 때, 입체 격자 속에서의 한정된 요소의 조합에는 **미니멀 아트(minimal Art)**와 통한다.SOM의 새롭고 질 높은 해결을 찾으려는 꾸준한 노력은, 미국의 거대한 건축 설계회사로서는 드물지만, 형태의 절충주의에 의해서, 단지 외관상의 후기 합리주의를 초월한 것에 지나지 않는다. 그들의 건축은 외견의 다양성에도 불구하고, 항상 같은 것의 표현에 지나지 않았다. 시카고파의 건축과 똑같이 SOM의 건축도 경제적 · 기술적인 팽창 확대주의의 산물이며, 이 정신은 미국인이 개척시대로부터 계승해서, 현대 아메리카계의 트러스트(trust) 혹은 다국적 콘체른(konzern)을 지지하는 것과 같다. 확실히 이러한 정신적 풍토상에서 SOM의 건축은 성립하고 있었다.

26

Kresge Auditorium and Chapel, at Cambridge, Massachusetts, 1950-1955 Eero Saarinen

핀란드인 **에로 사아리넨(Eero Saarinen 1910-1961)**은 에리엘 사아리넨(Eliel Sarrinen)의 아들이며, 양친과 함께 미국으로 이주했다. 이미 1949년 제퍼슨 기념비 건립 설계경기(Jefferson National Expansion Memorial)에서 입상하여, 세인트루이스의 미시시피 하구에 192m 높이의 거대한 현수곡선 아치의 기념비를 스텐레스 피복 콘크리트를 이용해서 건설했다. 1951~1957년 그는, 부친과 함께 미시간주 워렌에 제네랄모터스 기술 연구소(General Motors Technical Center, Warren, Michigan)를 건설했다. 미스 반 데르 로에(Mies van der Rohe)의 일리노이 공과대학을 생각하게 하는 정연한 배치계획에 의해 단순한 직방체의, 그러나 그 크기와 외피의 마무리에 있어서는 미스와 다른 건물이 중정의 인공 호수 주위에 서 있다.

사아리넨은 기하학적 형태와 공학기술의 솔직한 이용에 의해, 절충적이고 실험주의적인 매너리즘(Mannerism)의 결점을 보강하고 있다. 1955년에는 매사추세츠 주 케임브리지에 매사추세츠 공과 대학의 오디토리엄과 샤펠(Kresge-Auditorium and Chapel, at Cambridge, Massachusetts, 1950-1955)이 완성된다.

Jefferson National Expansion Memorial 1949
Eero Saarinen

TWA Terminal at JFK International Airport 1956-62, Eero Saarinen

Yale Hockey Rink, at New Haven, Connecticut, 1956-1958

전자는 3점 지지의 콘크리트 쉘(concrete shell)이며, 후자는 연와의 실린더이다. 1956~1958년에는 코네티컷주 뉴헤븐에 예일 대학의 하키링크(Yale Hockey Rink, at New - Haven, Connecticut, 1956-1958)가 실현된다.

계란형의 평면을 덮고 판자를 댄 지붕은 골조인 노출철근콘크리트 아치와, 이 아치와 외주의 옹벽 사이에 펼쳐진 케이블에 의해 지지된다. 1956~1962년에는 뉴욕의 아이들웨일드 공항(현재 존 F. 케네디 국제공항)의 TWA 공항 터미널(TWA Terminal at JFK International Airport)이 완성된다.

30

Ford Foundation Building, New York City, which features a dramatic 12-story jungle atrium. 1967

1961~1968년에 **케빈 로쉬/존 딩겔루** 사무소는, 캘리포니아 주 오클랜드에 오클랜드미술관(Oakland Museum, Oakland, California, 1961-1968.)을 건설했다. 이 미술관은, 다양한 방향으로 접근할 수 있는 하나의 정원으로서 구상되고 있다. 전시공간은 지하에 있으며, 건물전체가 작은 단상으로 되어있기 때문에, 어떤 장소에서도 앞의 단에 있는 풍부한 녹지의 옥상으로 나갈 수가 있다. 옥상에는 잔디, 계단, 넓은 계단참, 혹은 숲속 산책로가 만들어지고 있다.1963~1968년에는 뉴욕에 포드재단 본부(Ford Foundation Buil-ding, New York City, which features a dramatic 12-story jungle atrium. 1967)가 완성된다. 초고층 안은 의도적으로 멀리 했으며, 주변건물과의 조화가 추구되고 있다. 내부는 12층 건물 전체높이에 상당하는 중정의 대공간이 있으며, 관엽식물이 풍부하고 무성하게 자라고 있다. 이렇게 해서, 개개의 오피스는 소음과 배기가스로 채워진 도로에서가 아니라, 충분히 기후가 조정된 녹색의 「온실」을 향해서 열려 있는 것이다.

1965~1969년에는, 코네티컷 주 뉴 해븐에 나이트 오브 콜럼버스 본사(Knights of Columbus Building, New Haven, -Connecticut, 1965-1969.)가 실현된다. 네 모서리에 서 있는 암갈색의 시유 타일을 붙인 상자형 타워가 눈을 끄는 3층 건물이다. 건물 중심에 엘리베이터 코어가 있으며, 이 코어와 네 모서리의 서비스 타워에 의해 보가 지지되며, 그 보 위에 바닥판이 놓인다. 바로 옆에 1965~1972년에 건설된 뉴 해븐 재향 군인 기념 경기장(New Haven Coliseum, Ne-w Haven, Connecticut. 1972, demolished, January 2007)은, 부지 조건으로부터 주차장을 지상보다 높게 건물의 머리로 배치했기 때문에 주차장 특유의 형태가 건물의 외관을 지배하게 되었다. 이 주차장은 1만명 수용의 경기장과 전시 홀의 지붕에 의해 이루어지고 있다. 이 경기장의 경우에도, 콘크리트가 암갈색의 시유 타일로 마감되며 금속부분은 내후성 강이다.

32

Hyatt Regency, San Francisco, California 1968-73
John Portman

1967~1971년에는 로쉬/딩켈루는 인니애나 주 인디애나폴리스 칼리지 생명보험 회사 본사(College Life Insurance Co., Indianapolis, Indiana, 1967-1971)를 건설했다. 철근 콘크리트와 미러 글라스의 피라밋 3동이 건설되었다. 이 철근 콘크리트 구조체의 내부에는 설비 서비스 기능이 들어가며, 그 사이에는 또 두 면을 미러 글라스에 의해 둘러싼 대규모 사무 공간이 된다. 내부의 섬세한 움직임을 이해한 이 건물은, 그 거대함과 기념비성에 의해 모든 척도를 초월한다.로쉬/딩켈루는 글라스의 대공간을 다양하게 시도했지만, 이 경험을 건축가이며 하이앗트 리전시 호텔의 공동소유자인 존 캘빈 포트만(John Portman 1924-)이 더욱 적극적으로 노력하였다. 1968-1973년 포트만이 설계한 하이앗트 리전시호텔의 센프란시스코점(Hyatt Regency, San Francisco, California)은 거의 3각형 평면의 건물이었다. 거대한 공간을 내포하고 있지만 그것은 현실의 도시 속에서는 잊혀진 도시 광장을 완전히 인공적으로 재생하려 했던 것이다. 그 재료·색채·효과는 자기 현시, 킷츄 그리고 기술 신앙이라는 요소의 혼합 그 자체이었다. 형태의 독자성에 대해서는 역시 의문이 남지만 통상 대규모 호텔의 진부함과는 대조적이다.

College Life Insurance Co., Indianapolis, Indiana, 1967-1971
K. Loche& J. Dinkeloo

폴 루돌프(Paul Rudolph 1918-1997)는 하버드대학에서 그로피우스에게 건축을 배웠다. 그는 1948년부터 1962년까지, 폴로리다에서 많은 별장을 건설했다. 그 중에는 가라소타의 케이지 키에 그가 설계한 디아링저택이 포함된다. 공간은 글라스로 싸여지며, 그 글라스 면은 각주로부터 분절되어 순수주의(Purism)적인 성향을 나타낸다. 그는 1955~1958년, 매사추세츠 주 웰스리에 웰스리칼리지의 메리쿠퍼 쥬이트 예술 센터를 건설하며, 이 건물에서는 고딕 양식의 경향이 보이고 있다.

1958~1959년에는 사라소타에 고등학교(Riverview High-School, Sarasota, Florida)를 건설했다. 동일 요소의 반복과 전체의 성격을 파악하고 거기에 기묘하게 형태를 부여하는 루돌프의 매너리스트적인 일면이 잘 나타난다.

36

Riverview High School, Sarasota, Florida Paul Rudolph

1958~1964년에는, 코네티컷 주 뉴 해븐의 예일대학 예술건축학부동(Yale Art and Architecture Building)이 완성된다. 6층의 철근 콘크리트조 건축은, 내부에서는 36단의 레벨로 발전하며, 모서리부의 조형에는 도시에의 배려가 나타나고 있다. 이 분절이 진행된 평면은, 풍차의 날개처럼 구성되며, 공간의 상호 관입에서, **프랭크 로이드 라이트(Fra-nk Lloyd Wright)의 영향**을 나타내고 있다.

여기에도 중요한 기능이 중심부에 배치된다. 지하 2층에 강당이 들어가며, 그 위에 열람실 및 서고가 들어간다. 현관입구의 레벨에는, 천장의 높이가 다양하게 변화하는 갤러리가 있는 설계실이 들어간다. 지붕 밑에는 회화용 아틀리에가 배치된다. 계단 엘리베이터는 탑 속에 배치되고, 보다 작은 연습실과 여러 가지 이용이 가능한 니체 상의 소공간이 이 탑 주위에 배치된다. 기능주의적인 내부와 외부의 대응은, 이 건물에서는 전혀 문제가 안 된다. 골격을 형성하는 「**브루탈하게**」 접합된 강력한 수직 수평 요소가, 넓은 글라스면과 콘크리트를 통해서 그 조소성을 확대시킨다. 콘크리트는 공간을 둘러싸는 벽처럼 수직 부재에서는 세로홈이 새겨지며, 천장 지붕의 수평부재에서는 수평으로 새겨지고 있다. 수평 마무리와 거친 세로홈의 마무리 두 종류의 콘크리트 평면이 내부 공간을 복잡하게 구분하고 있다.

38 Yale Art and Architecture Building 1958-64 Paul Rudolph

1959~1963 루돌프는, 코네티컷 주 뉴 해븐에 1,500대를 수용하는 4층의 주차장 건축을 건설했다. 바닥보와 일체화된 콘크리트 지주가 2개씩 묶여서 입면을 구성한다. 그 조소적 표현은 완전히 실용건축으로 어떤 장중한 분위기를 부여하고 있다. 1960~1961년에 똑같이 뉴 해븐에 건설된 예일대학 기혼자 학생기숙사에서는, 작은 단상의 구성으로 요철이 많은 외관이 마을과 같은 분위기를 나타낸다. 분명히 페블로인디언의 토착적 건축의 영향에 의한 것일 것이다 .

1960~1962년에는, 플로리다 주 잭스빌에 표현주의적-형태주의적인 마이람 저가 완성된다. 이 주택에서는, 파사드가 내부 기능과는 무관계하게 장방형의 조합으로 구성되고 있다. 신조형주의적 경향이 대단히 강했다.

1967~1972년에는 보스톤의 행정지구에 1962년에 설계된 스테이트 서비스센터(Government Service Center, Boston)가 건설된다. 정신 요양동과 사회 보험동은, 중정을 향해서 단계적으로 낮아지고 있다. 루돌프가 좋아하는 풍차의 날개와 같은 형태, 즉 卍자의 평면을 갖는 탑에는, 보건 위생관계 그리고 교육관계, 더욱이 후생 복지관계의 동이 들어간다. 그리고 이 탑은 서비스 센터의 소용돌이형 구도의 핵 부분에 존재한다. 이 탑의 기반에는 탑을 중심으로 해서 소용돌이 혹은 부채모양으로 계단이 확장되며, 그 우아한 움직임 속에서 사람들은 지하주차장까지 인도된다.

Government Service Center, Boston 1967-72 Paul Rudolph

Boston City Hall, 1962-1968 Paul Rudolph

폴 루돌프(Paul Rudolph)의 건축은 상당히 조형주의적이며, 또 상당히 극적이며 키츄로 볼 수도 있다. 이와 같은 루돌프의 건축과 대조적인 것은, 똑 같이 보스톤의 행정 지구 안에 서 있는 제라드M,콜만(Gerhard M. Kallman), 에드워드 F.놀스(Edward F. Knowles)그리고 노웰 마이클 맛키넬(Noel Michael Mckinnel)에 의해 설계된 보스톤 시청사(Boston City Hall, 1962-1968)이다.

노출콘크리트의 철저한 이용, 형태언어의 불협화한 조합, 더욱이 장방형의 전체구도 안으로의 모든요소의 강인한 삽입은, 르 꼬르뷔제(Le Corbusier)의 라 툴레트 수도원을 생각게 한다. 그렇지만 각 레벨은 서로 융합한다. 파사드는 열려 있으며 모서리는 애매하게 끝난다. 다양한 레벨의 외부통로가 그대로 건물내부를 관통한다. 그 결과 건물은 도시 속에서 완전히 융합된다. 동시에 광장의 연와 바닥이 그대로의 형상 위에 있으며, 거기서도 공간이 나타내는 것에 의해, 건물 내외가 구별 없는 다양한 공간이 서로 관계하고 있다.

미국에서 활약한 중국인 **이에오 밍 페이(Ieoh Ming Pei 1917-)**는, 1962년 몬트리올에 십자형 평면에 초고층 빌딩(Place Ville-Marie (abbreviated as PVM; also previously called Royal Bank Tower)을 건설했다. 거대한 파사드 전체의 엄격하게 동일형태를 반복하는 후기 합리주의 건물이다. 1967~1978년 그는, 핸리 N. 코브(Henry N. Cobb 1926-)와 공동으로, 미러 글라스인 미스풍의 초고층 존 행콕크 타워(John Hancock Tower, in Boston, Massachusetts-Pei gives Henry Cobb the credit for this building)를 보스톤에 건설했다.

1971~1978년에는 워싱턴 D.C에 내셔널 아트 갤러리(East Building, National Gallery of Art, in Washington, DC 1974-1978)가 완성된다. 부정형의 4각형 평면은, 날카로운 능선이 외관에 나타나는 2개의 3각형으로 분할된다. 이 분할은 도시에의 배려로서 그 의미를 갖고 있다. 부정형의 입체와 무창의 벽면이 지배적인 파사드와는 대조적으로, 내부에서는 공간이 유동하고 다양한 레벨을 3차원적으로 전개시키고 있다.

East Building, National Gallery of Art, in Washington, DC 1974-1978Ieoh Ming Pei

44 Stadio Artemio Franchi, Florence 1931 Pier Luigi Nervi

기사(Engineer)건축을 대표하는 사람은 이탈리아인 **피에르 루이지 네르비(Pier Luigi Nervi 1891-1979)**이다. 그는 기술적이고 고도로 발전시킨 구상에 가변성 프로포션 율동성의 3요소의 구사에 의해 미적효과를 나타내고 있다.

그는 로베르 마이야르(Robert Maillart)와 유제느 프레시네(Eugene Freyssinet)의 철근 콘크리트 구조의 전통을 계승하고 있다. 그는 1930~1932년에 피렌체 시립 스타디움(St-adio Artemio Franchi, Florence 1931)을 건설했으며, 노골적인 구조 요소가 보이는 박력 있는 표현은 전례가 없는 것이었다. 그가 1935년에 설계한 400평방미터의 대공장을 덮는 비행기 격납고는, 1936년으로부터 1941년에 걸쳐서 올비에트, 올베티로 그리고 토레 델 라고에 건설된다. 기하학적이고 아름다운 모양을 묘사한 지붕의 격자보를 흐르는 힘은, 고딕의 경쾌한 플라잉 버트레스와 같은 형상을 한 6개의 지주에 의해 지면으로 전달된다. 구조체가 동시에 미적효과를 발휘하는 전형적인 예이다.

1948~1949년에는 토리노에 그의 박람회용 전시관(Exhib-ition Building, Turin, Italy 1949)이 완성된다. 홀의 지붕은 프리캐스트재 사용의 일체적인 볼트 구조이다. 그러나 장축 방향의 단면을 보면 분명한 것처럼 볼트 면은 작은 파형을 되풀이하고 있다. 즉, 평면에 파형을 만드는 것(철판구조)에 의해서 외력에 대한 저항력을 높이고 있다. 제2홀이 1950년에 건설되었으며, 여기서는 홀의 네 모서리에 배치된 아름다운 형태의 구조 지지체가 힘을 밑으로 전달하고 있다.1956~1961년에는 토리노의 노동 회관(Palazzo del-Lavoro, Turin 1961)이 건설된다. 철근 콘크리트 지주가 방사상으로 놓여 보와 일체화되며, 그 주두는 버섯모양으로 확장된다. 지붕과 지주가 한 단위의 반복에 의해 동시에 형성되는 것이다.네르비는 다수의 논문을 써서 자기의 건축사상을 발전시켰다. 즉, 그에게 있어서 좋은 구조와 좋은 형태는 같은 뜻이다. 그리고 그의 천재적인 조형감각이 이 양자의 종합이라는 어려운 과제를 완벽하게 해결하고 있다.

Buckminster Fuller Interior of Dymaxion House

Buckminster Fuller.Dymaxion House as instal in Henry Ford Museum

페릭스 칸델라(Felix Candela 1910-1997)도 또한 스페인인이었다. 그는 오로지 쉘 구조만을 사용했다. 그는 제2의 고향 멕시코에서, 다수의 참신한 디자인의 콘크리트 구조물을 건설했으며, 그것은 네르비 보다도 코로하의 작업에 가깝게 균질하고 일체적인 피막을 구상하고 있었다. 1954~1955년에는 멕시코시티에 삼랑식 교회 산타 마리아 미라크로사를 건설했다. 이 복잡한 곡면의 지붕은 4cm 두께이며, 그 형태는 안토니오 가우디를 생각게 한다. 1957~1958년에는 그와 호와킨 &페르난드 알바레스 올드니에스(Joaq-uin Ordonez)와의 공동 설계로 소치미르코에 레스토랑 「로스 마난티아레스」가 완성되었으며, 이 레스토랑은 포물선의 쉘 8장으로 만들어진 물에서 꽃이 핀 「콘크리트 꽃」이다.

기사(Engineer)건축을 보다 철저한 형태로 나타내는 것은, 미국인 **리차드 버크민스터 폴러(Richard Buckminster-Fuller 1895-1983)**일 것이다. 그는 기사 발명가이며, 모든 것을 대상으로 한 포괄적인 사상가로서, 우리의 「우주선 지구호」의 환경문제를 해결하는 방법을 계속 추구했다. 다양한 기업과 제휴하면서 작업을 계속했고, 1927년에 그는, 「**다이맥시온 하우스(Dymaxion house 1927)**」를 설계했다. 그가 생각하는 주택은 지구 곳곳을 자유롭게 이동할 수 있는 것으로, 비행기, 배 혹은 자동차와 상당히 유사한 것이다. 고강도 경량 금속 제라르민을 이용한 완전하게 자동화된 주택이, 중심을 관통하는 하나의 지주에 매달려 있다. 「다이맥시온 Dymaxion」이라는 명칭은 「다이나미즘 Dy-namism」과 「맥심 Maxim」의 합성이며, 그가 추구하는 것을 잘 표현하고 있다. 상당히 변형되었지만, 다이맥시온 하우스는 1944년에 캔사스 주 위치타시에서 제작된다.

제2차 세계대전 후 풀러는, 적정속도로 건설 가능하며 경량으로 대 공간을 덮을 수 있는 구조물의 개발에 열중했다. 이 연구의 성과가 「지오디식돔 Geodesic dome」이다. 그 형태는 8면체 혹은 4면체를 기본단위로 하는 구 형태의 복합체이며, 재료로 금속, 플라스틱, 프리스트레스트 콘크리트, 두꺼운 종이, 나무 그리고 합판 등을 이용하여 다양하게 시도하였다.

1967년에는 몬트리올 만국 박람회의 미국관(Montreal, Canada World's Fair as part of the American Pavilion)이, 이 지오디식 도움으로 만들어졌으며, 플랙시 글라스와 강재를 이용한 직경 80m의 돔이었다.

독일 태생 미국인 **콘래드 왁스만(Konrad Wachsmann)**은, 하인리히 티세나우(Heinrich Tessenaw)와 한스 페루찌히(Hans Poelzig)의 제자이며, 스승들과는 다른 건축 공업화의 길을 걸었다. 그렇지만 그도 또, 건설과정의 과학적□기술적 분석과 동시에 구조의 미학적 파악에 노력했다. 1941~1948년 그는 월터 그로피우스(Walter Gropius)와 공동으로 설계 활동을 하였으며, 이 사무소가 후에 제네랄 파넬 회사로 발전했다. 프리패브 건축부재의 생산에 대한 완전 자동화를 최초로 실현시킨 공장이다. 그리고 이 시스템화의 추구로부터 목재 유니트를 이용한 제네랄 파넬 코퍼레이션 빌딩 시스템이 고안된다.아직 1940년대의 현상이지만. 그는 미국 공군의 의뢰를 받고, 대단히 자유도가 높은 구조체 「모빌라 스트럭처」를 개발했다. 이것은 강(steel) 파이프의 지지체의 연결에 의해서, 어떠한 규모의 비행기 격납고도 건설할 수 있었다. 240m 길이에 50m의 폭을 갖은 대 구조체가 구상되었으며, 시각적으로도 매력 넘치는 것이었다. 건축적으로는 판넬 혹은 경량 외벽만으로 개방적인 입체골조 건축이었으며, 종래의 조소적인 육중한 건축형태는 완전히 그 모습을 잃고 있다. 이와 같은 구조체의 성장은 적합된 기본요소가 가지는 법칙성에 따른다. 그 미적효과는 본질적으로 기하학과 리드미컬한 반복에 의한 것이다.왁스만의 이론적인 작업 목표는, 과거 저효율의 수작업에서, 빠르고 가격도 싼 효율 높은 기계에 의한 양산체제에로 전환시키는 것이다. 그것을 위해서는, 부재가 단순하고 동시에 다양게 조합이 가능해야 하며, 때문에 그의 연구는, 모듈러 코디네이션을 출발점으로 해서, 그의 용어에 따르면 「만능부재」의 개발을 그 목표로 하는 것이다. 이와 같은 프로그램 속에서 건축가에게 주어진 역할은, 기술적으로 규정된 소재를 창조적으로 이용하는 것에 의해 하나의 종합작품을 만들어 내는 것이었다. 그의 저작 중에는, 『건축의 전환점』(1959년)의 영향력이 특히 컸다.

50 Jean Prouve Vitra petrol station

경금속의 건축가로도 불리는 프랑스 인 **장 푸르베(Jean Prouve 1901-1984)**는, 아르누보(Art Nouve)의 예술가를 부친으로 모시고, 그 자신 금속세공의 숙련공이었다. 그는 1934년에는 이미 우아한 커튼 월(Curtain Wall)공법을 개발해서, 그것을 1936년 뷰크 비행장의 클럽하우스 그리고 1937~1939년 클리시의 「인민의 집」에 이용했다. 이 후에도 푸르베는 경량 커튼 월을 이용한 일련의 건물을 설계했다. 이러한 건물이 나타내는 푸르베의 디자인 특징은 프로포션의 아름다움, 정확한 디테일 그리고 푸르베의 금속제 부재의 사용으로부터 둥그스름한 창의 모서리 부분이다.

그러나 푸르베(Jean Prouve)가 파사드에 대해서 공장생산과 그 조형을 추구했다는 의미는 아니다. 지붕재로부터 설비코어에 이르기까지 모든 부재에 대해서, 그는 공장생상의 가능성을 탐구했다. 그리고 주택□교사□매점□실험실과 같은 다양한 건축에 대해서, 총합적으로 프리패브화와 양산시스템의 개발을 진행시켰다.1949~1950년 그는, 누군가의 협력을 얻어서, 뮤든 베르뷰 주택지에 쉘 구조 주택을 건설했고, 1954년에는 같은 장소에, 앙리 푸르베(Henri Prou-ve)와 안드레 시브(Andre Sive)의 협력을 얻어서, 연와벽과 프리패브 부재의 조합에 의한 실험 주택을 건설했다.

·ouve Maison coloniale jean prouve

52 Roof for Olympic Stadium, Munich 1968-72 Fri Otto

독일인 건축가 **프라이 옷토**(Frei Otto 1925-)의 독창적이고, 인내심 있는 연구 설계 활동 그 작품의 다양성과 이데올로기는, 한세대 연상인 버크민스터 풀러(Buckminster Full-er)와 유사하다. 옷토도 또한 경량 구조체를 탐구했다. 그 기본사상을 재료 에너지의 최소한의 소비와 최대 효과의 달성이지만, 목표의 달성을 위해 건물단위의 호환성까지도 포함해서 완전하게 자유로운 평면계획을 생각하고 있다.1955년에 캇셀 조경 전람회의 회장에 건설된 음악당(saddle-sh-aped cable-net music pavilion at the Bundesgar-tenschau (Federal Garden Exposition) in Kassel)은, 그가 구상하는 막 구조를 최초로 구체화시킨 건축이었다. 1957년에는 켈른의 같은 전람회 회의장에 물 위에 떠 있는 별모양의 정자를 만들었으며, 그는 여기서도 막 구조를 시도하고 있다.1968~1972년 뮌헨의 올림픽 스타디움(Ro-of for Olympic Stadium, Munich)에서는 몬트리올 만국박람회 독일관(West Germany Pavilion at Expo 67 Mon-treal 1965~1967)에서의 시도를 더욱 확대 발전시켰다. 플랙시 글라스 판넬과 PVC 피복의 포리에스테르 시트가 거대한 그물과 경기장 및 Pool을 덮는다. 이 거대한 그물은 반대방향으로 경사진 큰 강주에 의해 지지되고 있으며, 그것이 주위의 초목, 완만한 지형 그리고 인공호수와 일체가 된다. 여기에 자연과 기술의 뛰어난 조화의 세계가 연출되고 있다.

1970~1975년 프라이 옷트(Frei Otto)는 칼프리트 무츄라(Carlfried Mutschler)및 요아힘 랑그너(Joachim Lngner)와 공동으로, 만하임의 조경 전람회장에 다목적 홀(Multiha-lle in Mannheim)을 만들었다. 암색의 폴리에스테르 막으로 피복된 목제격자의 가벼운 쉘 구조를 도입하여 천장이 크게 파동하는 무주(無柱)의 다목적 홀과 레스토랑이 탄생한다. 이 유동적인 내부공간은 그대로 주위의 자연 속으로 몰입된다.

00

6장

후기 모던건축 After Modern Architecture 1960-1990

긴장과 대립의 시대, 제3세계의 부상 그리고 반 기능주의의 시대

액션페인팅(Action Painting), 컨셉츄얼 아트(Conceptual Art) 그리고 슈르레알리즘(Surrealism)

02

Habitat 67 in winter Moshe Safdie

Habitat 67 in winter Moshe Safdie

긴장·대립의 불씨는 끊임이 없었다. 1962년 미국과 소비에트 연방 사이에서 일어난 세계를 핵전쟁의 위기까지 몰고 간 쿠바의 위기, 또 동년 영국군대의 상대인 아일랜드 시민전쟁. 1965년에는 1954년 이래 베트남 전쟁이 특수전쟁으로부터 국지전쟁으로 확대되었고, 미국·소비에트·중국 개입하에 1973년(베트남 평화협정)까지 계속되었다. 1966년, 故 마틴 루터 킹 목사 하에서, 「무저항의 저항」 주의를 계속한 미국의 흑인 해방운동이, 블랙파워의 유혈테러 행위로 변모했고, 동시에 그것에 대해서 무력진압의 대항수단이 채용되기에 이르렀다. 1967년, 이스라엘-아랍 제국의 6일 전쟁이 발발되었다. 1967~1969년에는, 미합중국과 서구에서 학생투쟁이 불을 뿜었다. 특히 중국의 문화대혁명(1966~1969년)에 자극을 받아서, 항의는 권위주의적인 대학제도에로, 그리고 **자본주의적·소비적인 사회시스템**으로 향했다. 1968년에는, 체코슬로바키아 공화국의 자유화·민주화 요구(프라하의 봄)가, 바르샤바 조약기구 군의 침공에 의해 압살되어 버렸다. 70년대 초두에는 유럽에 테러리즘의 바람이 불었다. 이것과 관계하는 것이, 제3세계 내부의 복잡한 분쟁이다. 제3세계 국가들은, 우선 공업 선진국의 식민지 착취에 대해서, 그리고 다음으로 공업 선진국과 손을 잡은 자국정부에 대해서, 자기들의 독립해방을 요구하는 투쟁을 시작했다. 정치적인 투쟁과 점차로 의식화된 새로운 경제적인 모든 문제가, 밀접하게 결부되고 있었다. 인구와 생산의 동시 진행적인 증대가, 공업화 2세기 사이에 지구자원의 무반성적인 소비, 동시에 무반성적인 환경오염과 복잡하게 연결되어 있었다.

이 사이에도 기술은 특히 엘렉트로닉스의 분야에서 두드러진 진보를 했다. 기술혁신과의 상호작용 속에서, 인공위성 실험이 최초의 거대한 성과를 낳았다. 1957년에는 소련의 스포트닉 1호가 인류 최초의 인공위성이 되었으며, 1961년에는 인간이 처음으로 우주비행을 행했다. 그리고 1969년 미국의 아폴로 11호 암스트롱 선장과 올드린 비행사가 달 표면 착륙에 성공했다.

04

Jasper Johns, 1954-1955 Flag

Robert Rauschenberg, Untitled combine, 1963

이상의 세계상황 속에서 개발된 종합적인 공학기술의 힘은, 건축가를 움직여서 주택이라는 장치를 개조하여 합리적·체계적으로 생각게 하는 계기가 되었다. **우주캡슐**에 자극을 받아 고도로 장치화된 최소한 주거유닛의 유토피아적 계획안이 제시되었고, 합리적인 키친유닛(kitchen unit) 혹은 배스유닛(bath unit)의 공장생산이 구체적으로 진행되었다. 이러한 유닛은 부속설비와 더불어 코어유닛(core unit)을 형성했으며, 단위로서 정량적으로 취급되었던 것이다. 동시에 1920년대에 대한 로멘틱한 정열에 대해서는, 제2차 세계대전 후의 사회적·기술적·심미적인 면에서의 실패를 이유로, 보다 회의적인 경향으로 흐르게 되었다. 공업화된 건축의 추진자이었던 이스라엘의 건축가 **모세사프디(Moshe Safdie 1938-)**는 경고한다. 「주택건설에의 대량생산 및 시스템 공학의 도입으로 수반되어 나타나는 모든 문제를, 과소평가하는 것은 위험하다. 주택은 비행기보다도 훨씬 복잡한 구조물이다. 비행기는 물리학적인 개념으로 명확하게 파악될 수 있다. (略) 주택은 물리학적인 문제인 동시에 복잡한 사회적 문제이며, 복잡한 심리학적 문제인 것이다. 주택은 사회적으로 받아들이지 않으면 안 된다.」

문화적 영역에서는, 조형예술이 심미주의와 대중성 사이에서 밸런스를 맞고 있으며, 새로운 감각적·사회적인 요구에 대응하고 있었다. 충동적인 **액션 페인팅(action painting)**에의 반동으로서, 팝 아트(pop art)는 순수하게 형식적인 목표설정을 거부하면서도, 일상생활 속에서, 자기의 예술에 대한 소재를 탐구했다. 공학으로 지지되는 소비사회의 영상과 대상은, 매스 미디어(mass media)에 조건을 부여하고, 대중문화에 성격을 부여했지만, **쟈스퍼존스(Jasper Johns 1930-)**의 성조기(등의 일상적 사인을 묘사한 작품)와 **로버트 라우센버그(Robert Rauschenberg 1925-2008)**의컴바인 페인팅(Combine Painting)이 그 구체적 예이다.

06 Blue Brushsroke Roy Lichtenstein

이 외에 최초의 다수의 매체를 이용해서 해프닝을 기획한 **클래스 오르딘버그**(Claes Oldenburg 1929-), 초차원적인 만화를 이용해서 사회에 있어서의 개인의 소멸을 표현하려 한 **로이 리히텐슈타인**(Roy Lichtenstein 1923-1997), 혹은 핀 나프 가르, 캔버라 깡통, 마를린 몬로(Marilyn Monroe) 그리고 호모(동성애)를 「감정을 교환하지 않도록(당연한 것을 위에서)」 재현하고 기계적으로 다양한 복제를 만들어 낸 **앤디 워홀**(Andy Warhol 1928-1987)이 있었다. 영국에서는 인디펜던트 그룹(Independent Group)의 계열로부터 보다 자유로운 독자적 흐름이 성장하고 있었다. 거기에 속한 사람은 **리차드 해밀톤**(Richard Hamilton 1922-), **피터 블레이크**(Peter Blake 1932-) 그리고 **에드와르드 파오로치**(Eduardo Paolozzi 1924-2005) 등이다.

Andy Warhol, 1962 Campbell Soup Cans

08 Fountain by Marcel Duchamp, 1917, photograph by Alfred Stieglitz

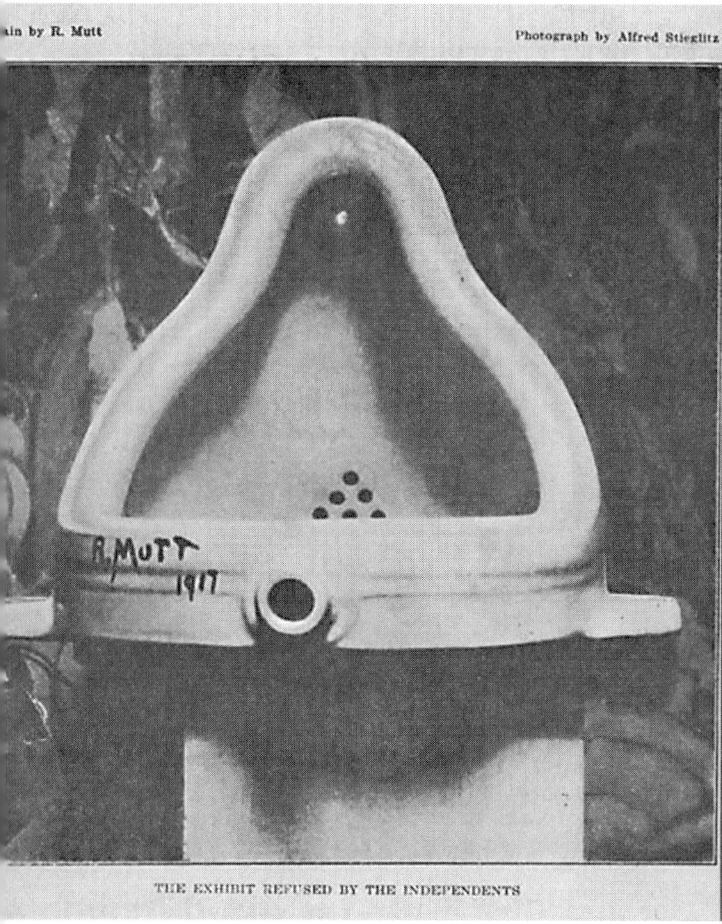

팝 아트(Pop Art)는 앵글로 색슨적인 현상이지만 다른 나라에도 파급되고 있었다. 보다 사회 비판적 자세를 가지면서, 목표설정이 **신 매너리즘(Neo Mannerism)**의 성향과 유사하다. 그런데 이 신 매너리즘(Neo Mannerism)의 발아는, 파리의 피에르 루스타니(Pierre Restany 1930-2003)를 중심으로 하는 예술가 그룹의 행동(action)과 해프닝(happening)에 있었다. 현실을 무시하는 풍자적·비판적 어프로치를 취한 이 조류는, 대단히 다양한 개성을 모으고 있었다. 예를 들면 오브제(object), 건축(Architecture), 풍경(Landscape)의 일부를 거대한 플라스틱으로 덮어 쌓아서, 대상을 심미적으로 의식화하려는 크리스트(크리스트 쟈바체프)로부터 묘사된 사진이, 확대경을 이용한 것처럼 표현한 게르하르트 리히터(Gerhard Richer)까지 포함하고 있다.

Giorgio de Chirico The Red Tower
(La Tour Rouge) 1913

10

Charcoal wall drawing by Jorge Rodriguez-Gerada in Barcelona, Spain. 스트리트아트

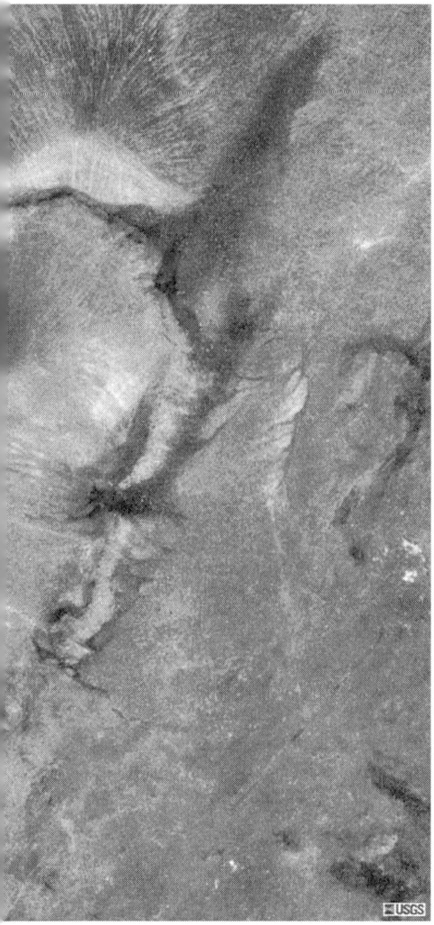

60년대 후반에는 **컨셉츄얼 아트(Conceptual Art)**가 유행했다. 일종의 관념예술이지만, 기술적·지적 시도를 예술의 형태에서 표현하려 한 20년대의 **마르셀 듀샹(Marcel Duchamp)**을 선조로 한다. 이 컨셉츄얼 아트(Conceptual Art)는, 부분적으로는 창조적인 프로세스를 오브제로 구체화하는 것을 완전히 방치하는 데까지 진행한다. 사회를 변화시킨 충격을 예술적 활동을 통해서 발생시키려는 그들의 노력은, 서로 미세한 차이가 있는 분리를 낳았다. 창작 과정에 통행인을 참가시켜서, 도시 속에서 심미적·현실적인 환경조작을 구조적으로 변화시키는 **스트리트 아트(Street Art)**. 조형을 가지고 대규모의 경관을 구조적으로 변화시킨 **랜드 아트(Land Art)**. 대지라는 소재를 이용해서 새로운 공간상황을 만들어 내는 **어스 아트(Earth Art)**. 인체에 의한 변화의 프로세스를 시각화한 **비헤이비어 아트(Behavior Art)** 등이다.

Satellite view of Roden Crater, the site of an earthwork in progress by James Turrell outside Flagstaff, Arizona.
랜드아트

12

Max Ernst. The Elephant Celebes, 1921 초현실주의

더욱이 이 이외에 **슈르레알리즘**(Surrealism)의 전개가 있다. **죠르죠 디 기리코**(Giorgio De Chirico)의 「형이상회화(形而上繪畵)」에 의해서 1917년경에 시작해서, 1924년 **안드레 부르튼**(Andre Breton)의 「슈르레알리즘(Surrealism) 선언」을 통해 하나의 운동이 되며, **막스 에른스트**(Max Ernst 1891-1976), **르네 마그리트**(Rene Magritte 1898-1967) 그리고 **살바도르 달리**(Salvador Dali 1904-1989)에 의해서 한층 전진을 보게 되었다.

동시대의 건축적 실험이 시도된 것은 제2차 세계대전 후 더욱 강력하게 진행한 건축과 현실의 괴리를 중개하는데 의해서 시작된다. 그 다양한 현상, 또는 부분적으로는 그 용어상에서 대립이 존재함에도 불구하고, 다종의 건축적 실험도 현실을 이성적으로 파악하지 않으면 안 된다는 신념으로부터 출발한다는 점에서는 공통한다. 그리고 이성존중이라는 점에서, 그러한 것은 합리주의의 맥락에서 존재하는 것이다. 그러나 건축에 있어서의 실험적 시도는, 그 출발점이 되는 합리주의를 재검토해서 전개시키고 또 개별화한다. 새로운 조류는, 제8회 CIAM이 1951년에 호디스던(영국)에서 개최된 아테네 헌장을 비판한 때부터 표면화된다. 확실히 이 비판의 배경에는, 지적인 그리고 도시적인 영역을 포함하는 어떤 종류의 진공상태가 존재했다. 이 진공상태는 에쿠스안 프로방스에서의 제9회 CIAM을 맞이하고서도 만족할 수가 없었다. 젊은 건축가 그룹에게, 제10회 CIAM을 위해 준비작업이 위촉되었을 때 비로서 이 흥분이 하나의 정점에 달했다. **야곱 베렌트 바켐**(Jacob Berend Bakema 1914-1981), **죠르쥬 캔딜리스**(Georges Candilis), **쟌카를로 디 카를로**(Giancarlo De Carlo 1919-2005), **아리슨 & 피터 스미슨**(Alison & Peter Smithson) **그리고 알도 반 아이크**(Aldo Van Eyke 1918-1999)**의 팀-X**(Team-X)은, 구체성·성실성·질서를 추구했다. 듀브로브닉에서 계속 국제회의가 개최되었지만, 이 회의에서는 팀-X이 「CIAM」에 대해서 격하게 논쟁을 했다.

14

Smithdon High School, Hunstanton, Norfolk, 1949~54
Alison & Peter Smithson

이 공격은 선배 건축가들의 교묘하고 다분히 타협적인 자세에 대해서 뿐만 아니라, 노골화된 합리주의 그 자체에 대해서 행해진 것이다. 1954년에 제안된 **신 부르탈리(Neo Brutalism)**의 개념이, 이 합리주의와 치환되었지만, 그것은 「부르탈한」 지적 명석함의 평가를 의미하는 것이었다.이것과 비슷하게 새로운 건축적 실험이 다시 시작되었다. 그 이론적 기반이 되었던 것은 다음 3가지 항목이다.

1. **의미론, 언어 기호론**. 찰스 S. 파스(Charles S. Peirce)가, 그 『論集(1931~1935)』에 의해서 기초를 닦은, 특히 지로 돌프레스(Gillo Dorfles), 죠반니 크라우스 케니그(Giovanni Klaus Koenig), **크리스찬 노르베르그 슐츠(Christian Norberg Schulze)**, 막스 벤제(Max Bense), 그리고 **움베르토 에코(Umberto Eco)**에 의해서 건축에 도입된다. 구성적·기능적·사회적인 국면에 있어서 건축화된 형태의 의미(의미론)가 관심이 된다. 그 결과는 기능주의적인 경향의 극복이다. 기능주의가, 건축은 오로지 그 내부에서 작용하는 기능을 반영하는 것이라고 주장한다면, 오늘날 극단적인 경우, 그 건물의 용도에 대한 표현도 방치될 수 있는 것이며 보다 다양화되고 복잡한 표현 그 자체의 추구가 우선하게 된다. 동시에 사고의 깊이는, 상당히 주관적이고 어린애 같은 新매너리즘(Neo Mannerism)적 앨리고리와 유사하게 된다.

2. **건축사**. 합리주의가 역사적 요소의 사용에 있어서 스스로에게 부과한 의식적인 금욕주의, 후기 합리주의의 모드(mode)상의 순수주의, 그리고 50년대의 매너리즘적인 절충주의, 이러한 것 후에, 다시 건축사가 주목되게 되었다. 사람들은 보다 철저하게 그리고 보다 즉물적으로 과거로 몰두하게 되었다. **루돌프 위토카워(Rudolph Wittkower 1901-1971)**의 1949년에 출판된 책 『휴머니즘 시대의 건축 원리 Architectural Principles in the Age of Humanism (1949) 』는, 레온 바티스타 알베르티(Leon Battista Alberti)와 안드레아 팔라디오(Andrea Palladio)를 새롭게 해석했으며, 새로운 역사적 작업에 대해서 가장 중요한 계기 중 하나가 되었다.

16

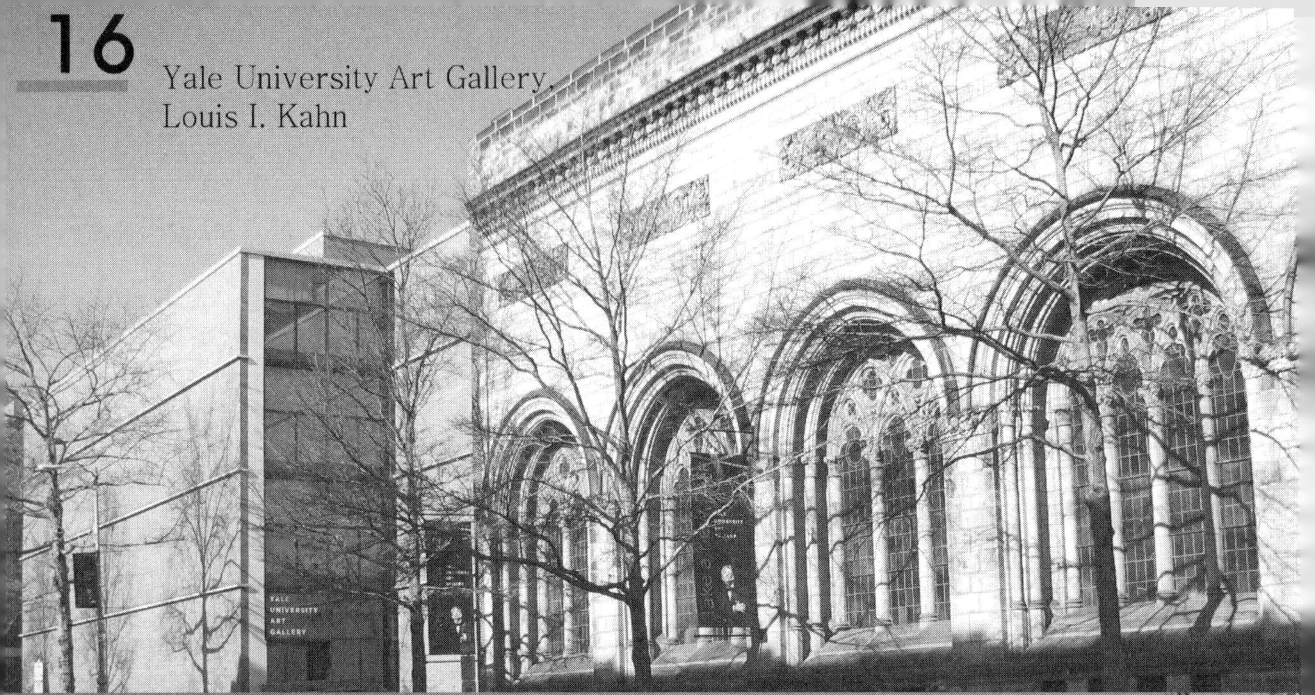

Yale University Art Gallery,
Louis I. Kahn

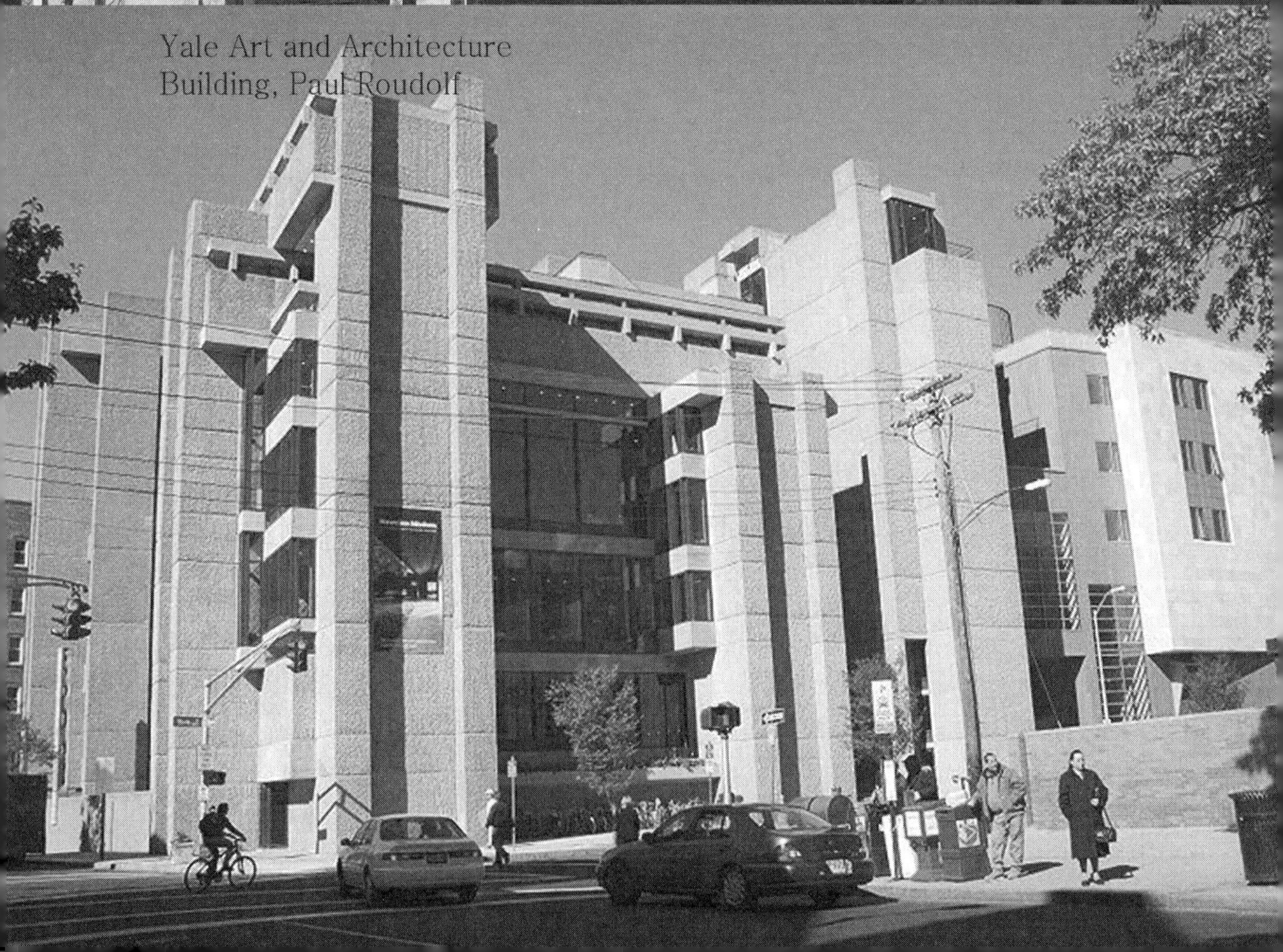

Yale Art and Architecture
Building, Paul Roudolf

3. 건축적 상실성-카를로 로드리 이래의 진보적인 건축가가 띠고 있던 하나의 내적요청- 이 별개의 것으로 변화되었다. 물론 합리주의의 경우보다도 훨씬 근원으로 반환된 형태로 주장하게 되었다. 이것은 오늘날 기술·성립 과정·역사적 요소의 직접적 표현을 추구하기에 이르렀다. 이러한 이론적 근거로부터 도출된 건축언어도 대응되는 특성을 보이고 있다.

1. 이상의 노력에 의해 확대된 의미영역을 덮기 위해 형태적 어휘도 다양하게 된다. 사람들은 표현에 있어서 철저한 중성이며, 그 규모의 면에서도 복합성의 면에서도 단지 익명의 팀에 의해 책임이 부가된다는 후기 합리주의의 「글라스 탑」을 무시하고, 보다 구심적이고 지적인 동시에 미적효과를 갖춘, 단순하고 보다 소극적인 건축을 중심으로 이루어지게 된다. 이것은 개개의 인간이 구상하고 통제해서 얻을 수 있는 것이었다.

2. 건축언어를 풍부하게 하기 위해, 건축사의 레퍼토리가 이용되기에 이르렀다. 그것은 인스피레이션을 위한 계기로서의 경우로도 존재한다. 역사적 모티브의 「인용」이, 그 잠재적 의미의 발굴을 목적으로 하는 지적조작으로서 나타나며, 다시 그 정당성이 인정되게 된다. 원천으로 사용한 것은, 고대 로마건축, 르네상스, 고전주의 그리고 합리주의이다. 그리고 그것을 초월해서, 역사적 의식은, 도시적 문맥의 존중과 그 문맥에의 새로운 접합법의 모색으로 진행하였다. 그 결과 건축과 도시계획이 다시 통합된다.

3. 19세기 후반의 역사주의에 대한 「가면무도회」가 다시 열리고, 그것이 건축의 성실성에 대한 요구와 대립한다. 그 결과 사람들은 건물이 어떻게 성립되는가의 프로세스 및 그것이 이루어야 할 목표도 공표하게 된다.

이상의 성립은 확실히 동시대의 건축적 조류의 대략적 상황 이외에는 진행되지 않았으며, 동시대의 건축 작품 모두에 나타나는 현상이라고도 말하기 어렵다. 물론 동시대의 건축 상황은 대단히 명백하게 나타나고 있지만, 동시에 모순과 대립에 찬 양식 다원주의에 의해 특징되고 있는 것이다.

18 Larkin Administration Building1906, Frank Lloyd Wright

Richards Medical Center · Philadelphia, Pennsylvania Louis I. Kahn

건축

동시대의 건축적 실험은, **신 브루탈리즘(Neo Burtalism)**의 테두리 안에서 계속 이루어지고 있다고 생각할 수 있지만, 그 개념은 1950년대 후반에, 영국의 건축가 부부 **아리슨 & 피터 스미슨(Alison & Peter Smithson)**에 의해 제시되었으며, 비평가 레이너 번함(Reyner Banham)에 의해서 이론적으로 정의된다. 이 개념은 건축에 있어서, 양식(style)과 모드(mode)가 타협하지 않고 있지만, 지각에의 호소에 그 매력을 갖는 건축적 흐름이다. 그들이 모범으로 한 것은, 안드레아 팔라디오(Andrea Pallodio)의 엄격한 형태주의적 건축 작품, 명쾌한 구성을 갖는 19세기의 기사 설계에 의한 구조물, 그리고 미스 반 데르 로에(Mies van der Rohe)와 르 꼬르뷔제(Le Corbusier)의 작품, 특히 콘크리트가 몹시 거칠게 조형에 이용되고 있는 후자의 유니테다비타숑(Unite D' Habitation)과 메존 쟈울(Maisons Jaoul, by Le-Corbusier, at Neuilly-sur-Seine, Paris, France, 1954-1956)이 있다.

1949~1954년에, 아리슨 & 피터 스미슨(Alison & Peter Smithson)이 노포크의 한스탄튼 중학교(Smithdon High School, Hunstanton, Norfolk)를 건설했다. 이것은 신 브루탈리즘의 최초 실험 예로 간주된 것이다. 평면구성은 단순하지만, 하나의 중심공간과 측면으로부터 연결되는 2개의 중점을 핵으로 구성되고 있다. 글라스면과 연와벽에 의해 내부를 절단한 거대한 철골건축은, 그 엄격함과 구성요소의 강조라는 점에서 **미스 반 데르 로에(Mies van der Rohe)**의 양식과 관계하고 있다. 그렇지만 고전적 프로포션, 완벽한 디테일 그리고 고급 건축 재료의 사용이라는 미스가 세운 모든 목표는 무시되고 있다. 각 건축부위의 치수상의 관계화는 실용성에의 배려로부터 나타나는 것이며, 건축 재료는 산지 그대로이며, 직접적으로 표현된 디테일은 오히려 거칠게도 보인다. **「브루탈한 정직성」**이 건축 복합체에 통일적으로 나타나며, 반드시 이상적이라고는 생각하지 않는 전체의 구성으로부터, 개개의 설비까지를 지배하며, 이 작품 구석까지 침투하고 있다. 이상의 점에 대해서 번함은 다음과 같이 쓰고 있다.

Indian Institute of Management, Ahmedabad, India 1963~1967 Louis I. Kahn

National Assembly Building, Dhaka, Bangladesh Louis I. Kahn

하나의 건축양식이라기보다 신 브루탈리즘은, 하나의 윤리적 태도를 표명하는 것이다. 그 정신적인 충격은 순간적으로 온 세상에 전해졌다. 다수의 작품 중에서 2개 예를 들어보면, 밀라노 근교의 바지오에 있는 교육 시설 이스트튜트 마르키온디 스파리아르디(Istituto Marchiondo Spagliardi)이다. 이것은 비토리아노 비가노(Vittoriano Vigano)가 1958~1969년에, 기하학적으로 질서화 된 전체의 테두리 안에서 대단히 조소적 요소를 꽤 거친 조립 방법으로 실현시킨 것이다. 그리고 또 하나는 생트 갈렌의 상과대학이다. 이것은 발타 마리아 페르디라(Walter Maria Forderer), 롤프 게오르그 오트(Rolf Georg Otto) 그리고 한스 츠빔푸파(Hans Zwimpfer)가 1960~1964년에, 불협화음적으로 상호관계가 단절된 철근콘크리트의 복합체로서 제안한 것이었다.

루이스 이자드와 칸(Louis Isadore Kahn 1901-1974)은, 에스토니아에서 출생하여 미국에서 보자르(Beaux Art)의 전통 하에서 교육을 받았다. 특히 주목할 만한 것은, 미국 합리주의의 개척자적 존재인 죠지 하우(George Howe 1886-1955)와 같이 작업을 했다. 그는 50세를 넘기면서부터 걸작을 만들어 내기 시작했다. 1951~1953년에 코네티컷주 뉴해븐에 있는 예일 대학의 미술관(Yale University Art Gallery, New Haven, CT)을 건설했다. 여기서는, 미스 반 데르 로에(Mies van der Rohe) 미학의 「브루탈리즘적인」 해석 하에서 전개되고 있다. 명쾌하고 개방적인 외부에서도 알 수 있는, 평면구성 위에 4층의 건물이 선다. 이것은 내부기능의 변경에 가변성을 부여했다. 철근콘크리트의 골격, 황갈색 연와의 파사드 그리고 금속제 창문 모울딩이, 한스탄튼 중학교의 경우와 똑같이 대담하게 또 개성적으로 다루어지고 있다. 주요 전시공간은 명쾌한 구조시스템에 의해 그 성격이 결정되고 있다. 이 건물은, 수 년 후에 인접하여 건설된, **폴 루돌프(Paul Rudolph)** 설계의 예술·건축학부동에 큰 영향을 미쳤다.

22 Maisons Jaoul · Neuilly sur Seine, Paris, France Le Corbusier

1957~1961년 칸은 필라델리피아의 펜실베니아 대학에 알프레드 뉴톤 리차드 의학 연구소(Richards Medical Research Laboratories, Philadelphia, PA)를 건설했다. 여기서 **「봉사를 받는 공간(Served Space)」과 「봉사를 하는 공간(Servant Space)」**의 의식적 분리는, 프랭크 로이드 라이트(Franke Lloyd Wright)의 초기작품, 특히 그의 **라킨빌딩**의 영향을 볼 수가 있다.

건물은 우선 3개의 의학 연구실동과 생물학 연구소의 2동이 부가된다. 연구실동은 접합(매개)공간에 의해서 중앙동으로 연결되며, 그리고 각기에 계단과 환기용 덕트를 수용할 수 있는 탑 상부에 의해「봉사 받는다(Served)」. 이와 같이 해서, 평면에 정방형으로 나타나는 연구실동이, 그대로 입면구성에서도 완전히 독립성을 유지한다. 기능적 배치가 조형상의 의미를 동시에 갖는다. 붉은 색을 띤 연와의 탑상부는, 무 창의 폐쇄성 때문에 중세구조의 탑상구조물을 생각나게 한다. 글라스면의 넓은 연구실동은 파사드의 중심축 상으로 배치되며, 동시에 7층 부를 8m 높여서, 탑으로서의 표현효과를 한층 강하게 하고 있다. 각 동과 이 탑상부는, 구조적으로도 서로 독립성을 유지하고 있다. 구성 원리는 외부에서도 이해할 수 있으며, 이 건축 작품이 가지는 표현적이고 극적인 작용으로 이루어진다.

과거를 이해할 수 있는 작업은, 칸의 전 작품을 통해서 이어지고 있다. 물론 초기작품에서는 아직 충분히 소화되지 않고 추상적 단계에 머무르고 있다. 다카의 건물(National-Assembly Building, Dhaka, Bangladesh) 그리고 아메다바드의 인도 공업경영 연구소(Indian Institute of Management, Ahmedabad, India 1963~1967)는, 그 형태언어가 로마 제정기의 양식을 연상시키는 것으로, 여기서 처음으로 역사주의가 뚜렷한 자세를 나타내고 있다. 예를 들면 티보리의 빌라 아드리아나(Villa Adriana) 혹은 죠반니 바티스타 피라네지(Giovanni Battista Piranesi)의 사이비 고고학적인 도면표현 속에서 나타나는 것 같은 일련의 건축유형이 이미 1949년에 **한스 제들마이어(Hans Sedlmayr)**에 의해서 경고된 현대의 **『중심의 상실(Hans Sedlmayr, Art In-Crisis: The Lost Center)』**을 역사적 형태의 화려하고 무사 안일적인 우리의 의식으로부터 멀어져 갔다.

24 Engineering building, University of Leicester (1959) James Stirling

루이스 이자드아 칸(Louis Isadore Kahn)이, 전통이 가지는 질서화의 원리에 대한 강한 동경 때문에 대단히 미국적이라면, 전통과 더불어 실용 본위 이외에도 유머러스하게 몰두한 **제임스 스터얼링(James Stirling 1926-1992)**은 영국적이다. 이미 그의 수업시대에, 그는 자국의 과거건축에의 심취를 보이고 있다. 구체적으로는 고전주의자 존 소온(John Soane) 그리고 1851년의 크리스탈 팔레스의 설계자 죠셉 팍스톤(Joseph Paxton)으로부터 영향을 받은 것처럼 보인다.1955~1958년 스터얼링은 제임스 고웬(James Gowan)과 협력해서, 런던 교외 함 코몬의 집합주택을 건설했다. 명쾌하게 조형화된 평지붕의 주동이 가늘고 긴 부지 위에 배치되고 있다. 죠지 왕조풍의 연와건축과 인접해서 배치된 보다 큰 3층의 연속주택에서는, 연와벽의 사용에도 불구하고, 철근콘크리트의 골조가 「브루탈리즘적인」 성실성을 가지고 시각적으로 표현되고 있다. 그것은 정신적으로도 형태적으로도 르 꼬르뷔제(Le-Corbusier)의 메존 쟈울과 공통되는 것을 보이고 있다. 2층의 공동주택 2동은, 글라스면이 대담하게 사용되고 있다. 2층 주호에는 중앙의 현관 홀 위에 설치된 억세스 갤러리(Access Gallery)로부터 어프로치 한다. 1959~1963년에 레스타 대학 공학부동(Engineering Building, Leicester University, Leicester, England, 1959)이 건설된다.

이 건물은, 한층 거대한 실험 공작장을 넣은 수평부분과, 사무실·연구실·강의실을 복합적으로 집어 넣은 수직 부분으로 이루어진다. 대 강의실은 사무동 하부에 들어가 있다. 대 강의실 매스는 좌석열의 경사에 대응해서 하부를 비스듬하게 절단하고, 외관은 창 없이 폐쇄적인 인상을 부여한다. 개개의 구성단위는 다양한 규모를 가진다. 계단식의 대 강의실이 있는 매스 하부는, 계단식 좌석의 바닥에 대한 경사에 대응해서 절단되며, 그것이 그대로 그 밑에 위치하는 정면 현관의 차양과 같은 역할을 한다. 왼편의 경사로를 올라가면, 또 하나 별개의 입구와 글라스가 끼워진 나선계단이 있다. 이 나선계단은, 소위 지각한 학생을 위한 것으로, 대강의실 좌석의 최종열에 직접 도달될 수가 있다. 수직방향의 동선에 대응한 3개의 탑이, 사무실·강의실군의 중심에 있는 매개공간의 주위에 배치된다.

26

South east aspect of the History Faculty building for the University of Cambridge (1968) James Stirling

이 매개 공간은 9층짜리 글라스가 끼워진 사무실동, 그리고 프리즘 모양으로 돌출된 연속창에 의해 채광되는 6층의 연구실동에도 연결되고 있다. 이 매개공간, 즉 서큘레이션 타워(Circulation tower)는, 동선의 감소에 대응해서 위로 올라갈수록 가늘게 되는 건물의 형태가 외관에서도 나타나고 있다. 실험 공작장은 단지 통로의 부분만이 개방된 단순한 장방형의 평면을 갖는다. 톱니형의 지붕은, 북측 채광을 위해 평면의 기본 그리드에 대해서 45°정도의 각도가 기울어져 있다. 글라스라는 재료를 적극적으로 이용해서 스터얼링과 고웬은, 그것을 다면체가 되도록 조합하여 이 건물에 결정체와 같은 표정을 주려 하였다. 글라스면 이외의 무창 벽면은, 적색의 연와 혹은 타일로 평활하게 마무리되고 있다.건축 프로그램의 합리적인 분석으로부터 나타나는, 복잡하게 조립된 건물에는 기능주의의 극복이 보인다. 의미론적 관심이 이용에 대한 관심과 더불어, 논리적이고 자립적인 건축 작품에 명료하게 표현되어 있다. 즉, 훨씬 추상적인 형태에 대한 역사로부터의 인용이, 19세기 영국의 글라스 건축으로부터 **안토니오 샹델리아**(Antonio Sant'Elia)를 거쳐서, **콘스탄틴 스테파노비치 메르니코프**(Konstantin Stepanowitsch Melnikow) 그리고 **피에르 샤로**(Pierre Chareau 1883-1950)에 이르는 계보 위에서 행해지고 있는 것이다. 다음은 레스터 공과대학 공학부동에 대한 스터얼링의 설명이다.

고웬과 결별한 후, 스터얼링은 1964~1967년에 케임브리지 대학 역사학부동(History Faculty Library, Cambridge University, England, 1968)을 건설했다. 레스타 대학 공학부동과의 유사성은 분명하게 나타난다. 건축적이고 동시에 합리적인 형태, 인간의 움직임에 대한 시스템과 그 표현, 그리고 글라스와 연와의 적극적인 이용이다. 그러나 그 전체의 배치 구성방법은 완전히 다르다. 레스타 대학에서는, 개개의 요소가 서로 융합하지 않고 단순히 모여 있지만, 케임브리지 대학에서는, 총합화의 노력이 전면적으로 나타나고 있다.

28

St. Andrews Dormitory, St. Andrews, Scotland, 1964 James Stirling

1964~1968년 세인트 앤드류스 대학의 학생 기숙사(St. - Andrews Dormitory, St. Andrews, Scotland, 1964)가 건설된다. 경사각으로 배치된 실은 바다에 면해 있다. 모든 실을 결합하는 글라스가 끼워진 통로는(프롬나드 : Promnade) 기능적 혹은 시각적으로도 대형 객선의 산책 갑판과 유사하다. 4층에서 6층 구성의 건물은, 프리캐스트 콘크리트 판넬(Precast Concrete Pannel)을 조립해서 만든 벽체의 **「피부(skin)로서의 성격」**을 강조하기 위해, 판넬의 표면에는 대각선 방향으로 가는 홈이 만들어진다.1969년에 구상된 뮌헨 지멘스사 계획안은, 도시적 覚을 갖는 회의적 내생의 끝에서 포착된 기념비성이 스터얼링의 경향을 보이고 있다. 최종적으로는, 1만 3천명에게 작업장을 제공하게 되는 이 건축 복합체는, 엄격하게 축 혹은 좌우 대칭의 원리에 따라서 구성된다. 6층의 기초부 위에 글라스가 끼워진 강한 프로포션을 갖는 총 10동의 원통형 오피스가 2열로 서 있다. 광채가 나는 오렌지색의 에나멜 도장의 격자상 차양이, 태양의 움직임에 따라 조절되어 건물의 주위를 회전한다. 이 가동식 차양 장치는 컴퓨터에 의해 작동된다. 중심축상에는 원주열과 같이 아름다운 도시적 분위기로 가득 찬 넓은 가로수길(Boulevard)이 있으며, 각처에 공용시설이 갖춰져 있다. 계단상으로 구성된 물의 정원이, 뒤쪽의 파킹빌딩(parking building)을 중심영역으로부터 분리하는 역할을 한다.

뒤셀돌프의 멜트라인=베스트파렌 미술관과 켈른의 바르라프=리하르트 미술관(Dusseldorf Museum of Art, Dusseldorf, Germany, 1980)을 위한 2개의 설계경기 응모안(동시에 1975년)은, 스터얼링의 또 하나의 경향을 분명하게 보여주고 있다.

즉, 기하학 형태와 볼륨, **슈르레알리즘(surrealism)**적 착란과 투명, 공공연하게 나타나는 역사적 인용, 그리고 이러한 것을 이용한 지적 유희로서 건축을 이해했던 것이다.

30 Neue Staatsgalerie, Stuttgart, Germany, 1977-1983 James Stirling

이 경향은 1977년에 제출된 슈트트가르트의 국립 미술관 확장 및 소극장 신축(Neue Staatsgalerie, Stuttgart, Germany, 1977-1983)을 위한 계획안에서 정점에 달한다. 도시적 분위기가 나는 **프롬나드(Promnade)**에서도 진입 가능한 원형광장(중정)에는 조각 작품이 전시된다. 주위의 1층 부분에는, 전시 공간, 강연 집회장, 수장고 그리고 기계실이 배치되어 있다. 도로 측에는 포우이에(Foyer)와 카페가 유연한 글라스의 돌기로 펼쳐져 있다. 갤러리 1층에는 다양한 크기의 전시공간이 하나의 단순한 동선에 따라 배치되어 있다. 이 동선은 그대로 하나의 브리지로 구관과도 연결된다. 소극장은 서측에 접속된 별관으로 들어간다. 사암 트래버틴이 붙여진 이 건물은 조그만 창이 있는 벽면, 글라스로 이루어지는 곡면, 동선 공간(통로 계단 엘리베이터), 열주랑, 고딕식 첨두아치, 십자형 창 그리고 육중한 코니스(cornice)의 콜라쥬 이다. 그것은 불협화 하지만 우아함을 갖춘 조각적 작품이다. 그러나 이 건물은, 스스로를 도시구조에 의식적이고 동시에 신중하게 연결시키려 하고 있다.

이탈리아 건축가 **잔카르로 디 카를로(Giancarlo De Carlo 1919-2005)**는, 스미슨 부부와 똑같이 팀 - X의 멤버이지만 신 브루탈리즘의 윤리적 형태적 경험과 그의 세대 특유의 명화하게 형성된 역사의식을 진정한 정치적 몰두의 방향으로 도입했다. 그의 신조는 다음과 같다.

1955년에 그는, 우르비노에 대학직원을 위해 민가풍의 주택군을 건설했고, 1959년에는 마틸라에 선상의 주택 점포군을 건설했다. 이것도 또한 오히려 논쟁을 각오하고(오히려 기대하고 있는), 합리주의적인 형태언어로부터 분리해서, 그 토지의 역사에서 단서를 구한 것이었다. 1962년 디 카를로는, 우르비노의 학생 기숙사에서, 다시 신브루탈리즘의 어휘에 대한 개성적으로 보다 발전된(혹은 단순히 변형된 것만의) 해석으로 돌아간다. 사용자의 이해관계에 대한 그의 신중한 배려는, 이 시기부터 전통적인 형태요소의 수용보다도, 오히려 이용자가 건축계획의 프로세스에 참가할 수 있는 반성적이고 보다 구체적인 참가 절차의 개발과 응용 속에서 발휘 되었다.

32 Centro Cultural de Belém in Lisbon 1989-1992 Vittorio Gregotti

한층 강하게 역사 지향을 보이는 사람은 **파올로 포토게시**(Paolo Portoghesi 1931-)의 작품이다. 포토게시는 바로크, 특히 보로미니의 건축형태에 대해서 공부했으며 그것을 인테리어, 오브제, 도시, 경관의 다양한 설계 레벨에 도입했다. 그는 1974년 로마에 중앙 모스크(Central mosque, Rome)건물을 설계했다.

1968년~1974년에 포토게시는, **비토리오 지리오티(Vittorio Gigliotti)**와 협력해서, 사레르노의 성가족 교회(Church of Sacra Famiglia, Salerno)를 건설했다. 기하학적 원리는 5개 동심원의 복합적인 조합이다. 내부로 향해서 만곡된 벽체는, 내향적인 공간을 한층 「응축시킨」 벽체사이에 있는 개구부와 제단 측에 내향적인 공간을 만들었다. 동심원을 묘사해서 상부로 확장하는 3개의 노출콘크리트 돔은, 벽체와 질서화를 만들고, 성스러운 삼위일체를 표현하고 있다. 상징적 역사적 기하학적 그리고 시공상의 조건들이, 인상 깊은 암시적 형태 속에 융합되고 있다.

비토리오 그레고티(Vittorio Gregotti 1927-)에 대해서 건축은 하나의 수공예적인 작품이다. 이것은 건축이 가장 새로운 공학적 수단을 이용할 경우에도 변하지 않는다. 그의 작품에서는 재료의 특성, 프로포션, 좌우 대칭성 그리고 장식이 존중된다. 그러나 그러한 것은, 무엇인가 다른 것을 상징적으로 암시하는 것이 아니며, 단지 그 자체를 지시하는 것이다. 건축적 표현이 암시하는 것은, 명료한 형태적 구성 그 자체이었으며, 거기에는 역사적 모티브의 인용이 때로는 암암리에, 또 때로는 공공연하게 행해지고 있다. 또한 그는 포르투갈 리스본에 문화회관(Centro Cultural de Belém in Lisbon 1989-1992)을 건설했다.

34 시립고아원, 암스테르담, 1957-60 알도 반 아이크

1956~1957년에 그는, **로드비코 메네게티(Lodovico Meneghetti)** 그리고 **지오토 스토피노(Giotto Stoppino)**의 공동설계에 의해서, 노바라 근교의 카멜리에 있는 봇시사의 수수한 노동자 주택을 건설했다. 2층 건물로 좌우대칭, 동이 낮은 부속식의 지붕, 그리고 연와 조적조의 주택이다. 이 「일상성」을 그대로 세련시키려는 외관은, **로버트 벤츄리(Robert Venturi)**의 주장 속에서 몇 개의 원리가 언어학적인 관심을 보다 강하게 표면으로 끌어내어 선취하는 것이다.

에른스트 기젤(Ernst Gisel)은 새로운 스위스 건축의 개척자적 존재인 **알프레드 로스(Alfred Roth)** 밑에서 활약했으며, 모순 대립의 원리를 도입하여, 합리주의적인 형태언어의 새로운 해석에 노력하고 있었다. 그의 설명에 의하면, 「형태 사고를 철저히 추구하는 것만으로는 반드시 예술적 목표에 도달할 수가 없다.」

1968~1973년에 리히텐슈타인 바둬츠에 그의 짐나시움과 실업학교의 대단히 억제된 복합 건축이 건설되었다. 그 적연와가 주변 환경과의 관계에 회화적인 콘트라스트를 만들어 내는 이 건축 복합체는 기능적인 요구뿐만 아니라 「도시계획적인」 요구에도 대응하고 있다.

포르투갈은, 유럽에서는 가장 심각한 주택부족으로 고심한 국가이지만, **알바로 호아킴 메로 시자 비에이라(Alvaro Joaquim Milo Siza Vieira)**는, 지구 정비 사업을 진행함에 관계자와의 접촉을 중요시했다. 1974~1977년에 다른 건축가와 협력해서 포르트의 산 빅토르지구 정비 사업을 행했으며, 구 건물의 기초·하부 벽체·바닥재가 새로운 건물에 교묘하게 재이용되고 있다. 이 재이용된 석재로 인해 평활하고 간소한 건축과의 관계에 대비를 발생시키며, 역사적 연속성을 창조적으로 달성하고 있다.

36 Central Beheer, at Apeldoorn, The Netherlands, 1967-1972 Herman Hertzberge

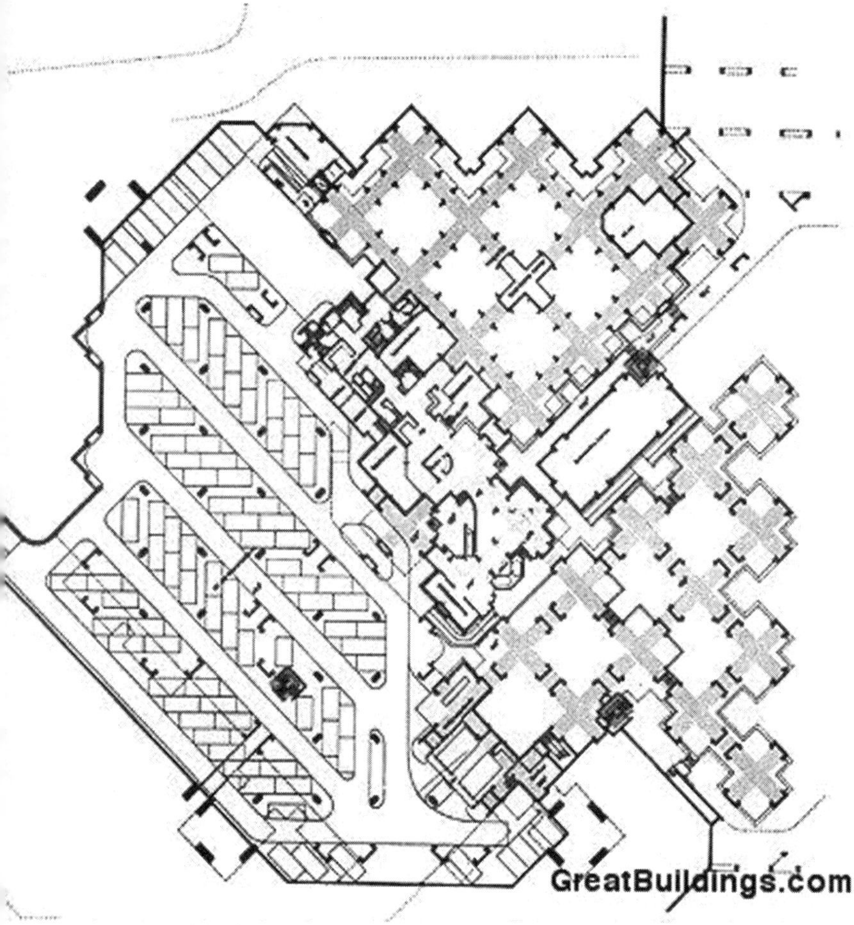

후기 합리주의와 신매너리즘에 대항하는 움직임은, 처음부터 CIAM 그룹과 Team-X의 대립으로 극단을 낳았지만, 이상에서 기술한 건축가□작품 이외에는, 구조주의가 이 계열로 들어왔을 것이다. 건축에 있어서의 구조주의도, 소급해 보면 **르 꼬르뷔제(Le Corbusier)**의 작품으로 소급된다. 예를 들면 1925년에 건설된 프로젝트에서는, 규칙적이고 정연한 교통망 위에서 융단모양으로 학생 기숙사가 배치되었다. 그리고 **루이스 I. 칸(Louis I. Kahn)**과 **아리슨 & 피터스민슨(Alison & Peter Smithson)**의 몇몇 작품이 이 계열에 속했다. 그러나 구조주의의 모국은 네덜란드이며, 그 최초 주창자는 **알도 반 아이크(Aldo van Eyke 1918-1999)**이다.이 구조주의의 사상은 **클로드 레비 스트로스(Claude Levi Strauss)**와 같은 구조 인류학자의 연구와 유사한 부분이 있다. 구조 인류학의 측면은 60년대에 언어적 사회적 건축적인 「기본구조」를 문화의 배경으로 상정하고, 「原人間的인」 거동형태(정태 동태)를 탐구하는 것이었다. 이에 준하는 건축도 또한, 모든 형태를 지지하는 「객관적」 구조로부터 출발한다. 따라서 객관적 구조는, 「원형태(原形態)」로서 건축사 전체를 상정하는 것이다. 더욱이 원형태의 레벨에서 해법을 창조적으로 추구하는 것으로 디자인의 의의가 추구된다. 구조주의적 건축가는 합리주의의 중용성을 비판한다. 물론 합리주의의 중용성은, 이용자로부터 상당히 무한정하고 불모한 선택의 자유를 인정하려 했기 때문이었다. 그리고 비판은 매너리즘의 형태 유희에도 향했다. 매너리즘은 확실히 감정 과다이고 주관적인 것으로 생각했기 때문이다. 구조주의의 건축가가 제안한 것은 하나의 다층구조를 가진 질서이다.

구조주의적 건축은 건축의 구성 시스템으로부터 도시 구조에 이르는 다양한 층에서의 변형 단계를 기하학적으로 지배하는 다층적 질서를 내포한다. 그러나 구조주의적 건축에서는, 그와 같이 통제된, 결코 하이어라키 구성은 아니지만, 어떤 방향에 대한 시사 자극으로 풍부한 하나의 원조직의 내부에서 모든 이용자는, 그 시사 자극에 반응하고 있는 개개의 선택을 행할 수가 있는 것이다.

38 Centre Georges Pompidou in Paris, 1977 Piano&Rogers

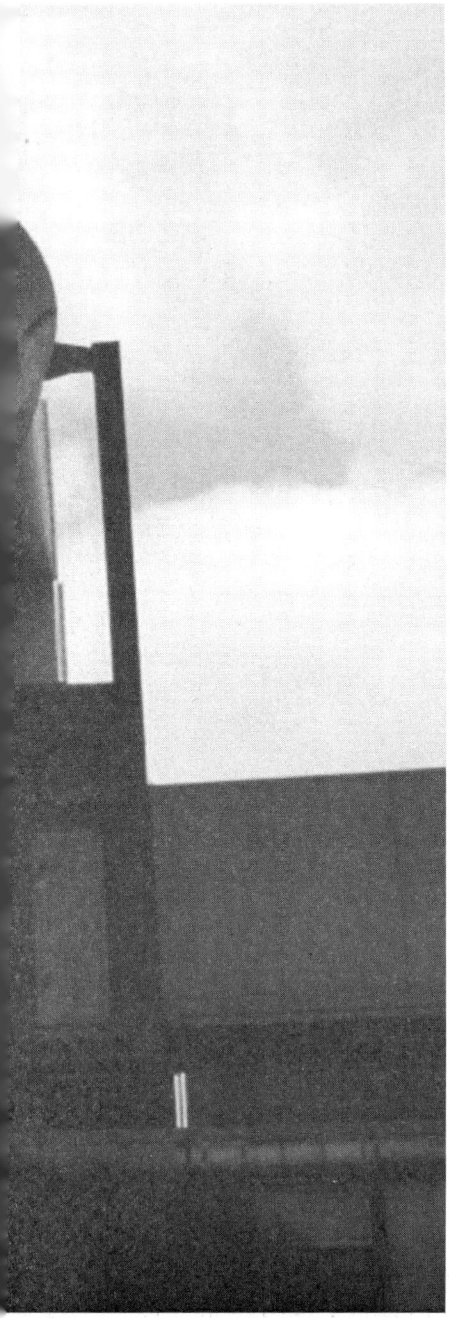

알도 반 아이크(Aldo van Eyke)는 CIAM 과 Team-X의 멤버이었다. 그는 1957~1960년에 암스테르담에 시립고아원을 건설했다. 「미로(래브린스)적 명백성」을 추구하여, 최초의 구조주의적 건축이 성립한다. 그것은 정방형을 기본으로 하는 기하학적 조직위에 자립적인 개개의 요소가, 복합적으로 존재하지만 질서를 가지고 배치되고 있다. 거대한 형태와 작은 형태, 내와 외, 개와 집단이 하나로 결합되고 있다. 반 아이크 자신은 다음과 같이 쓰고 있다. **헤르만 헤르쯔베르그(Herman Hertzberger 1932-)**는 1966년에 팔켄스발트의 시청사 계획안을, 정방형을 기본요소로 하는 기하학적 구도로 전개시켰다. 그 설계 주지문 중에서 그는, 설계의 원칙을 다음과 같이 기술하고 있다.

「시청사는 본질적으로 그것이 권력과 결부된다는 점에서, 반 기념비적이 되지 않으면 안 된다. 시청사는 기념비성이 민주주의와 결부하는 점에서는, 그 본질로부터 기념비적이 되지 않으면 안 된다.」

알페르드른(네덜란드)의 보험회사 센트럴 베히아의 오피스 빌딩(Central Beheer, at Apeldoorn, The Netherlands, 1967-1972)은 헤르쯔베르그가 1968년에 얀 안토닌 루카스(Jan Antonin Lucas) 및 헨드릭에드와르트 미이어와 공동 설계를 행한 1970~1972년 건설된 것이다.

이용자의 입장에서 건축을 생각한다는 헤르쯔베르그의 사상이, 여기서 구체적인 형태로 나타나고 있다. 정방형의 평면 위에 수평 수직방향으로 직방체를 배치함에 따라 성립되는 복합체는, 어느 방향으로도 확대가능하며, 완전하게 하이어라키를 붕괴한 형태로 구성되고 있다. 현관 입구도 하나가 아니며, 복수의 현관을 통해서 출입이 가능하다. 소박한 민주주의에 기본을 둔 이 건물의 내부에는 모든 실의 규모 배치 설비로 이용자의 신분 지위의 차이를 알 수가 없다. 오피스의 전체구성은 보통의 오피스에서 볼 수 있는 무성격한 대공간과는 완전히 대조적으로, 개개의 사원이 각기 자기의 섬(개인의 작업 공간)을 소유하며, 그리고 동시에 동료와의 시각적 청각적인 연락을 확보할 수 있게 된다.

40 Centre Georges Pompidou in Paris, 1977 Piano&Rogers

섬으로부터 섬으로의 다리가 놓이며, 반개방적인 가로가 놓여진다. 이러한 것이, 다양한 공유시설-커피바, 키오스크, 클럽 집회실, 소점포, 레스토랑, 탁아소, 그리고 여성 화장실을 연결한다. 확실하게 미니어처화된 도시 그 자체 이다. 기본구조는 철근콘크리트의 프리패브 부재의 조립이며, 그 안에서의 칸막이는, 일종의 석회질 사암이 산지를 활용해서 이용되고 있다. **피에트 브롬(Pietter Blom)**은, 알도 반 아이크(Aldo van Eyke)의 제자이며, 1975년 헬몬트에 주택지 건설의 기본형이 되는 3동의 「주거의 숲」을 건설했다. 입방체의 주호가 엘리베이터 계단의 탑을 축으로 해서 45°비껴서 회전하면서 놓이며, 전체적으로 미묘한 균형을 확보하며, 또 내부에서는 행위를 유발하는 공간 효과를 만들어 내고 있다.

이 구조주의적 건축과 유사한 것은 **야콥 베렌트 바켐(Jacob Berend Bakema 1914-1981)**의 작품이다. 그는 암스테르담 시 건축국에서 **콜 반 에스틸렌(Cor can Eesteren)**과 파트너로 설계 활동을 시작했다. 1973~1974년에 바켐과 반덴 부르그는 프레 오벨프라케 섬의 미들하르니스에 정신병원 「센터 베르네셀」을 건설했다. 이 병원의 개개 건물은, 우선은 기능별로 해석해서, 각기가 서로 관련하면서 대지 위에 배치되고 있다. 철근콘크리트의 주각위에 설치되어 코팅 강제의 연락교가 공중으로 보행자 망을 만들어 내고 있다. 그러나 총 350명의 환자(최종적으로는 500명이 될 예정)를 위한 병동(파빌리온)은 지상층으로 배치된다. 그 구조 외부에의 표현과 동선 시스템의 강조 중에는 신브루탈리즘의 영향이 분명하게 나타나고 있다.

신브루탈리즘 및 구조주의의 요청은, 부분적으로는 「기술지상주의적」 건축에도 영향을 미쳐서 좋은 결과를 만들어 내고 있다. 이런 건축도 또한, 구조적 성실성과 기하학적인 조형원리를 따르고 있다.

42 Willis Faber & Dumas headquarters, Ipswich, 1974 Norman Foster

지구 자원의 유한성이라는 절망적 인식, 그리고 에너지 위기의 충격에도 불구하고, 공업에 의한 진보를 계속해서 보다 빨리, 보다 안전하게, 보다 양호하게 건설하기 위해, 그 성과를 이용하려는 자세를 계속 유지하고 있다. 여기서 목표가 되는 것은, 철저하게 즉물적으로 자기가 어떻게, 어디로부터 생겨났는가를 보이는 것이다. 그리고 그 작업의 완벽성 중에서 미적 요인을 도출해 내는 것이다.

이 태도의 전형적인 예가 이탈리아의 건축가 디자이너인 **안젤로 만쟈로티(Angelo Mangiarotti)**의 작품이다. 그의 프리패브리케이션 시스템을 구사한 기술적 감성적 실험은, **피에르 루이지 네르비(Pier Luigi Nervi)**의 유산을 계승하는 것이다. 만쟈로티도 또한, 고도로 개발된 공학기술을 건축적 성질 혹은 전통의식과 결부하고 있다. 1957년에 A. 파비니(a. Favini)와 공동으로, 밀라노 근교의 바란자티에 교회를 건설했다. 여기서는 X자형의 단면을 가진 콘크리트 지지재가, 내부공간뿐만 아니라 외관도 결정적으로 지배하고 있다. 그 억제된 시정(詩情)은, 미스 반 데르 로에(Mies van der Rohe)의 환원주의(reductionism)에 새로운 해석을 첨가했던 것이다.

1976~1977년에, 만쟈로티는 베로나 근교의 부스렌고에 건설한 공장건축을 위해 가구 시스템을 설계했지만, 호리호리한 형태 프로포션의 우아함 그리고 섬세한 작업이 특히 주목되고 있다.

강(steel)을 이용한 건축은, 1971~1988년에 **렌조 피아노(Renzo Piano 1937-)**와 **리차드 로저스(Richard Rogers 1933-)**가 설계한, 파리의 보부르에 건설된 죠르쥬 퐁피두 국립 예술문화센터(Centre Georges Pompidou in Paris, 1977)가 새로운 기술주의를 집대성했다. 6층 건물로, 길이 166m, 폭 60m의 건물에는, 현대예술을 위한 국립 미술센터, 공공 정보 도서실, 디자인 자료센터, 그리고 이외에도, 부속시설(영상실, 다목적실, 회의 집회실, 휴게실 그리고 레스토랑)이 들어가 있다. 한편 지하3층에는, 공급 반입 부문과 주차장이 들어간다. 이 건물의 작고 아름다운 광장의 지하에는, 음향 음악 종합 연구소(IRCAM)가 있다.

44 Sainsbury Centre, Norwich, England, 1977 Norman Foster

이 건축은, 기둥 보 tube와 캐스트 스틸과 연결된 「가브레트」로 조립되고 있다. 거의 완전한 조립공법으로 건설된 건물이다. 오로지 글라스에 의한 피막은, 이 타협 없는 합리적인 외구 프레임의 내측에 있다. 원색을 도장한 설비배관 그리고 수직방향의 이동공간도 시각적으로 표현되고 있다. 예를 들면 플라스틱으로 덮힌 「내장」과 같은 에스컬레이터가 5개 층의 굴곡을 보이면서 6층까지 뻗어 있는 모양이, 주요 파사드에 시각적으로 표현되고 있다. 내부에서는, 각 층 플로어가 48m 스팬의 트러스의 이용에 의해, 중간에 기둥이 서지 않고, 완전히 가변적인 공간이 되고 있다. 가동부분을 기호적으로 표현한 요소-에스컬레이터, 엘리베이터, 급배기 설비 - 의 강조에 의해, 이 거대한 골격의 노골적인 구조물은, **러시아 구성주의(Russia Constructivism)**와 영국의 유토피안 그룹인 **「아키그램(Archigram)」**의 미학을 충실히 표현하고 있다.

피아노와 로저스 이외에, 공학 기술적 감성적 건축을 철저하게 추구한 건축가로, 영국인 **노만 포스터(Norman Foster)**가 있다. 그와 그의 다재다능한 동료들에게, 건축은 궁극적 형태를 의미하는 것이 아니라 언제나 형태로 향하는 과정에 지나지 않았다. 그들의 미학은 건축의 생성 그 자체에 관심을 두고 있는 것이다. 1973~1975년(설계 : 1970~1971년), 입스비치에 윌리스 파이버 앤 다마스 보험회사(Willis Faber & Dumas headquarters, Ipswich, 1974)가 완성된다. 암색의 열선 흡수 글라스의 커튼 월로 덮인 4층의 건물이다. 아메바 모양의 자유로운 형태를 나타내면서, 내부는 충분히 연구된 컴팩트한 구성을 하고 있다. 각층의 중앙부는 톱니형 지붕의 광정이 관통한다. 에스컬레이터는 투명한 피복을 통해서 그 내부기구를 시각적으로 표현한다. 수직방향의 활동에 대한 표현이다. 전체가 글라스로 덮여 있음에도 불구하고, 이 건물은 에너지절감 차원에서는 실로 경제적으로 구성되어 있다. 밤이 되면 실내조명이 주간에는 독자적 분위기가 강한 이 건물은, 밝은 내부를 만들어서 생기에 찬 건물로 디자인 했다.

46 HSBC Main Building, Hong Kong, 1979–1986 Norman Foster

1974~1978년 포스터 앤 어소시에이츠는, 영국의 노리체에 있는 이스트앤글리아 대학의 구내에 세인즈베리 시각예술센터(Sainsbury Centre, Norwich, England, 1977)를 건설했다. 용접된 강 파이프의 트러스 스팬은 35m로, 그 병치에 의해 거의 4배 길이의 일체공간이 만들어진다. 지붕과 외벽에는 알루미늄 피복의 판넬이 이용되고 있지만, 보울트의 조정만으로 교환할 수가 있다. 필요에 따라서 글라스 판넬과도 교환 가능하며 개폐는 자유이다. 이 구조시스템의 내측에는 전동식 알루미늄 루버가 또 하나의 피막을 만들고 있으며, 이것에 의해, 가동식의 어떤 전시에 대해서도 자연광을 유연하게 조정해서 도입할 수가 있다. 철저하게 연구된 래디칼리즘(radicalism) 속에서 이 건물은, 공학기술이 상당히 감성 풍부하게 응용된 건축의 우아한 면을 훌륭하게 나타내고 있다. 여기서 미학은 단순한 자의성을 극복하고 있다.

또한 그는 1979-1986년 홍콩에 HSBC 은행 본사(HSBC Main Building, Hong Kong, 1979-1986)를 건설했다.
Hearst Tower, New York City, United States (2006)
30 St Mary Axe, Swiss Re London headquarters, London, United Kingdom (1997 - 2004)

신브루탈리즘, 구조주의 그리고 「공학기술적」 건축이라는 3개의 기본원리와의 완전한 결별을 나타낸 것은, 미국인 **로버트 벤츄리(Robert Venturi 1925-)**의 작품이다. 수년간 **에로 사아리넨(Eero Saarinen)** 그리고 **루이스 I. 칸(Louis I. Kahn)**의 사무소에서 근무한 후 공동으로 설계사무소 운영에 들어간다. 그의 경우, 루이스 I. 칸(Louis I. Kahn) 혹은 제임스 스터얼링(James Stirling)의 작품과 비슷하게 역사에의 관심이 대단히 강했다. 그러나 근저에 깔린 세계관은, 현실을 창조적으로 변화시키기 위해 역사적 요소를 이용하고 있다. 즉, 양자는 전통적으로 정당하다고 생각되는 질서를 도입하지만, 벤츄리의 방법은 이 질서를 오히려 해학적으로 이용하고 있다. 그는 현실을 있는 그대로 받아들인다. 그의 방법은 총합적이라기보다 오히려 언어(학)적이다. 그가 건축을 통해서 보다 오히려 저작을 통해서 사람들에게 알려지게 된 것도 결코 우연은 아니다.

48 길드하우스 전면 파사드, 로버트 벤츄리(Guild House, 1963, Robert Venturi)

1966년에 출판된 저서 **『건축의 복합성과 대립성(Complexity and Contradiction in Architecture, The Museum of Modern Art Press, New York 1966)』** 속에서 그는, 매너리즘을 특히 높이 평가하고, 의식적으로 주관성을 강하게 나타낸 건축사적 고찰로부터 설계 방침을 도출하고 있다.

1960~1963년 벤츄리는 **존 로쉬(John Rauch)**와의 공동설계에 의해서, 필라델피아에 노인 전용주택 길드 하우스(Guild House; Philadelphia, 1964)를 건설했다. 도로측의 파사드가 완전한 좌우대칭의, 주호를 갖춘 6층 건물이지만, 보통의 미국 상업건축과 얼핏 보면 구별이 되지 않는다. 짙은 갈색의 렝거, 보통의 공법, 그리고 완전히 진부한 형태이다. 그 세련됨은 오히려 소극적인 주지적 경향의 것이다. 정면 상부는 벽체가 대담하게 잘려서, 파사드의 가면으로서의 역할이 강조된다. 「길드하우스」의 현관 위의 사인(Sign)은, **팝 아트(Pop Art)**적 요소로서 건물에 도입된 것이었다. 옥상의 금색 텔레비전 안테나는 외관만의 허위물이다. 그 하나의 해석으로서 벤츄리는, 텔레비전을 보면서 하루 종일을 보내는 공업사회의 노인들의 생활을 상징하는 것이라고 말하고 있다. 깊숙한 현관 입구에는, 중앙에 놓인 검은 화강암의 큰 원주에 의해, 강세가 부가되고 있다. 중앙 최상부의 큰 아치형 개구부는 매너리즘 혹은 루이스 헨리 설리반(Lousi Henry Sullivan)으로부터 인용된 것이겠지만, 이 모티브는 이후 그의 작품에 빈번하게 나타난다.

뉴저지 주의 뉴브란즈위트를 건설 예정지로 하는 내셔널 풋볼 기념관 계획안은 1967년에 구상되었으며, 여기서는 건축을 「데코레이티드 시에드(decorated shed)」로 포착하는 벤츄리의 건축관이 전형적으로 나타나고 있다. 갤러리가 있는 볼트 가구의 건물 전체의 앞에 초대형 스크린이 서 있으며, 이 스크린 위에는 풋볼 선수들의 상과 시합 상황이 묘사되고 있다. 표현과 형태가 19세기말의 역사주의의 정정 속에서 날카롭게 분리되고 있다. 이것에 의해 내부와 외부, 형태와 용도, 그리고 심미성과 유용성의 통일에 대한 항상 되풀이된 요청에 대한 거절의 자세가 확실하게 나타나고 있다.

50 Abteiberg Museum Mönchengladbach 1972-1982 Hans Hollein

벤츄리는 형태전체가 심미적 □ 상징적 기능을 짊어지고, 그 결과 달성된 왜곡된 형태의 통일을, 적지 않게 야유를 받은「여차 house」라 불린다.1974~1975년에 벤츄리와 로쉬는 뉴욕 주 카트나에 타카 저를 건설했다. 목조주택이지만 외관은 통속적인 지역양식의 요소를 많이 사용하고 있으며, 내부에서는 인터내셔널 스타일의 백색건축을 매너리즘적으로 구사하고 있다. 난로의 형태는 강하게 돌출한 지붕을 모방하는 것이며, 중앙에 배치된 원형의 창문을 포함해서, 주택 자체에 익살스런 미니어처(miniature)가 만들어지고 있다.

벤츄리의 통속성에 대해 항상 새로운 해석과 유토피아를 추구하는 행위 자체에 대한 주관 적이고 신랄한 자세가, 그의 설계 활동에 대한 창조적 에너지를 무엇인가 지적인 것으로 승화시켰지만, 그러나 그 이상의 것을 만들어 내는 것은 아니다. 그의 시도(실험)는 언제나 언어적인 레벨 위에서 이루어지며, 예를 들면 공학 기술적인 레벨에서 행해지는 것은 아니다. 그럼에도 불구하고 60년대, 70년대의 건축에 대해서 결정적인 의미를 가지는 것은, 그의 건축적 시도가 그 시대의 문화를 표현하고, 그로 인해 보다 넓은 영역에서의 새로운 활동으로 길을 개척했기 때문이다

보다 창조적이고 혁신적인 매너리즘을 나타내는 것은, 오스트리아의 **한스홀라인(Hans Hollein 1934-)**의 일련의 작품이다. 1965~1966년의 비인의 렛티에서 그는, 형태요소의 몽타쥬와 의미조작의 전통을 부활시키고 있다. 그가 생각하는 전통은, **요한 베른하르트 피셔 폰 에를라하(Johan Bernhard Fisher von Erlach)** 이래 오스트리아 건축 일부를 구성하고 있는 것이다. 멘히엔 그라드바하市의 아프타이베르그 미술관(Abteiberg Museum Mönchen-gladbach 1972-1982)은 1972년에 설계되어, 1976년 이후 건설이 진행된다. 다양한 건축단위가 변형되며, 적극적으로 불협화음을 구성하고 있다. 솔직한 단상 글라스를 내려가면 정원으로 연결된다. 엄격하고 완전한 기하학 형태가, 매너리즘으로 부자연스럽게 왜곡된 형태 혹은 유기적으로 널려진 볼륨들과 공존한다.

주택 제2호 북측전경, 피터 아이젠만

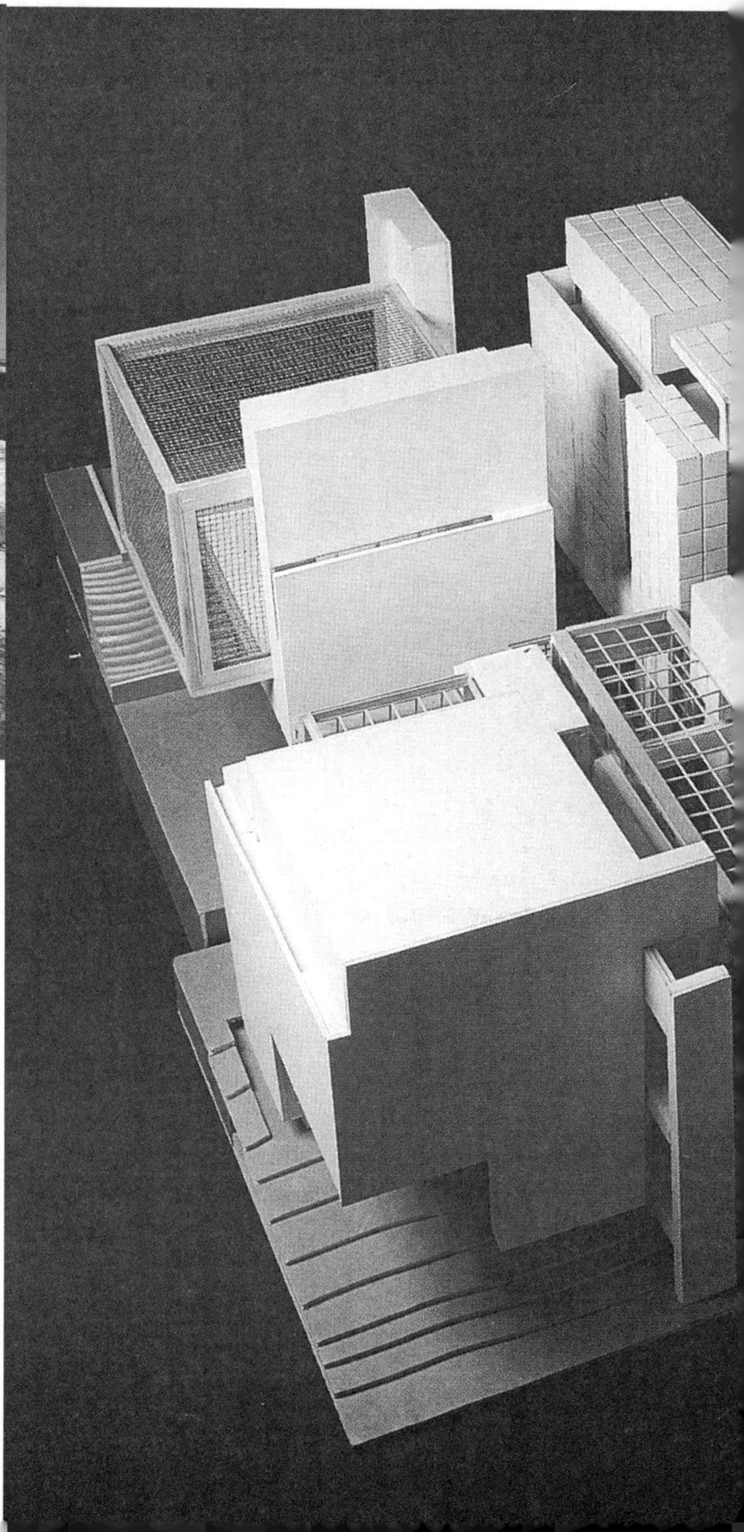

주택제10호 모형, 피터아이젠만

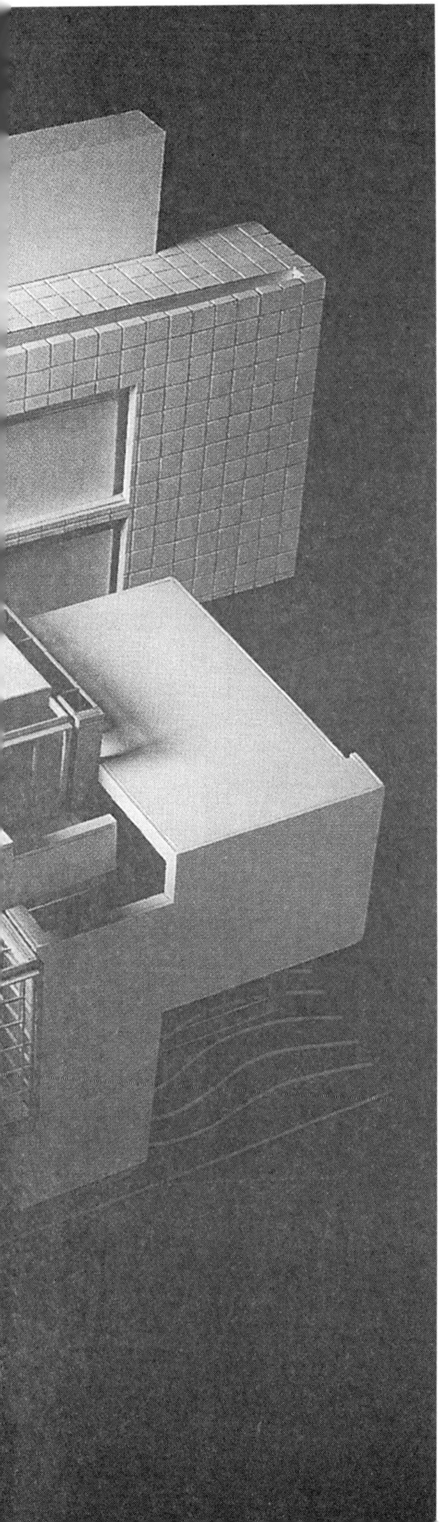

내부에서 다양한 공간의 견해가 뛰어난 기법에 의해 완성되며, 그것은 전체적으로 하나의 중성적인 복합체를 만들어내고 있다. 그것은 전시된 예술 작품과의 관계에서, 각각 새로운 상황을 만들어 내는 것을 기대한다. 그는 또한 1990년에 비엔나에 하스하우스(Haas-Haus in Vienna)를 건설했다.

벤츄리의 주장과 견해에 완전히 대립하고 있는 **뉴욕의 5人의 건축가(<뉴욕 화이브>), 즉 피터 아이젠만(Peter Einsenman), 마이클 그레이브스(Michael Graves), 찰스 게스미(Charles Guasmei), 존 헤덕(John Hejduk), 리차드 마이어(Richard Mayer)**가 있다. 그들의 순수주의는 사회적·기능적·공학 기술적인 주장의 추구로 부터 나타나는 것이 아니라 단지 열을 띤 형태신앙의 결과이다. 벤츄리가 「뒤틀린 건축」을 추구했다면, 5人의 건축가들은, 대부분 형이상학적인 명석함을 추구하고 있다. 전자는 자기의 미학에 대한 모범을 매너리즘, 19세기, 그리고 「잡종적(Hybrid」 **팝칼처(Pop Culture)**속에서 구하고 있으며, 후자의 경우는, 주로 합리주의 특히 르 **꼬르뷔제(Le- Corbusier)**와 30년대의 이탈리아에 있어서의 **쥬제페 테라니(Giuseppe Terragni)**를중심으로 하는 엄격한 합리주의이다. 그들의 주지주의적인 시도에는, 그들이 수용한 건축언어를 일찍이 지지한 사회적 의무감이 전혀 느껴지지 않는다. 그렇지만 그들에 대한 가치는, 그 건축언어를 문장론적으로 검토를 한 완벽한 작업 하에서 이루어진 것이다. 뉴욕 화이브(Newyork-five)에 대해서 행위를 정하는 윤리는, 미학 상의 노력을 게을리 하지 않고 계속 수행하는 경우라고 볼 수 있다. **피터 아이젠만(Peter Eisenman)**은, 1967~1968년에 주택 1호를 건설했다. 뉴저지 주 프린스톤에 있는 전통 완구 전시를 위한 발렌홀츠 파빌리온이 그것이다. 유형적으로 보아 구속력이 그리 강하지 않은 기능을, 그는 형태의 기능·의미에의 관련화를 초월해서 형태 구조 그 자체를 이용했다. 엄격한 기하학적 시스템으로부터 도출된 평면 구성상에서 그는 복잡적인 공간을 전개시켰다.

54

House VI , Frank residence, Cornwall, Connecticut, Design, 1972 Peter Eisenma

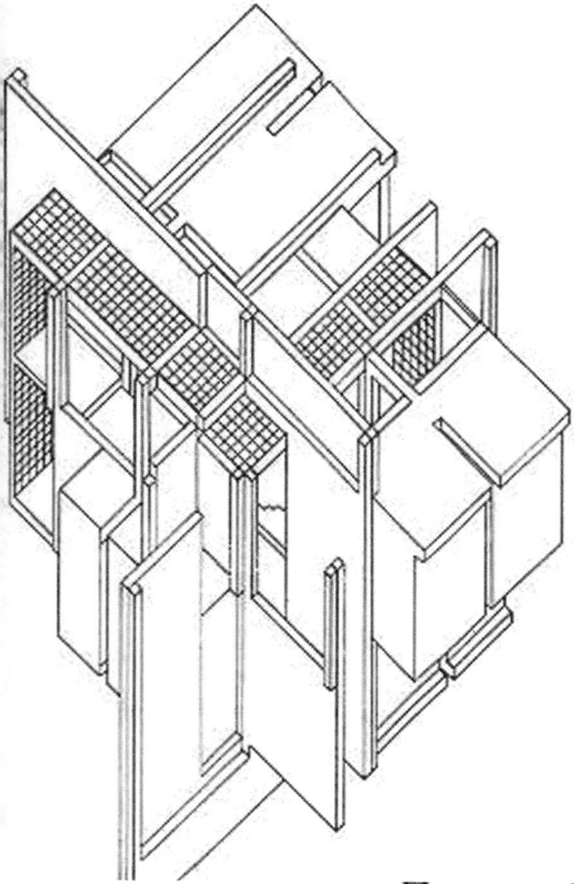

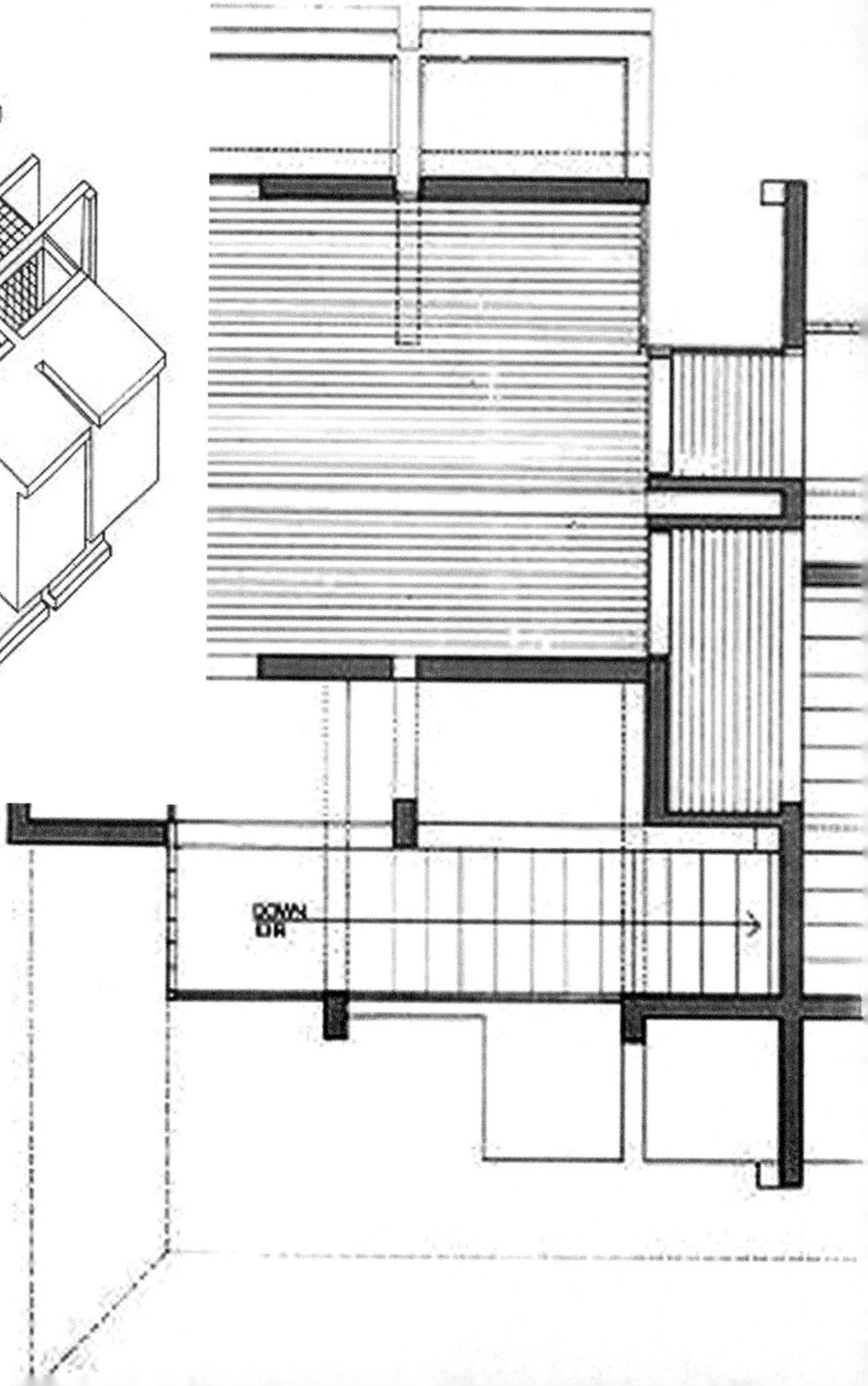

이 공간 속에서는 백색의 각주, 스텐레스의 환주 그리고 작은 보(cross beam)가, 전혀 지지 기능을 하지 않는, 단지 추상적으로 공간을 질서화하는 기능만을 갖는다. 내부는 1층 바닥의 판자 이음매가 마치 마법에 의해서 일소된 비계와 같은 삭막한 인상을 부여하며, 기묘하게 폐허화된 건축과 거기서 작용하는 신비적인 침식작용을 연상시킨다.

아이젠만의 기능 무시가 정점에 달했던 것은, 코네티컷 주 콘월에 **프랭크저**(House VI , Frank residence, Cornwall, Connecticut, Design, 1972)로서 실현된 주택 제6호의 붉은 계단이다. 그것은 올라갈 수가 없다. 그것은 어떤 층으로 통하고 있지만, 그 층은 존재하지 않는다. 그러나 이러한 조각 혹은 회화작품과 같이 번호를 붙인 주택군은, 인간의 필요를 만족시키는 것이 아니라, 인간을 그 필요로부터 해방하는 것이다. 즉, 아이젠만이 아주 일부분 아름답게 느끼는 매너리즘은, 건축주의 기대를 초월해서 역으로 건축주(의 기대 속에 있는 주택)에게 비판의 칼을 돌리는 것이다.

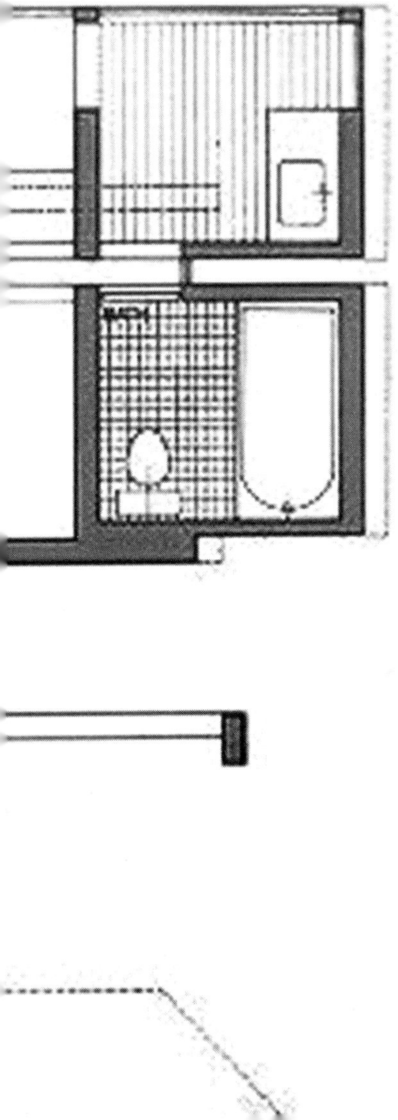

56

Wexner Center for the Arts, Ohio State University, Columbus, Ohio, 1989 Peter Eisenman

마이클 그레이브스(Michael Graves 1934-)는, 1967~1968년 인디애나 주 포트웨인에 한셀만 저(Hanselmann-House, Fort Wayne, Indiana, 1967)를 건설했다. 그는 여기서 아이젠만의 「카드보드 건축」 이상으로 강렬하게 이용상의 제약을 무시했으며, 의도적으로 본래의 의미를 捨象(사상·현상의 특성·공통성 이외의 요소를 버림)한 **「르꼬르뷔제語」**를 실로 냉정하게 조작했다. 1969~1972년에 똑 같이 포트웨인에 슈나이더만 저(Sny-derman House, Fort Wayne, Indiana, 1972)를 건설했으며, 이 주택에서 **큐비즘(Crbism)적 문법**이, 개정된 해답을 긍정적으로 노출한다기보다는, 단지 인간을 매료하는 웅변성을 위해서만 구사되고 있다. 구도의 해체 방법은 **피에르 몬드리안(Piet Mondrian)** 혹은 **게리트 토마스 리에트펠트(Gerrit Thom-as Rietveld)**의 신조형주의를, 그리고 그 맑고 담담한 파스텔 색체의 이용은, 반 그리스를 생각게 한다. 그레이브스의 실현성을 직접 묻지 않는 「그래픽 아키텍추어」에의 경향은, 이후의 작품 속에서 그대로 강하게 나타나고 있다. 1977년 절충주의적인 「창고의 전환」(그레이브스 자저)과 같은 작업은, 오히려 하나의 회화 작품이며, 상당히 세련된 언어에 의해서 도출되는 데카당스가 단편의 뉴앙스 풍부한 구성과 가을을 생각게 하는 멜랑코리한 색조 중에서 감성적으로 표현되고 있다.

1966~1967년 찰스 게스미(Charles Gwathmey)는, 뉴욕주의 아마간세트에 아틀리에가 있는 자저를 건설했다. 서로 분리되고 예리하게 조각되어 나타나는 형태의 4동의 목조건축이 대지 내에서 자유롭게 배치되어 있다.**존 헤덕(John-Hejduk 1929-2000)**은, 1966년에 하우스 10호의 프로젝트를 제안했다. 우선 가늘고 긴 결함요소가 있지만, 거기에 각각 상이한 기하학적 형태의 4동의 건물이 접속된다. 내벽은 백색으로 도장되며, 외벽은 스텐레스 혹은 크롬으로 제작된다. 대담한 글라스의 수법이 이 구도를 일체적으로 만든다. 그 당시 그의 「2분의 1 주택」이 성립한다. 이것은 정방형의 2분의 1, 원의 2분의 1, 그리고 마름모꼴의 2분의 1을 조합시킨 형태주의적 작품이다.

58 Hanselmann House, Fort Wayne, Indiana, 1967 Michael Graves

리차드마이어(Richard Meier)는 뉴욕 화이브 중에서는 가장 잘 알려진 건축가이다. 그는 1965~1967년 코네티컷 주 데리엔에 스미스 저(Smith House, Darien, Connecticut, 1965-1967)를 건설했다. 부지는 롱 아일랜드 사운드의 해안이다. 억제되고는 있지만 복합적인 그 구조는, 개인 공간과 가족 공간이 종합의 묘를 보여주고 있다. 전자는 외벽에 창이 예리하게 잘려진 것의 폐쇄성이 강한 목조벽으로서 나타나며, 후자는 투명한 글라스 피부로 덮여 있으며, 목재가 실내의 지주에 대한 리드미컬한 배치를 반복하고 있다. 백색 도장은 그 구조를 비 물질화해서, 추상적인 기호의 집합체로 다루어지고 있다.

1970~1976년 뉴욕에 마이어의 부론크스 디벨로프멘탈 센터가 건설된다. 장해 아동을 위한 다양한 분절화를 한 대규모 복합체이다. 그 소 단위군과 그 사이에 배치된 중정 공간군은, 전체적으로는 판단이 용이한 척도로 구성되며, 그것을 통해서 형태와 계획 프로그램의 밀접한 관계가 훌륭하게 달성되고 있다. 파사드는 알루미늄을 이용한 판넬로 이루어지며, 창 또한 독립된 단위이며 모서리를 둥글게 해서 끼워 넣고 있다. 1971~1973년 마이어는, 미시간 주의 하버 스프링스에 다글라스 저(Douglas House, by Richard-Meier, at Harbor Springs, Michigan, 1973)를 건설했다. 미시간 호수의 울창한 수림으로 덮힌 급구배의 경사지에 서 있는 백색의 순수주의적인 실로 우아한 작품이다. 그 경쾌한 형태 언어는 배로부터 인용된 것이었다. 내부 공간은 가능한 하나로 연결되지만, 부분 공간은 주의 깊게 분절되고 있다.

화이브 아키텍츠(New York Five)의 건축은 형태주의적 경향을 보이는 점에서 60년대 말에 있었던 형태주의적 조류, 즉「합리적 건축」과 대단히 유사했다. 물론, 이 「합리적 건축」의 화이브 아키텍처에 대한 관계는, 계몽주의의 매너리즘에 대한 관계와 동등하다.

60 IBA Housing, John Hejduk

양자 사이에는 이 정도의 차이가 존재한다. 「합리적 건축」의 본질적인 부분은, 이탈리아인 건축가 알도 로시(Aldo-Rosi)가, 이미 1966년에 그의 저시 **「도시의 건축」** 중에서 이론적으로 언급했다고 생각하지만, 이 개념이 명확하게 노출된 것은, 1973년에 로시가 제15회 밀라노 트리엔나레를 계기로 다른 저자와 함께 **「합리적 건축」**을 출판한 때이다.「합리적 건축」은 20년대의 합리주의의 간략화 된 재생·계승을 나타내는 것은 아니다. 이양자에서도 분명히 나타나는 차이가 있다. 물론 「합리적 건축」은 건축을 재발견하려 했던 것이며, 특히 고전주의자 **장 니콜라 루이 듀량(Jean-Nicolas-Louis Durand)**의 유형학적 연구를 재평가해서, 건축을 하나의 자립된 과학으로 이해하려 했다. 그 과학이 주지하는 것은, 휠씬 객관적이고 동시에 초역사적인 법칙성의 파악으로 그러한 것의 형태적 표현이다. 이 법칙성은 유형의 연구를 통해서 합리적으로 파악할 수가 있다고 생각하지만, 그보다 구체적인 내용은, 건축의 초역사적 존재로서의 원요소와 구도상의 원법칙이다. 그것을 위해서는 타부(taboo)화된 건축 형태학이 다시 자유롭게 행해질 필요가 있었다. 벽면·개구부·원주·가옥유형·탑상 프리즘 등이 선적·복합적인 부가, 축 혹은 좌우대칭의 법칙에 따라서 기하학적으로 정리된 평면상에서 조합된다. 입면에는 무한히 계속되는 같은 형태의 창과 반복, **슈르레알리즘(Surre-alism)적**인 아케이드(이것도 또한 동형의 아치의 반복)가 나타난다. 이론적으로 충분히 생각될 수 있는 시도를 통해서 인간과 건설된 것(광의의 건축)과의 관계에서 나타나는 소외 관계의 극복이 시도된다. 즉 자본주의의 분업 시스템을 지지하는 결과이었던 기능주의를 형태주의에 의해 극복하려 했던 것이다. 이 자본주의의 인간 분화에 대한 법칙으로부터 거리를 두고, 다시 동일성을 회복하는 것이 형태주의에서 기대되고 있는 것이다.알도 로시(Aldo Rosi)는 1965년에 세그라티의 시청사 광장을 계획한다. 이 광장에는, 전혀 군더더기가 없는 기하하적 형태의 분수, 폭이 넓은 계단, 헤르메스 기둥의 주근이 놓으며, 그 표현은 기리코의 「형이상회화」에 가깝다. 단지 실현된 것은 부분적 이었다.

62 IBA Housing, John Hejduk

로시는 1970~1973년에, 카를로 아이모니노 지휘하에 건설이 진행된 몬테 아미아타 주택 단지(밀라노) 內의 가라라티 제2의 주거 복합체 속에서 그가 설계한 주동을 실현 시켰다. 4층 건물의 밝은 색으로 도장한 길이 182m, 폭 12m의 철근콘크리트조 집합주택이다. 이 건물 전체는 1층 부와 2층 부의 높이를 갖는 주랑 위에 놓인다. 모티브가 완전히 무기적으로 반복된다. 단지 매듭 부분의 4개의 큰 원주가 서며, 이것이 기계적인 반복에 여유를 준다. 각 주호에의 어프로치는 「갤러리」를 통해서 행해지지만, 상하 방향의 연결에는 서로 상당한 거리를 두고 계단 코어가 배치된다. 각 주호에 하나 내지는 두 개의 「룻지아」(Loggia)가 부가된다. 형태 언어는 몇 개의 전형적 요소에 대단히 금욕적으로 한정되고 있다. 그것에 의해서, 단순 소박한 독창성 추구의 레벨을 초월하여, 명쾌성, 이해하기 쉬운 기품을 느낄 수가 있었다. 이 형태 언어는 전통적인 도시 건축을 비판적·역사적으로 검토하는 것으로부터 도출된다. 전통적인 도시 건축의 다양한 변천 과정을 지배하는 기본 법칙이 여기서도 개개의 주호 레벨에서, 보다 넓은 영역(테리토리)의 구성에 대한 레벨까지 다양하게 도입되고 있다. 그리고 확실히 이러한 점에서, 구성주의와의 유사성이 있는 것이다. 로시 자신의 설명에 의하면 「주택 설계에서, 나는 도시 건축의 오랜 변천 과정 중에서 형성된 기본적인 주택 유형을 참조한다. 그것으로부터 유추적으로 표현을 하면, 복도는 가로이며, 중정은 광장이며 하나의 건물은, 도시의 다양한 장을 재현하게 되는 것이다.」

1971년에 **쟌니 브라기에리(Gian-ni Braghieri)**와의 공동설계로 모데나의 신묘지를 위한 계획안이 만들어 진다. 반복된 동일형 「갤러리」의 모티브와 모뉴멘탈한 기하학 형태가, 이 축선상의 복합체에 대한 기본 요소이다. 「사자의 집」에는 미스 반 데르 로에(Mies van der Rohe)의 심연함이, 그의 공학 기술적 탐구심을 제거한 형태로 다시 나타난다. 이 프로젝트는 1973년과 1976년에 보완을 해서 1980~1983년에 실현시켰다.

64 Douglas House, by Richard Meier, at Harbor Springs, Michigan, 1973.

롬바르디아 지방에 전통적으로 존재하는 구성의 명쾌한 대규모 농가 건축의외에 그에 대해서 모범이 되는 것의 예를 하나 열거해 보면, 엄격주의자(리고리스트)**하인리히 티세나우(Heinrich Tessenow)**이다. 아비아테그라스의 성관 「카스틸로 비에스 콘티오」를 시청사로 개축하는 계획(1940년)에서 그는, 그 역사적 형태에 중성적인 기념비성을 대치시키고 있다. 집단적으로 객관화된 언어의 추구가, 그를 비극적 색조를 띤 침묵으로 인도하고 있다.1976년에 그랏시는, **안토니오 모네스틸로리(Antonio Monestiroil)**와 공동으로 키에티의 학생 기숙사를 계획한다. 그 계획안의 일부가 1979년에 착공이 되었다. 이 2층 내지 3층 구성의 복합체는, 부분적으로 자연 경관을 능가하는 형태로 수평 기단위에 놓이며, 그 인공성이 강조되고 있다. 기능적으로 학생용 주거, 학생 식당 그리고 그 이외 공용 시설을 포함하는 것이다. 이 복합체 앞에 한 개의 직선적인 「아고라 거리」에는 호리호리한 뒤의 각주가 병치되어, 이 뒤 측에 주랑이 존재한다. 이 주랑이 각 실에의 어프로치가 되는 것이다. 그 배치의 단순성·명쾌성은 지적 세련의 차원을 초월하고 있다. 특히 개개의 형태에 대한 추상성과 그 섬세한 프로포션이 눈을 끈다.

프랑코 프리니(Franco Purini)는, 이미 1968년에 건축 시스템과 요소의 분류를 시작 하고 있었으며, 그의 강한 인내력의 작업은 건축에 있어서의 「진리」추구의 노력에 지나지 않았다. 과거가 인용을 통해서가 아니라, 자연적인 자기 투영의 형태로 나타나는 그의 계획안은, 추상적인 유형학적 연구를 구체적인 장으로 철저하게 응용한 결과에 지나지 않는다.

건축사 및 레파토리와의 보다 강한 결합을 보이는 것은, 룩셈부르그의 건축가 형제 **레온 크리에(Leon Krier)와 로버트(로브) 크리에(Robert(Rob) Krier)**의 작품이다. 레온 크리에(Leon Krier)는 일찍이 제임스 스터얼링(James Stirling)의 파트너이었으며, 모뉴멘탈한 도시 계획을 하는 것으로 특색을 가지고 있었다.

Smith House, Darien, Connecticut, 1965-1967 Richard Meier

66

1995 Museum of Contemporary Art in Hamburg Oswald Mathias Ungers

로브 크리에(Rob Krier)는 레온의 형이며, 1974~1976년에 룩셈부르그의 브리델에 딧케스 저를 건설한다. 대략 입방체의, 개구부가 작은 건축이지만, 그 하나의 각이 잘려져서 내측에 큰 글라스면이 나타나고 있다. 오히려 유머를 느끼게 하는 원주이며, 또한 불필요한 튼튼함으로 돌출부를 지지하며 구조 안에서 수평·수직 방향으로 부가되는 조직단위로서 그 주택을 특징짓고 있다. 독일에서는 1956년에 켈른 닛페스에 「브루탈리즘적」 착상 하에서 5층 주택을 건설했으며, 1963년에는 베를린의 메키시에스 피아델에 거대한 집합주택을 건설한 **오스왈드 마티아스 웅거스(Oswald Mathias Ungers)**가 「기억의 환상적 건축」을 주장하기 시작했다. 그의 켈른의 발라프=리하르츠 미술관 계획(1975년)은, 3개의 광장이 구성의 중심이 된다. 장미색 대리석의 현관 광장 글라스로 덮인 광장, 그리고 유머러스한 4개의 빌헬름 황제 기마상이 서 있는 조각 광장이다. 「무릎 향한 계단」이 라인강을 향해서 열려 있다. 이 미술관은 도시 환경의 일부분으로 간주되고 있으며, 그 도시 환경은 슈르레알리즘적인 고양을 나타내며 지적 도발의 장이 되고 있다. 예를 들면 그「친숙한 몸짓」도 무기적 냉기를 완화하는 것이 아니라, 수목 그 자체도 구·입방체·피라밋과 같은 입체 기하학의 오브제가 되고 있다.

요젭 파울 크라이휴스(Josef Paul Kleihues)는 항상 자기를 「시적 합리주의」라고 부르며, 1972~1974년에 베를린의 도시 청소국 건설의 제1기 공사를 행했다(계획 1969~1973년). 제2기 공사는 1977~1980년에 행한 계획에 행한 계획(1975~1976년). 진개수집·도로 청소차의 감리·수리장은 3랑 구성이 되고 있다. 신랑에는 규칙적으로 갤리지가 병치되며, 그 안으로 청소차가 직접 출입할 수가 있다. 콘크리트 치장 부분과 글라스 치장 부분의 배치 관계는, 엄격한 기하학적 법칙에 따라서 결정되고 있다. 그 기하학적 법칙은 **칼 프리드리히 싱켈(Karl Friedrich Schinkel)**의 베를린 아카데미(1831~1835년) 혹은 피터 베린스(Peter Behens-e)의 공장 건축을 연상시킨다.

68

Residence in Riva San Vitale, by Mario Botta, at Riva san Vitale, Ticino, Switzerland, 1972 to 1973

이탈리아와 독일어권의 문화적 접점에서 출현한 **것이 테신(Tessin)파**이며, 이 파는 합리적 건축을 독자적인 입장에서 발전시켰다. 테신(Tessin)파의 대표적 건축가 **마리오 보타(Mario Bot-ta)**는 단기간이지만, **르 꼬르뷔제(Le Corbusier)**와 **루이스 이자드와 칸(Louis Isadore Kahn)** 밑에서 활동했다. 1972~1973년에 리바 산 비탈레의 주택을 건설했다. 건축과 자연 경관의 관계가 정방형의 평면 위에서 구축된 인공섬의 인상을 주는 탑상 형식의 채용에 의해서 대상화되고 있다. 어프로치 그 자체가 붉게 도장된 경쾌한 금속제 브리지이다. 1972~1977년에는 몰비오 인페리오레 고등학교를 건설했다. 2층으로부터 3층 구성의 직선적인 콘크리트 노출의 건물이다. 이 인공물은 자연 경관을 분리시켜서, 인공적으로 질서화 된 행위의 양의성이 나타나게 했다. 교실동의 우천 체육관과 예각으로 교차되는 곳에는, 원형 극장이 배치되며 이것이 양자를 연계시키는 역할을 하고 있다.

부르노 라이히린(Bruno Reichlin)과 **파비오 라인하르트(Fabio Reinhart)** 두 사람은 원래 알도 로시(Aldo Rosi)의 조수였다. 1972~1974년 토리체라에 카사 토니니를 건설했다. 이 주택은, 어떤 수학 교사를 위해 팔라디오 빌라의 수직·기하학적 개념의 지적 「축제장」으로서 계획된다. 평면은 좌우 대칭성을 약간 붕괴한 정방형에 가까운 장방향이며, 중심이 강조되며, 그 위에 서 있는 형태는, 빌라 로툰다(V-illa Rotunda)의 축소·단순화된 복사판이다. 현관 입구는 모뉴멘탈한 계단과 독립한 아치문에 의해 강조되고 있다. 이 아치가 난로의 굴뚝을 겸하고 있는 것은, 작자의 유머 정신의 표상이다. 이 건축의 기본에는 수학적인 법칙과 비례 관계의 심오한 유희가 있으며, 그것이 공간 구성에 섬세한 조화를 부여하고 있다.

Residence in Stabio, by Mario Botta, at Stabio, Switzerland, 1981